高等职业教育系列教材

S7-200 PLC 基础教程
第 4 版

廖常初　主编

机械工业出版社

本书全面介绍了 S7-200 的硬件结构、指令系统和编程软件的使用方法；通过大量的例程，介绍了功能指令的使用方法；介绍了设计数字量控制梯形图的顺序控制设计法；介绍了 S7-200 的通信功能和通信程序的设计方法，以及 PLC 之间、PLC 与变频器之间通信的编程和实现的方法；还介绍了 PID 控制和 PID 参数的整定方法、提高 PLC 控制系统硬件可靠性的措施、触摸屏的组态和应用，以及常用的编程向导的使用方法。各章配有习题，附录中有 32 个实验指导书。

本书可以作为高职高专院校电类专业和机电一体化专业的教材，也可以供工程技术人员自学。

读者扫描本书封底"IT"字样的二维码，输入本书书号中的 5 位数字（61896），就可以获取链接，下载本书的配套资源，包括 31 个视频教程（也可扫描书中二维码进行观看）、相关软件、用户手册和 45 个例程。

本书提供配套的电子课件和习题答案，需要的教师可登录 www.cmpedu.com 进行免费注册，审核通过后即可下载；或联系编辑索取（QQ：1239258369，电话：010-88379739）。

图书在版编目（CIP）数据

S7-200 PLC 基础教程 / 廖常初主编. —4 版. —北京：机械工业出版社，2019.1（2025.1 重印）

高等职业教育系列教材

ISBN 978-7-111-61896-6

Ⅰ. ①S… Ⅱ. ①廖… Ⅲ. ①PLC 技术—高等职业教育—教材

Ⅳ. ①TM571.61

中国版本图书馆 CIP 数据核字（2019）第 018182 号

机械工业出版社（北京市百万庄大街 22 号　邮政编码 100037）

策划编辑：李文轶　　责任编辑：李文轶

责任校对：张艳霞　　责任印制：郜　敏

北京富资园科技发展有限公司印刷

2025 年 1 月第 4 版·第 10 次印刷

184mm×260mm·14 印张·343 千字

标准书号：ISBN 978-7-111-61896-6

定价：45.00 元

电话服务　　　　　　　　　　　　网络服务

客服电话：010-88361066　　　　　机 工 官 网：www.cmpbook.com

　　　　　010-88379833　　　　　机 工 官 博：weibo.com/cmp1952

　　　　　010-68326294　　　　　金 书 网：www.golden-book.com

封底无防伪标均为盗版　　　　　　机工教育服务网：www.cmpedu.com

前　言

党的二十大报告提出，要加快建设制造强国。智能制造是基于新一代信息通信技术与先进制造技术深度融合，贯穿于设计、生产、管理、服务等制造活动的各个环节，具有自感知、自学习、自决策、自执行、自适应等功能的新型生产方式。PLC 技术作为自动化技术与新兴信息技术深度融合的关键技术，在工业自动化领域中的地位愈发重要。

本书是进行 S7-200 PLC 学习的入门级优秀教材，本次修订删除或精简了 S7-200 中用得很少的功能及其相关内容，增加了 Modbus RTU 协议和 USS 协议通信的实现方法。人机界面使用的组态软件改为 WinCC flexible SMART。

S7-200 SMART 是 S7-200 的升级换代产品，两者的指令、程序结构和监控方法相同。熟悉 S7-200 的用户几乎不需要任何培训，就可以使用 S7-200 SMART。为了帮助用户了解 S7-200 SMART，本书增加了对它的简要介绍。S7-200 SMART 的详细情况见参考文献中所列的作者主编的相关教材。

本书第 1 章介绍了 S7-200 的硬件及工作原理。第 2 章通过实例详细介绍了编程软件的使用方法。第 3 章介绍了 PLC 编程的基础知识、位逻辑指令、定时器指令与计数器指令的应用。第 4、5 章通过大量的编程实例，介绍了设计数字量控制系统梯形图的一整套先进的方法。这些方法易学易用，可以节省大量设计时间。第 6 章通过例程，全面介绍了功能指令的使用方法。第 7 章介绍了 S7-200 的通信功能和通信协议，以及实现 PLC 之间、PLC 和变频器之间通信的编程、组态和实验的方法。第 8 章介绍了提高控制系统硬件可靠性的措施、PID 闭环控制的编程和参数整定的规则；介绍了用编者编写的模拟被控对象的子程序和例程做 PID 闭环实验、手动和自动整定 PID 参数的方法；还介绍了触摸屏的组态和应用的方法。

S7-200 的编程软件为 PLC 的高级应用提供了大量的编程向导，只需输入一些参数，就可以自动生成用户程序。本书详细介绍了常用的编程向导的使用方法。

本书各章均配有习题，附录中有 32 个实验指导书。读者扫描本书封底"IT"字样二维码，输入本书书号中的 5 位数字（61896），就可以获取链接，下载本书的配套资源，包括 31 个视频教程（也可扫描书中二维码进行观看）、相关软件、用户手册和 45 个例程。

本书的姊妹篇《PLC 编程及应用》荣获中国书刊发行业协会"年度全行业优秀畅销品种"称号，是西门子公司重点推荐图书。该书第 5 版的内容比本书更为丰富，有 60 多个例程，适合工程技术人员和教学使用。

本书是机械工业出版社组织出版的"高等职业教育系列教材"之一。可作为高职高专院校电类专业和机电一体化专业的教材，也可以供工程技术人员自学。

本书由廖常初主编，廖亮、文家学、孙明渝参加了编写工作。

因编者水平有限，书中难免有错漏之处，恳请读者批评指正。

重庆大学电气工程学院　廖常初

目　录

第1章　S7-200的硬件及工作原理

1.1　概述

可编程序控制器（Programmable Logic Controller，PLC）是基于微处理器的通用工业控制装置。它能执行各种复杂的控制任务，应用面广，功能强大，使用方便，是当代工业自动化的主要支柱产品之一。PLC对用户友好，不熟悉计算机但是熟悉继电器系统的人很快就能学会用PLC编程和操作。PLC已经广泛地应用在各种机械设备和生产过程的自动控制系统中，在其他领域的应用也得到了迅速的发展。

本书以西门子公司的S7-200系列小型PLC为主要讲授对象。S7-200具有极高的可靠性、强大的通信功能和品种丰富的扩展模块，可以用梯形图、语句表和功能块图这3种语言来编程。它的指令丰富，指令功能强，易于掌握，操作方便，集成有高速计数器、高速输出、PID控制器和RS-485通信/编程接口，由于它有极强的通信功能，在网络控制系统中也能充分发挥其作用。S7-200以其极高的性能价格比，在国内占有很大的市场份额。

1.1.1　S7-200的基本结构

S7-200主要由CPU模块、输入模块、输出模块、编程计算机和编程软件组成，其控制系统示意图如图1-1所示。

图1-1　S7-200控制系统示意图

1. CPU模块

CPU模块简称为CPU，主要由微处理器、电源和集成的输入电路、输出电路组成。如果把PLC控制系统比作人的话，微处理器就相当于人的大脑和心脏，它不断地采集输入信号，执行用户程序，刷新系统的输出。存储器用来存储程序和数据。

PLC的程序分为操作系统和用户程序。操作系统使PLC具有基本的智能，能够完成PLC设计者规定的各种工作。操作系统由PLC生产厂家设计并固化在只读存储器（ROM）中，用户不能读取。用户程序由用户设计，它使PLC能完成用户要求的特定功能。用户程序存储器的容量以字节（Byte，简称为 B）为单位。

PLC 使用以下几种物理存储器。

（1）随机存取存储器（RAM）

用户程序和编程软件可以读出 RAM 中的内容，也可以将数据写入 RAM，因此 RAM 又叫作读/写存储器。它是易失性的存储器，RAM 芯片的电源中断后，存储的信息将会丢失。

RAM 的工作速度高、价格便宜、改写方便。在关断 PLC 的外部电源后，可以用锂电池保存 RAM 中的用户程序和某些数据。S7-200 没有使用锂电池。

（2）只读存储器（ROM）

ROM 的内容只能读出，不能写入。它是非易失性的，它的电源消失后，仍能保存存储的数据。ROM 用来存放 PLC 的操作系统。

（3）电可擦可编程只读存储器（EEPROM）

EEPROM 是非易失性的存储器，掉电后其中保存的数据不会丢失。PLC 可以读写它，它兼有 ROM 的非易失性和 RAM 的随机存取的优点，但是写入数据所需的时间比 RAM 长得多，改写的次数有限制。S7-200 用 EEPROM 来存储用户程序和需要长期保存的重要数据。

2．I/O 模块

输入（Input）模块和输出（Output）模块简称为 I/O 模块。I/O 模块和 CPU 的输入电路、输出电路是系统的眼、耳、手和脚，是联系外部现场设备和 CPU 模块的桥梁。

输入模块和 CPU 的输入电路用来接收和采集输入信号。开关量输入用来接收从按钮、选择开关、数字拨码开关、限位开关、接近开关、光电开关和压力继电器等提供的开关量输入信号；模拟量输入用来接收各种变送器提供的连续变化的模拟量信号。开关量输出用来控制接触器、电磁阀、电磁铁、指示灯、数字显示装置和报警装置等输出设备，模拟量输出用来控制调节阀、变频器等执行装置。

CPU 模块的工作电压一般是 DC 5V，而 PLC 外部的输入/输出电路的电源电压较高，例如 DC 24V 和 AC 220V。从外部引入的尖峰电压和干扰噪声可能损坏 CPU 模块中的元器件或使 PLC 不能正常工作。在输入/输出电路中，用光耦合器、光控晶闸管和小型继电器等器件来隔离 PLC 的内部电路和外部电路。I/O 模块除了传递信号外，还有电平转换与隔离的作用。

3．编程计算机与编程软件

使用 S7-200 的编程软件 STEP 7-Micro/WIN，可以在计算机屏幕上直接生成和编辑梯形图或语句表程序，程序被编译后下载到 PLC。可以将 PLC 中的程序上传到计算机，还可以用编程软件监控 PLC。一般用 USB/PPI 编程电缆来实现编程计算机与 PLC 的通信连接。

4．电源

S7-200 使用 AC 220V 电源或 DC 24V 电源。CPU 可以为输入电路和外部的电子传感器（例如接近开关）提供 DC 24V 传感器电源，驱动 PLC 负载的直流电源一般由用户提供。

5．获取 S7-200 的资料、软件和本书配套例程的途径

可以在西门子公司的下载中心 http://www.ad.siemens.com.cn/download 下载西门子工控产品的中英文资料和软件。

由编者主编的 S7-200 本科教材《PLC 编程及应用》第 5 版适合本科教学和工程技术人员使用，它的内容比本书更为丰富，有 60 多个例程。

读者扫描本书封底"IT"字样的二维码，输入本书书号中的 5 位数字（61896），就可以获取链接，下载本书的配套资源，包括 31 个视频教程（也可扫描书中二维码进行观看）、相关软件、用户手册和 45 个例程。

1.1.2 S7-200 的特点

西门子公司的 PLC 产品品种非常丰富，S7-200、S7-1200 和 S7-200 SMART 是小型 PLC，S7-300、S7-400 和 S7-1500 是模块式大中型 PLC。WinAC 是在个人计算机（PC）上实现 PLC 功能的"软 PLC"。S7-200 PLC 具有下列特点。

1．功能强

1）S7-200 有 6 种 CPU 模块，最多可以扩展 7 个扩展模块，扩展到 256 点数字量 I/O 或 45 路模拟量 I/O，最多有 24KB 用户程序存储空间和 10KB 用户数据存储空间。

2）集成了 6 个有 13 种工作模式的高速计数器，以及两点高速脉冲发生器/脉冲宽度调制器。CPU 224XP 高速计数器的最高计数频率为 200kHz，高速输出的最高频率为 100kHz。

3）直接读/写模拟量 I/O 模块，不需要复杂的编程。CPU 224XP 集成有两路模拟量输入，一路模拟量输出。

4）使用 PID 调节控制面板，可以实现 PID 参数自整定。

5）S7-200 的 CPU 模块集成了很强的位置控制功能，此外还有位置控制模块 EM 253。使用位置控制向导可以方便地实现位置控制的编程。

6）有配方和数据记录功能，以及相应的编程向导，配方数据和数据记录用存储卡保存。

7）普通型 S7-200 的温度适用范围为 0～55℃，宽温型 S7-200 SIPLUS 的温度适用范围为−25～+70℃。

2．先进的程序结构

S7-200 的程序结构简单清晰，由主程序、子程序和中断程序组成。使用各程序块中的局部变量，易于将程序块移植到其他项目中。子程序用输入、输出参数作软件接口，便于实现结构化编程。S7-200 的指令功能强，易于掌握。

3．灵活方便的存储器结构

S7-200 的输入（I）、输出（Q）、位存储器（M）、顺序控制继电器（S）、变量存储器（V）和局部变量（L）均可以按位（bit）、字节、字和双字进行读/写。

4．功能强大、使用方便的编程软件

编程软件 STEP 7-Micro/WIN 可以使用包括中文在内的多种语言，有梯形图、语句表和功能块图编程语言以及 SIMATIC、IEC 61131-3 两种编程模式。

STEP 7-Micro/WIN 的监控功能形象直观、使用方便。可以用 3 种编程语言监控程序的执行情况。用状态表监视、修改和强制变量，用趋势图监视变量的波形。用系统块设置参数方便直观。STEP 7-Micro/WIN 具有强大的中文在线帮助、右键快捷菜单、指令和子程序的拖放功能，使编程软件的使用非常方便。

S7-200 有 4 种加密级别。此外，还可以对单独的程序块和项目文件进行加密。

S7-200 保留包含时间标记的主要 CPU 事件（例如上电和出现致命错误）的历史归档。

5．简化复杂编程任务的向导功能

PID 控制、网络通信、高速输入、高速输出、位置控制、数据记录、配方和文本显示器等编程和应用是 PLC 程序设计中的难点，用普通的方法对它们编程既烦琐又容易出错。

STEP 7-Micro/WIN 为此提供了大量的编程向导，只需要在向导的对话框中输入一些参数，就可以自动生成包括中断程序在内的用户程序。

6．强大的通信功能

S7-200 的 CPU 模块有一个或两个标准的 RS-485 端口，可用于编程或通信，不需要增加硬件就可以与其他 S7 PLC、变频器和计算机通信。S7-200 可以使用 S7、PPI、MPI、Modbus RTU 和 USS 等通信协议以及自由端口通信模式。

通过不同的通信模块，可以将 S7-200 连接到以太网、互联网和现场总线 PROFIBUS-DP、AS-i。通过 Modem 模块 EM 241，可以用模拟电话线实现与远程设备的通信。STEP 7-Micro/WIN 提供多种与通信有关的向导。

PC Access V1.0 是专门为 S7-200 设计的 OPC 服务器软件，支持所有的 S7-200 数据形式和所有的 S7-200 协议，支持多 PLC 连接和标准的 OPC 客户机，并具有内置的客户机测试功能。

7．S7-200 配套的人机界面

S7-200 主要与精彩系列触摸屏 Smart 700 IE 和 Smart 1000 IE 配合使用。

8．有竞争力的价格

为了更好地贴近并服务于中国用户，S7-200CN 系列在我国国内生产，其售价比国外生产的产品显著降低。S7-200CN 只限于在中国销售和使用，与 STEP 7-Micro/WIN 4.0 SP3 及以上版本配合使用，语言应设置为"中文"。

9．完善的网上技术支持

在西门子公司的网站可以下载 S7-200 的软件和手册，可以在技术论坛与网友切磋技艺、交流经验，在网上向西门子的工程师提交问题或咨询硬件方案。在"找答案"网页可以提出问题，或回答别人的问题。

1.2　S7-200 的硬件

1.2.1　CPU 模块

CPU 的用户存储器使用 EEPROM，布尔量运算指令执行时间为 0.22μs/指令，位存储器（M）、顺序控制继电器各有 256 点，计数器和定时器各有 256 个；有两点定时中断，最大时间间隔为 255ms；有 4 点外部硬件输入中断和 PID 参数自整定功能。

S7-200 CPU 模块的技术指标见表 1-1。CPU 221 无扩展功能，适合作为小点数的微型控制器。CPU 222 有扩展功能，CPU 224 是具有较强控制功能的控制器，其外形如图 1-2 所示。

表 1-1　S7-200 CPU 模块的技术指标

特　性	CPU 221	CPU 222	CPU 224	CPU 224XP/ CPU 224XPsi	CPU 226
本机数字量 I/O 本机模拟量 I/O	6DI/4DO —	8DI/6DO —	14DI/10DO —	14DI/10DO 2AI/1AO	24DI/16DO
扩展模块数量/个	—	2	7	7	7
最大数字量点数	6DI/4DO	48DI / 46DO	114DI/110DO	114DI/110DO	128DI/128DO

特　　性	CPU 221	CPU 222	CPU 224	CPU 224XP/ CPU 224XPsi	CPU 226
AI/AO/最大模拟量点数	—	16/8/16	32/28/44	32/29/45，集成 2AI/1AO	32/28/44
掉电保持时间（电容）/h	50	50	100	100	100
用户程序存储器/KB	4	4	12	16	24
用户数据存储器/KB	2	2	8	10	10
单相高速计数器 A/B 相高速计数器	4 路 30kHz 其中 2 路 20kHz		6 路 30kHz 其中 4 路 20kHz	4 路 30kHz，2 路 200kHz 其中 3 路 20kHz，1 路 100kHz	6 路 30kHz 其中 4 路 20kHz
高速脉冲输出	2 路 20kHz		2 路 20kHz	2 路 100kHz	2 路 20kHz
模拟量调节电位器	一个，8 位分辨率		2 个，8 位分辨率		
RS-485 通信端口数量/个	1	1	1	2	2
实时时钟	有（时钟卡）	有（时钟卡）	有	有	有
可选卡件	存储卡、电池卡和实时时钟卡		存储卡和电池卡		
脉冲捕捉输入/个	6	8	14		24
外形尺寸/mm×mm×mm	90×80×62	90×80×62	120.5×80×62	140×80×62	196×80×62
DC 24V 传感器电流/mA	180	180	280	280	400

图 1-2　CPU 224 模块的外形图

CPU 224XP 集成有两路模拟量输入（10 位±DC 10V）、一路模拟量输出（10 位，DC 0～10V 或 0～20mA）和两个 RS-485 通信端口，高速脉冲输出频率提高到 100kHz，高速计数器频率提高到 200kHz。

CPU 226 适用于复杂的中小型控制系统，可扩展到 256 点数字量和 44 路模拟量，有两个 RS-485 通信端口。

S7-200 采用主程序、最多 8 级子程序和中断程序的程序结构。监控定时器（看门狗）的定时时间为 500ms，最多可以使用 8 个 PID 控制器。

数字量输入中有 4 点用于硬件中断，6 点用于高速计数功能。DC 输出型 CPU 的两个高速输出点可以输出频率和宽度可调的脉冲列。

RS-485 串行通信端口的外部信号与逻辑电路之间没有隔离，支持 PPI、自由端口模式和点对点 PPI 主站模式，可以做 MPI 从站。通信端口可以用于与运行 STEP 7-Micro/WIN 的计算机通信、与文本显示器和操作员面板的通信，以及 S7-200 CPU 之间的通信；通过自由端口模式、Modbus RTU 和 USS 协议，可以与其他设备进行串行通信。通过 AS-i 通信接口模块，可以接入 496 个远程数字量输入/输出点。

可选的存储卡可以永久保存用户程序、数据记录、配方和文档记录，或用来传输程序。可选的电池卡保存数据的时间的典型值为 200 天。

宽温型 PLC S7-200 SIPLUS 的温度适用范围为 −25～+70℃，可用于腐蚀性凝露环境。

1.2.2 数字量输入/输出电路

各数字量 I/O 点的通、断状态用发光二极管（LED）显示，PLC 与外部接线的连接采用接线端子。大多数 CPU 和扩展模块有可拆卸的端子排，不需要断开端子排上的外部连线，就可以迅速地更换模块。

1. 数字量输入电路

图 1-3 是 S7-200 CPU 的数字量输入点的内部电路和外部接线图，图中只画出了一路输入电路，输入电流为数毫安（见表 1-2）。1M 是同一组输入点各内部输入电路的公共点。S7-200 可以用 CPU 模块内部的 DC 24V 传感器电源作输入回路的电源（见图 1-13），它还可以为接近开关、光电开关之类的传感器提供电源。

图 1-3　一路输入电路

表 1-2　S7-200 CPU 的数字量输入点技术指标

项　　目	DC 24V 输入（CPU 224XP 和 CPU 224XPsi）	DC 24V 输入（其他 CPU）
输入类型	漏型/源型（IEC 类型 1，I0.3～I0.5 除外）	漏型/源型（IEC 类型 1）
输入电压额定值	DC 24V，典型值 4mA	
输入电压浪涌值	35V/ 0.5s	
逻辑 1 信号（最小）	I0.3～I0.5 为 DC 4V，8mA；其余为 DC 15V，2.5mA	DC 15V，2.5mA
逻辑 0 信号（最大）	I0.3～I0.5 为 DC 1V，1mA；其余为 DC 5V，1mA	DC 5V，1mA
输入延迟	0.2～12.8ms 可选	
连接 2 线式接近开关的允许漏电流	最大 1mA	
光电隔离	AC 500V，1min	
高速计数器输入逻辑 1 电平	DC 15～30V：单相 20kHz，两相 10kHz；DC 15～26V：单相 30kHz，两相 20kHz	
CPU 224XP 的 HSC4 和 HSC5 的输入	逻辑 1 电平大于 DC 4V 时，单相为 200kHz，两相为 100kHz	
电缆长度	非屏蔽电缆为 300m，屏蔽电缆为 500m，高速计数器为 50m	

图 1-3 中的外部触点接通时，光耦合器中两个反并联的发光二极管中的一个亮，光敏晶体管饱和导通；外部触点断开时，光耦合器中的发光二极管熄灭，光敏晶体管截止，信号经内部电路传送给 CPU 模块。显然，可以改变图 1-3 中输入回路的电源极性。

S7-200 的数字量输入滤波器用来过滤输入接线上可能对输入状态造成不良影响的噪声。可以用 STEP 7-Micro/WIN 的系统块来设置输入滤波器的延迟时间。

S7-200 有 AC 120V/230V 数字量输入模块。交流输入方式适合在有油雾、粉尘的恶劣环境下使用。直流输入电路可以直接与接近开关、光电开关等电子输入装置连接。

2．数字量输出电路

S7-200 的 CPU 模块的数字量输出电路的功率元件有驱动直流负载的场效应晶体管和小型继电器，后者既可以驱动交流负载，又可以驱动直流负载，负载电源由外部提供。输出电流的额定值与负载的性质有关。输出电路一般分为若干组，对每一组的总电流也有限制。图 1-4 是继电器输出电路。继电器同时起隔离和功率放大作用，每一路只给用户提供一对常开触点。

普通的白炽灯的冷态电阻比工作时的电阻小得多，其浪涌电流是工作电流的十多倍。可以驱动 AC 220V、2A 电阻负载的继电器输出点只能驱动 200W 的白炽灯。频繁切换的灯负载应使用浪涌限制器。

图 1-5 是使用场效应晶体管（MOSFET）的输出电路，其接通和断开的最大延时时间见表 1-3。输出信号送给内部电路中的输出锁存器，再经光耦合器送给场效应晶体管，后者的饱和导通状态和截止状态相当于触点的接通和断开。图中的稳压管用来抑制关断过电压和外部的浪涌电压，以保护场效应晶体管。

图 1-4　继电器输出电路　　　　图 1-5　场效应晶体管输出电路

表 1-3　S7-200 CPU 的数字量输出点技术指标

输 出 类 型	DC 24V 输出（CPU 221、CPU 222、CPU 224 和 CPU 226）	DC 24V 输出（CPU 224XP /CPU 224XPsi）	继电器型输出
输出电压额定值	DC 24V	DC 24V	DC 24V 或 AC 250V
输出电压范围	DC 20.4～28.8V	DC 5～28.8V（Q0.0～Q0.4） DC 20.4～28.8V（Q0.5～Q1.1）	DC 5～30V, AC 5～250V
浪涌电流	最大 8A, 100ms		5A，4s，占空比 0.1
逻辑 1 最小输出电压 逻辑 0 最大输出电压	DC 20V，最大电流时 DC 0.1V，10kΩ负载	见表后正文中的说明	
逻辑 1 最大输出电流 逻辑 0 最大漏电流 灯负载 接通状态电阻 每个公共端的额定电流	0.75A（电阻负载） 10μA 5W 0.3Ω，最大 0.6Ω 6A	0.75A（电阻负载） 10μA 5W 0.3Ω，最大 0.6Ω 3.75A/7.5A	2A（电阻负载） DC 30W / AC 200W 新的时候最大 0.2Ω 10A
感性钳位电压	L+减 DC 48V，1W 功耗	L+减 DC 48V，1W 功耗/ 1M +DC 48V，1W 功耗	—
从关断到接通最大延时 从接通到关断最大延时 切换最大延时	Q0.0 和 Q0.1 为 2μs，其他为 15μs Q0.0 和 Q0.1 为 10μs，其他为 130μs —	Q0.0 和 Q0.1 为 0.5μs，其他为 15μs Q0.0 和 Q0.1 为 1.5μs，其他为 130μs —	— — 10ms
最高脉冲频率	20kHz（Q0.0 和 Q0.1）	100kHz（Q0.0 和 Q0.1）	1Hz

继电器输出的开关延时最大为 10ms，无负载时触点的机械寿命为 10000000 次，额定负载时触点寿命为 100000 次。非屏蔽电缆最大长度为 150m，屏蔽电缆为 500m。

继电器输出电路可用的电压范围广，导通压降小，承受瞬时过电压和过电流的能力较强，但是动作速度较慢，寿命（动作次数）有一定的限制。如果系统输出量的变化不是很频繁，建议优先选用继电器输出型的 CPU 或输出模块。

场效应晶体管输出电路用于直流负载，它的反应速度快、寿命长，过载能力稍差。CPU 224XPsi 具有 MOSFET 漏型输出（电流从输出端子流入），可以驱动具有源型输入的设备。S7-200 所有其他场效应晶体管型输出的 CPU 都是 MOSFET 源型输出的（电流从输出端子流出）。

DC 输出的 CPU 224XP 逻辑 1 最小输出电压为 L+（DC 24V 电源正极电压）减 0.4V（最大电流时），逻辑 0 最大输出电压为 DC 0.1V（10kΩ负载）。DC 输出的 CPU 224XPsi 逻辑 1 最小输出电压为外部电压减 0.4V（外部接 10kΩ上拉电阻），逻辑 0 最大输出电压为 1M 端子电压再加上 0.4V（最大负载时）。

S7-200 的数字量扩展模块中还有一种用双向晶闸管作为输出元器件的 AC 230V 的输出模块。每点的额定输出电流为 0.5A，灯负载为 60W。最大漏电流为 1.8mA，由接通到断开的最大时间为 0.2ms 与工频半周期之和。

1.2.3 扩展模块

1. 数字量扩展模块

可以选用 8 点、16 点、32 点和 64 点的数字量扩展模块（见表 1-4）来满足不同的控制需要。除了 CPU 221 外，其他 CPU 模块均可以配接多个扩展模块（见表 1-1），连接时将 CPU 模块放在最左边，扩展模块用扁平电缆与它左边的模块相连。

表 1-4 数字量扩展模块

型　号	型　号
EM 221，8 数字量输入 DC 24V	EM 223，DC 24V 数字量组合 4 输入/4 输出
EM 221，8 数字量输入 AC 120V/230V	EM 223，DC 24V 数字量组合 4 输入/4 继电器输出
EM 221，16 数字量输入 DC 24V	EM 223，DC 24V 数字量组合 8 输入/8 输出
EM 222，4 数字量输出 DC 24V，5A	EM 223，DC 24V 数字量组合 8 输入/8 继电器输出
EM 222，4 继电器输出，10A	EM 223，DC 24V 数字量组合 16 输入/16 输出
EM 222，8 数字量输出 DC 24V	EM 223，DC 24V 数字量组合 16 输入/16 继电器输出
EM 222，8 继电器输出	EM 223，DC 24V 数字量组合 32 输入/32 输出
EM 222，8 数字量输出 AC 120V/230V	EM 223，DC 24V 数字量组合 32 输入/32 继电器输出

2. PLC 对模拟量的处理

在工业控制中，某些输入量（例如压力、温度、流量和转速等）是模拟量，某些执行机构（例如电动调节阀和变频器等）要求 PLC 输出模拟量信号，而 PLC 的 CPU 只能处理数字量。模拟量首先被传感器和变送器转换为标准量程的电流或电压，例如 DC 4~20mA、1~5V 和 0~10V，模拟量输入模块的 A-D 转换器将它们转换成数字量。带正、负号的电流或电压在 A-D 转换后用二进制补码表示。有的模拟量输入模块直接将温度传感器提供的信号转换为温度值。

模拟量输出模块的 D-A 转换器将 PLC 中的数字量转换为模拟量电压或电流，再去控制执行机构。模拟量 I/O 模块的主要任务就是实现 A-D 转换（模拟量输入）和 D-A 转换（模拟量输出）。

A-D 转换器和 D-A 转换器的二进制位数反映了它们的分辨率，位数越多，分辨率越高。模拟量输入/输出模块的另一个重要指标是转换时间。

3．模拟量输入模块

S7-200 有 9 种模拟量扩展模块（见表 1-5），其中的 RTD 是热电阻的简称。可以用模拟量输入模块上的 DIP 开关来设置多种量程。EM 231 模拟量输入模块的输入信号有 5 档量程，即 DC 0～10V、DC 0～5V、DC 0～20mA、DC ±2.5V 和 DC ±5V。EM 235 模块的输入信号有 16 档量程。

模拟量输入模块的分辨率为 12 位，单极性全量程输入范围对应的数字量输出为 0～32000。双极性全量程输入范围对应的数字量输出为-32000～+32000。电压输入时输入阻抗≥2MΩ，电流输入时输入阻抗为 250Ω。A-D 转换时间<250μs，模拟量输入的阶跃响应时间为 1.5ms（达到稳态值的 95%时）。

表 1-5　模拟量扩展模块

型　号
EM 231 模拟量输入，4 输入
EM 231 模拟量输入，8 输入
EM 232 模拟量输出，2 输出
EM 232 模拟量输出，4 输出
EM 235 模拟量组合，4 输入/1 输出
EM 231 模拟量输入热电偶，4 输入
EM 231 模拟量输入热电偶，8 输入
EM 231 模拟量输入 RTD，2 输入
EM 231 模拟量输入 RTD，4 输入

图 1-6 为模拟量输入数据字的格式。图中的 MSB 和 LSB 分别是最高有效位和最低有效位。最高有效位是符号位，0 表示正值，1 表示负值。模拟量转换为数字量得到的 12 位数被自动地尽可能地往高位移动，称为左对齐。移位后单极性格式的最低位是 3 个连续的 0，相当于 A-D 转换值乘以 8。双极性格式的最低位是 4 个连续的 0，相当于 A-D 转换值乘以 16。

MSB	单极性		LSB		MSB	双极性		LSB
AIWXX	0	12位数据值	0 0 0		AIWXX	0	12位数据值	0 0 0 0

图 1-6　模拟量输入数据字的格式

4．将模拟量输入模块的数字量输出值转换为实际的物理量

转换时应考虑变送器的输入/输出量程和模拟量输入模块的量程，找出被测物理量与 A-D 转换后的数字值之间的比例关系。

【例 1-1】 某发电机的电压互感器的电压比为 10kV/100V（线电压），电流互感器的电流比为 1000A/5A，功率变送器的额定输入电压和额定输入电流分别为 AC 100V 和 5A，额定输出电压为 DC ±5V，模拟量输入模块将 DC ±5V 的输入信号转换为数字-32000～+32000。设转换后得到的数字为 N，试求以 kW 为单位的有功功率值。

解： 在设计功率变送器时已考虑了功率因数对功率计算的影响，因此在推导转换公式时，可以按功率因数为 1 来处理。根据互感器额定值计算的一次回路的有功功率额定值为

$$\sqrt{3} \times 10000 \times 1000 \text{W} = 17321000 \text{W} = 17321 (\text{kW})$$

由以上关系不难推算出互感器一次回路的有功功率与转换后的数字值之间的关系为 17321 / 32000kW/字。设转换后的数字为 N，如果以 kW 为单位显示功率 P，采用定点数运算时的计算公式为

$$P = N \times 17321 / 32000 （\text{kW}）$$

【例 1-2】 量程为 0~10MPa 的压力变送器的输出信号为 DC 4~20mA，模拟量输入模块将 0~20mA 转换为 0~32000 的数字量，设转换后得到的数字为 N，试求以 kPa 为单位的压力值。

解： 4~20mA 的模拟量对应于数字量 6400~32000，即 0~10000kPa 对应于数字量 6400~32000，压力的计算公式为

$$P = \frac{10000}{32000 - 6400}(N - 6400) = \frac{100}{256}(N - 6400) \quad (\text{kPa})$$

5. 模拟量输出模块

模拟量输出模块 EM 232 的量程有 DC ±10V 和 DC 0~20mA 两种，对应的数字量分别为-32000~+32000 和 0~32000。模拟量输出数据字的格式如图 1-7 所示。满量程时电压输出和电流输出的分辨率分别为 12 位和 11 位。25℃时的精度典型值为±0.5%，电压输出和电流输出的稳定时间分别为 100μs 和 2ms。最大驱动能力如下：电压输出时，负载阻抗最小为 5kΩ；电流输出时，负载阻抗最大为 500Ω。

MSB	电流输出	LSB		MSB	电压输出	LSB
AQWXX 0	11位数据值	0 0 0 0		AQWXX 0	12位数据值	0 0 0 0

图 1-7 模拟量输出数据字的格式

模拟量输出数据字是左对齐的，最高有效位是符号位，0 表示正值。最低位是 4 个连续的 0，在将数据字装载到 DAC 寄存器之前，低位的 4 个 0 被截断，不会影响输出信号值。

6. 热电偶、热电阻扩展模块

热电偶模块 EM 231 可以与 S、T、R、E、N、K、J 型热电偶配套使用，用模块上的 DIP 开关来选择热电偶的类型。热电偶输出的电压范围为 DC ±80mV，模块输出的数字量范围为-27648~+27648。

热电阻（RTD）的接线方式有 2 线、3 线和 4 线 3 种，其中的 4 线方式的精度最高，2 线方式的精度最低（受接线误差的影响）。热电阻模块 EM 231 可以通过 DIP 开关来选择热电阻的类型、断线故障的表示方式、测量单位、是否启用断线检测和冷端补偿。连接到同一个扩展模块上的热电阻必须是相同类型的。改变 DIP 开关后必须将 PLC 断电后再通电，新的设置才能起作用。

热电偶模块和热电阻模块具有冷端补偿电路，如果环境温度迅速变化，将会产生额外的误差，建议将热电偶模块和热电阻模块安装在环境温度稳定的地方。

2 路热电阻模块和 4 路热电偶模块的采样周期为 405ms（Pt10000 为 700ms），4 路热电阻模块和 8 路热电偶模块的采样周期是上述模块的两倍。基本误差和重复性分别为满量程的 0.1 %和 0.05 %。

7. 称重模块与位置控制模块

称重模块 SIWAREX MS 可以用作电子秤、料斗秤、台秤和吊车秤，或用来监测输送带张力、测量工业货梯或轧制生产线的负荷。

位置控制模块 EM 253 用于以步进电动机作为执行机构的单轴开环位置控制，它自带 5 个数字量输入点和 4 个数字量输出点。STEP 7-Micro/WIN 为位置控制模块的组态和编程提供了位置控制向导和 EM 253 控制面板。

1.3 逻辑运算与 PLC 的工作原理

1.3.1 用触点和线圈实现逻辑运算

数字量控制系统中，变量仅有两种相反的工作状态。当物理继电器或梯形图中的位元件（例如输出 Q）的线圈通电、常开触点接通、常闭触点断开时，为 1 状态，用逻辑代数中的 1 来表示；当线圈断电、常开触点断开、常闭触点闭合时，为 0 状态，用逻辑代数中的 0 来表示。在波形图中，用高电平表示 1 状态，用低电平表示 0 状态。

"与""或""非"逻辑运算的输入/输出关系如表 1-6 所示。用梯形图或继电器电路可以实现"与""或""非"的基本逻辑运算（见图 1-8）。用多个触点的串、并联电路可以实现复杂的逻辑运算。

图 1-8 "与""或""非"基本逻辑运算

a) 与运算 b) 或运算 c) 非运算

表 1-6 逻辑运算的输入/输出关系表

与			或			非	
$Q0.0 = I0.0 \cdot I0.1$			$Q0.1 = I0.2 + I0.3$			$Q0.2 = \overline{I0.4}$	
I0.0	I0.1	Q0.0	I0.2	I0.3	Q0.1	I0.4	Q0.2
0	0	0	0	0	0	0	1
0	1	0	0	1	1	1	0
1	0	0	1	0	1		
1	1	1	1	1	1		

图 1-9 从左到右是用交流接触器控制异步电动机的主电路、控制电路和有关信号的波形图。接触器 KM 的结构和工作原理与继电器的基本相同，区别仅在于继电器触点的额定电流较小（例如几十毫安），而接触器是用来控制大电流负载的，例如它可以控制额定电流为几十安甚至数百安的异步电动机。

图 1-9 异步电动机控制的主电路、控制电路和信号波形图

按下起动按钮 SB1，其常开触点接通，电流经过 SB1 的常开触点和停止按钮 SB2、热继电器 FR 的常闭触点，流过交流接触器 KM 的线圈，接触器的衔铁被吸合，使主电路中 KM 的 3 对常开触点闭合，异步电动机 M 的三相电源接通，电动机开始运行，控制电路中接触器 KM 的辅助常开触点同时接通。放开起动按钮 SB1 后，其常开触点断开，电流经 KM 的辅助常开触点和 SB2、FR 的常闭触点流过 KM 的线圈，电动机继续运行。KM 的辅助常开

触点实现的这种功能称为"自锁"或"自保持",它使继电器电路具有类似于 R-S 触发器的记忆功能。

在电动机运行时按下停止按钮 SB2,其常闭触点断开,使 KM 的线圈失电,KM 的主触点断开,异步电动机的三相电源被切断,电动机停止运行,同时控制电路中 KM 的辅助常开触点断开。停止按钮 SB2 被放开、其常闭触点闭合后,KM 的线圈仍然失电,电动机继续保持停止运行状态。图 1-9 给出了有关信号的波形图。图中用高电平表示 1 状态(线圈通电、按钮被按下),用低电平表示 0 状态(线圈断电、按钮被放开)。

图中的热继电器 FR 用于过载保护,电动机过载时,经过一段时间延时后,FR 的常闭触点断开,使 KM 的线圈断电,电动机停止运行。

在继电器电路图和梯形图中,线圈的状态是输出量或被控量,触点的状态是输入量。图 1-9 中的继电器电路实现的逻辑运算可以用逻辑代数式表示为

$$KM = (SB1 + KM) \cdot \overline{SB2} \cdot \overline{FR}$$

上式左边的 KM 与图中的线圈相对应,右边的 KM 与 KM 的常开触点相对应,$\overline{SB2}$ 对应于 SB2 的常闭触点。上式中的加号表示逻辑"或",乘号(小圆点,也可以改用星号"*")表示逻辑"与"。

与普通算术运算"先乘除后加减"类似,逻辑运算的规则为先"与"后"或"。为了先执行"或"运算(触点的并联),用括号将"或"运算式括起来,使括号中的运算优先执行。

1.3.2 PLC 的工作原理

1. PLC 的操作模式

PLC 有两种操作模式,即 RUN(运行)模式与 STOP(停止)模式。在 CPU 模块的面板上用 RUN 和 STOP 发光二极管(LED)显示当前的操作模式。在 RUN 模式,通过执行反映控制要求的用户程序来实现控制功能;在 STOP 模式,CPU 不执行用户程序,可以用编程软件将用户程序和硬件组态信息下载到 PLC 中。

如果有致命错误,在消除它之前不允许从 STOP 模式进入 RUN 模式。PLC 操作系统存储非致命错误供用户检查,但是不会从 RUN 模式自动进入 STOP 模式。

CPU 模块上的模式开关在 STOP 位置时,将停止用户程序的运行;在 RUN 位置时,将启动用户程序的运行。模式开关在 STOP 或 TERM(terminal,终端)位置时,电源通电后 CPU 自动进入 STOP 模式;在 RUN 位置时,电源通电后自动进入 RUN 模式。

模式开关在 RUN 位置时,STEP 7-Micro/WIN 与 PLC 之间建立起通信连接后,单击工具栏上的运行按钮 ▶,确认后进入 RUN 模式;单击停止按钮 ■,确认后进入 STOP 模式。在程序中插入 STOP 指令,可以使 CPU 由 RUN 模式进入 STOP 模式。

2. PLC 的扫描工作方式

PLC 通电后,首先对硬件和软件执行一些初始化操作。为了使 PLC 的输出及时地响应各种输入信号,初始化后反复不停地分阶段处理各种不同的任务,扫描流程如图 1-10 所示。这种周而复始的循环工作方式称为扫描工作方式。每次循环的时间称为扫描周期。在 RUN 模式,扫描周期由下面的 5 个阶段组成。

(1)读取输入

在 PLC 的存储器中,有 128 点过程映像输入寄存器和 128 点过程映像输出寄存器,分

别用来存放输入信号和输出信号的状态。

在读取输入阶段，PLC 把所有外部数字量输入电路的通、断状态读入过程映像输入寄存器。外接的输入电路闭合时，对应的过程映像输入寄存器为 1 状态（或称为 ON 状态），梯形图中对应的输入点的常开触点接通，常闭触点断开；外接的输入电路断开时，对应的过程映像输入寄存器为 0 状态（或称为 OFF 状态），梯形图中对应的输入点的常开触点断开，常闭触点接通。

图 1-10　扫描流程图

如果没有启用模拟量输入滤波，CPU 在正常扫描周期中不会读取模拟量输入值。用户程序访问模拟量输入时，将立即从扩展模块中读取模拟量值。

（2）执行用户程序

PLC 的用户程序由若干条指令组成，指令在存储器中顺序排列。在 STOP 模式，不执行用户程序。在 RUN 模式的程序执行阶段，如果没有跳转指令，CPU 从第一条指令开始，逐条顺序地执行用户程序。

CPU 在执行指令时，从 I/O 过程映像寄存器或别的位元件寄存器中读出其 0、1 状态，并根据指令的要求执行相应的逻辑运算，将运算的结果写入到线圈对应的映像寄存器中，因此各寄存器（只读的过程映像输入寄存器除外）的内容随着程序的执行而变化。

在程序执行阶段，即使外部输入信号的状态发生了变化，过程映像输入寄存器的状态也不会随之而变，输入信号变化了的状态只能在下一个扫描周期的读取输入阶段被读入。执行程序时，对输入/输出的存取通常是通过过程映像寄存器，而不是实际的 I/O 点，这样做有以下好处。

1）在整个程序执行阶段，各输入点的状态是固定不变的，程序执行完后再用过程映像输出寄存器的值更新输出点，使系统的运行稳定。

2）用户程序读/写 I/O 映像寄存器比读/写 I/O 点快得多，这样可以提高程序的执行速度。

3）I/O 点是位实体，必须以位或字节为单位来存取，但是可以将映像寄存器以位、字节、字或双字为单位来存取。

（3）处理通信请求

在处理通信请求阶段，执行通信所需的所有任务。

（4）CPU 自诊断

自诊断测试功能用来保证固件、程序存储器和所有的扩展模块正常工作。

（5）改写输出

CPU 执行完用户程序后，将过程映像输出寄存器的 0、1 状态传送到输出模块并锁存起来。梯形图中某一输出位的线圈"通电"时，对应的过程映像输出寄存器为 1 状态。在改写输出阶段，信号经输出模块隔离和功率放大后，继电器型输出模块中对应的硬件继电器的线圈通电，其常开触点闭合，使外部负载通电工作。若梯形图中输出点的线圈"断电"，对应的过程映像输出寄存器为 0 状态。在改写输出阶段，将它送到继电器型输出模块，对应的硬件继电器的线圈断电，其常开触点断开，外部负载断电，停止工作。

用户程序访问模拟量输出模块时，模拟量输出被立即刷新，而与扫描周期无关。CPU 的操作模式从 RUN 变为 STOP 时，数字量输出被置为系统块中的输出表定义的状态，或保持当时的状态（见 2.4.3 节组态输入/输出参数），默认的设置是将所有的数字量输出清零。

3．中断程序的处理

如果在程序中使用了中断，中断事件发生时，CPU 将会停止正常的扫描工作方式，立即执行中断程序。中断功能可以提高 PLC 对中断事件的响应速度。

4．立即 I/O 处理

在程序执行过程中，使用立即 I/O 指令可以直接读/写 I/O 点的值。用立即 I/O 指令读输入点的值时，相应的过程映像输入寄存器的值不会被更新；用立即 I/O 指令改写输出点时，相应的过程映像输出寄存器的值被更新。

5．扫描周期

PLC 在 RUN 模式时，执行一次图 1-10 所示的扫描过程所需的时间称为扫描周期，其典型值为 1～100ms。执行用户程序所需的时间与用户程序的长短、指令的种类和 CPU 执行指令的速度有很大的关系。用户程序较长时，指令执行时间在扫描周期中占相当大的比例。

6．PLC 工作过程举例

下面用一个简单的例子来进一步说明 PLC 的扫描工作过程。图 1-11 中的 PLC 控制系统与图 1-9 中的继电器控制电路的功能相同。起动按钮 SB1 和停止按钮 SB2 的常开触点分别接在编号为 0.1 和 0.2 的输入端，接触器 KM 的线圈接在编号为 0.0 的输出端。如果热继电器 FR 动作（其常闭触点断开）后需要手动复位，可以将 FR 的常闭触点与接触器 KM 的线圈串联，这样可以少用一个 PLC 的输入点。图 1-11 中的梯形图电路称为"起动-保持-停止电路"，简称为"起保停电路"。

图 1-11 PLC 外部接线图、梯形图和波形图

图 1-11 的梯形图中的 I0.1 与 I0.2 是输入变量，Q0.0 是输出变量，它们都是梯形图中的编程元件。梯形图中的 I0.1 与接在输入端子 0.1 上的 SB1 的常开触点和过程映像输入寄存器 I0.1 相对应，梯形图中的 Q0.0 与接在输出端子 0.0 上的 PLC 内的输出电路和过程映像输出寄存器 Q0.0 相对应。

梯形图以指令的形式存储在 PLC 的用户程序存储器中，图 1-11 中的梯形图与下面的 4 条指令相对应，"//"之后是该指令的注释。

```
LD      I0.1      //接在左侧"电源线"上的 I0.1 的常开触点
O       Q0.0      //与 I0.1 的常开触点并联的 Q0.0 的常开触点
AN      I0.2      //与并联电路串联的 I0.2 的常闭触点
=       Q0.0      //Q0.0 的线圈
```

图 1-11 中的梯形图完成的逻辑运算为

$$Q0.0 = (I0.1 + Q0.0) \cdot \overline{I0.2}$$

在读取输入阶段，CPU 将 SB1 和 SB2 的常开触点的接通/断开状态读入相应的过程映像输入寄存器中，外部触点接通时将二进制数 1 存入寄存器中，反之存入 0。

执行第一条指令时，从过程映像输入寄存器 I0.1 中取出二进制数，并存入堆栈的栈顶。堆栈是存储器中的一个特殊的区域。

执行第二条指令时，从过程映像输出寄存器 Q0.0 中取出二进制数，并与栈顶中的二进制数相"或"（触点的并联对应于"或"运算），将运算结果存入栈顶。运算结束后只保留运算结果，不保留参与运算的数据。

执行第三条指令时，因为是常闭触点，所以取出过程映像输入寄存器 I0.2 中的二进制数后，将它取反（将 0 变为 1，1 变为 0），将取反后的结果与前面的运算结果相"与"（电路的串联对应于"与"运算），然后存入栈顶。

执行第四条指令时，将栈顶中的二进制数送入 Q0.0 的过程映像输出寄存器。

在改写输出阶段，CPU 将各过程映像输出寄存器中的二进制数传送给输出模块，并锁存起来，如果 Q0.0 中存放的是二进制数 1，外接的 KM 线圈将通电，反之将断电。

I0.1、I0.2 和 Q0.0 波形中的高电平表示按下按钮或 KM 线圈通电。$t < t_1$ 时，读取的过程映像输入寄存器 I0.1 和 I0.2 的值均为二进制数 0，此时过程映像输出寄存器 Q0.0 的值亦为 0，在程序执行阶段，经过上述逻辑运算过程之后，运算结果仍为 Q0.0 = 0，所以 KM 的线圈处于断电状态。$t = t_1$ 时，按下起动按钮 SB1，I0.1 变为 ON，经逻辑运算后 Q0.0 也变为 ON，在输出处理阶段，将 Q0.0 对应的过程映像输出寄存器中的数据 1 送给输出模块，输出模块中与 Q0.0 对应的物理继电器的常开触点接通，使接触器 KM 的线圈通电。

7．输入/输出滞后时间

输入/输出滞后时间又称为系统响应时间，是指从 PLC 的外部输入信号发生变化的时刻至它控制的有关外部输出信号发生变化的时刻之间的时间间隔，它由输入电路滤波时间、输出电路的滞后时间和因扫描工作方式产生的滞后时间这 3 部分组成。

数字量输入点的滤波器用来滤除由输入端引入的干扰噪声，消除因外接输入触点动作时产生的抖动引起的不良影响，CPU 模块集成的输入点的输入滤波器延迟时间可以用系统块来设置。输出模块的滞后时间与模块的类型有关，继电器型输出电路的滞后时间一般为 10ms 左右；场效应晶体管型输出电路的滞后时间最短，为微秒级，最长的为 100 多微秒。由扫描工作方式引起的滞后时间最长可达两三个扫描周期。

PLC 总的响应延迟时间一般只有几毫秒至几十毫秒，对于一般的系统是无关紧要的。对于要求输入/输出滞后时间尽量短的系统，可以选用扫描速度快的 PLC，或采用硬件中断、立即输入/立即输出等措施。

1.4 I/O 点的地址分配与外部接线

1．I/O 地址分配

S7-200 CPU 有一定数量的本机 I/O，本机 I/O 有固定的地址。可以用扩展 I/O 模块来增加 I/O 点数，扩展模块安装在 CPU 模块的右边。I/O 模块分为数字量输入、数字量输出、模拟量输入和模拟量输出 4 类。CPU 分配给数字量 I/O 模块的地址以字节为单位，一个字节由 8 个数字量 I/O 点组成。扩展模块 I/O 点的字节地址由 I/O 的类型和模块在同类 I/O 模块链中的位置来决定。以图 1-12 中的 CPU 224XP 的 I/O 地址分配为例，分配给 CPU 模块的字节地址为 QB0 和 QB1，分配给 0 号扩展模块的字节地址为 QB2，分配给 3 号扩展模块的字节地址为 QB3 等。

CPU 224XP	模块0 4输入 4输出	模块1 8输入	模块2 4AI 1AO	模块3 8输出	模块4 4AI 1AO
I0.0　Q0.0	I2.0　Q2.0	I3.0	AIW4　AQW4	Q3.0	AIW12　AQW8
I0.1　Q0.1	I2.1　Q2.1	I3.1	AIW6	Q3.1	AIW14
⋮　　⋮	I2.2　Q2.2	⋮	AIW8	⋮	AIW16
I1.5　Q1.1	I2.3　Q2.3	I3.7	AIW10	Q3.7	AIW18
AIW0　AQW0					
AIW2					

图 1-12　CPU 224XP 的 I/O 地址分配实例

如果某个模块的数字量 I/O 点数不是 8 的整倍数，最后一个字节中未用的位（例如图 1-12 中的 I1.6 和 I1.7）不会分配给 I/O 链中的后续模块。可以像位存储器（M）那样使用输出模块最后一个字节中未用的位。输入模块在每次更新输入时都将输入字节中未用的位清零，因此不能用它们来存储数据。模拟量扩展模块以 2 点（4B）递增的方式来分配地址，所以图 1-12 中模块 2 的模拟量输出的地址应为 AQW4，而不是未使用的 AQW2。

2．PLC 的外部接线

S7-200 采用横截面积为 0.5~1.5mm^2 的导线，使用交流电源的 AC/DC/继电器型的 CPU 222 的外部接线如图 1-13 所示。应提供一个单独的开关，能同时切断 S7-200 CPU、输入电路和输出电路的供电。可以用熔断器或断路器等过流保护装置来限制供电线路中的电流，也可以为输出点分组或分点设置熔断器。S7-200 的交流电源线和 I/O 点之间的隔离电压为 AC 1500V，可以作为交流电源线和低压电路之间的安全隔离。

CPU 222 的 8 个输入点 I0.0~I0.7 被分为两组，1M 和 2M 分别是两组输入点内部电路的公共端。6 个输出点 Q0.0~Q0.5 被分为两组，1L 和 2L 分别是两组输出点内部电路的公共端。可以用 CPU 提供的 DC 24V 传感器电源作输入回路的电源。

PLC 的交流电源接在 L1（相线）和 N（零线）端子上，此外还有标识为⏚的保护接地端子。

使用直流电源的 DC/DC/DC 型的 CPU 222 的外部接线如图 1-14 所示，它的电源、输入回路和输出回路的电源电压均为 DC 24V。

3．DC 24V 传感器电源

L+和 M 端子分别是 CPU 模块提供的 DC 24V 传感器电源的正极和负极，该电源可以为输入点、扩展模块上的继电器线圈或者其他设备供电。如果设备用电量超过了传感器电源的额定值，应为系统另外配备一个外部 DC 24V 供电电源。

如果使用了外部的 DC 24V 电源，应确保该电源没有与 S7-200 CPU 上的传感器电源并联使用，因为这种并联可能导致两个电源冲突，甚至损坏电源，并使 PLC 产生不确定的操作。为了加强电子噪声保护，建议将不同电源的公共端（M 端）连在一起。

图 1-13　CPU 222（AC/DC/继电器型）外部接线图　　图 1-14　CPU 222（DC/DC/DC 型）外部接线图

1.5　S7-200 SMART 简介

2012 年 7 月，西门子推出了为中国客户量身定制的高性价比的小型 PLC S7-200 SMART，2017 年 7 月发布了 V2.3 版。它是 S7-200 的升级换代产品，与精彩系列面板 SMART LINE IE V3、V20 变频器和 V90 伺服系统完美整合，无缝集成，为 OEM（原始设备制造商）客户提供了高性价比的小型自动化解决方案。

S7-200 SMART 继承了 S7-200 的诸多优点，与 S7-200 的指令、程序结构、数据类型、存储区和监控方法相同。熟悉 S7-200 的用户几乎不需要任何培训就可以使用 S7-200 SMART。它具有比 S7-200 更强的通信功能，并且价格便宜，具有很高的性价比。编程软件 STEP 7-Micro/WIN SMART 的界面友好，更为人性化。

S7-200 的 CPU、信号模块和配套的 TD 400C 文本显示器已于 2017 年 10 月 1 日起停产，停产后上述产品仅由备件服务部门以备件形式提供。S7-200 在我国企业中拥有巨大的保有量，它们还有很长的使用寿命。熟悉了 S7-200，就很容易使用和掌握 S7-200 SMART。因此学习 S7-200 还是很有意义的。

1. S7-200 SMART 的 CPU

S7-200 SMART 的 CPU 分为标准型和继电器输出的紧凑型，后者的型号为 CPU CRxs。标准型分为继电器输出型和 MOSFET（场效应晶体管）输出型。它们的型号分别为 CPU SRx 和 CPU STx。型号中的 x 为 CPU 集成的 I/O 点的总点数，分别为 20、30、40 和 60 点。

标准型 CPU 有一个以太网端口和一个 RS-485 端口，可以扩展一块信号板和最多 6 块扩展模块。紧凑型 CPU 只有 RS-485 端口，没有扩展功能。

标准型 CPU 最多 6 个高速计数器，最高频率 200kHz。场效应晶体管输出型的标准型 CPU 最多可以输出 3 路 100kHz 的脉冲。紧凑型 CPU 最多 4 个 100kHz 的高速计数器，没有脉冲输出功能和实时时钟。

S7-200 SMART 可以用手机存储卡传送程序、更新 CPU 的固件和恢复 CPU 的出厂设置。操作完成后应将存储卡从 CPU 的存储卡插槽中拔出。

2. 通信功能

S7-200 和 S7-200 SMART 的 RS-485 端口都有自由端口模式、Modbus RTU 协议、USS 协议和 OPC 通信功能，它们都有 PROFIBUS-DP 从站模块。S7-200 SMART 标准型 CPU 集成的以太网接口还有 S7 协议通信、开放式用户通信和 OPC 通信功能。通过以太网，在标准型 CPU 之间、标准型 CPU 和 S7-200/300/400/1200 CPU 之间都可以通信。

S7-200 的以太网通信模块 CP 243-1 只有 S7 协议通信功能，但是其价格比 S7-200 SMART 带 60 个 I/O 点的标准型 CPU 还要高。

3. 位置控制功能

S7-200 SMART 有很强的位置控制功能。支持 PWM/PTO 输出方式以及多种运动控制模式，可以用向导设置运动曲线，相当于集成了 3 块 S7-200 的位置控制模块 EM 253 的功能。

4. I/O 扩展模块

表 1-7 和表 1-8 分别列出了 S7-200 SMART 的数字量扩展模块和模拟量扩展模块。

表 1-7　S7-200 SMART 的数字量扩展模块

仅输入/仅输出		输入/输出组合	
8 点数字量输入	8 点继电器型输出	8 点数字量输入/8 点晶体管型输出	16 点数字量输入/16 点晶体管型输出
16 点数字量输入	16 点晶体管型输出	8 点数字量输入/8 点继电器型输出	16 点数字量输入/16 点继电器型输出
8 点晶体管型输出	16 点继电器型输出	—	—

表 1-8　S7-200 SMART 的模拟量扩展模块

型　号	描　述	型　号	描　述
EM AE04	4 点模拟量输入	EM AM03	2 点模拟量输入/1 点模拟量输出
EM AE08	8 点模拟量输入	EM AM06	4 点模拟量输入/2 点模拟量输出
EM AQ02	2 点模拟量输出	EM AR02	2 点热电阻输入
EM AQ04	4 点模拟量输出	EM AR04	4 点热电阻输入
—		EM AT04	4 点热电偶输入

5. 信号板与通信模块

S7-200 SMART 有 5 种可以安装在 CPU 内的信号板：2 点 DC 24V 数字量直流输入/2 点数字量场效应晶体管直流输出信号板 SB DT04，1 点模拟量输入信号板 SB AE01，1 点模拟量输出信号板 SB AQ01，RS485/RS232 信号板 SB CM01 和电池信号板 SB BA01。

EM DP01 是 PROFIBUS-DP 通信模块，可以做 DP 从站和 MPI 从站。

6. S7-200 SMART 与 S7-200 的指令和软件功能的比较

S7-200 SMART 用 GET/PUT 指令取代了 S7-200 的网络读/写指令 NETR/NETW。用获取非致命错误代码指令 GET_ERROR 取代了诊断 LED 指令 DIAG_LED。S7-200 SMART 增加了获取 IP 地址指令 GIP 和设置 IP 地址指令 SIP，以及指令库中的开放式用户通信使用的 8 条指令。S7-200 和 S7-200 SMART 的其他指令完全相同。

与 S7-200 相比，S7-200 SMART 的堆栈由 9 层增加到 32 层，中断程序调用子程序的嵌套层数由 1 层增加到 4 层。

S7-200 SMART 的编程软件功能强大，使用方便。可以同时打开和显示多个窗口。变量表、输出窗口、交叉引用表、数据块、符号表、状态图表均可以浮动、隐藏和停靠在程序编辑器或软件界面的四周。S7-200 SMART 的帮助增加了搜索功能。编程软件提供了高速计数器、运动控制、PID、PWM、GET/PUT、文本显示和数据日志的向导。有 PID 整定控制面板、运动控制面板，和组态 SMART 驱动器的工具。编程软件自带 Modbus RTU 指令库和USS 协议指令库，而 S7-200 需要用户安装这些库。

S7-200 SMART 的详细情况见作者主编的本科教材《S7-200 SMART PLC 编程及应用》和高职高专教材《S7-200 SMART PLC 应用教程》。

1.6 习题

1. 填空

1）PLC 主要由_____、_____、_____和_____组成。

2）继电器的线圈"断电"时，其常开触点_____，常闭触点_____。

3）外部的输入电路接通时，对应的过程映像输入寄存器为_____状态，梯形图中后者的常开触点_____，常闭触点_____。

4）若梯形图中输出 Q 的线圈"断电"，对应的过程映像输出寄存器为_____状态，在修改输出阶段后，继电器型输出模块中对应的硬件继电器的线圈_____，其常开触点_____，外部负载_____。

2. RAM 与 EEPROM 各有什么特点？

3. 数字量输出模块有哪几种类型？它们各有什么特点？

4. 简述 PLC 的扫描工作过程。

5. 频率变送器的量程为 45～55Hz，输出信号为 DC 0～10V，模拟量输入模块输入信号的量程为 DC 0～10V，转换后的数字量为 0～32000，设转换后得到的数字为 N，试求以 0.01Hz 为单位的频率值。

6. 温度变送器将 −10～100℃的温度转换为 DC 4～20mA 的电流，模拟量输入模块将0～20mA 的电流转换为 0～32000 的数字，设转换后的数字为 N，试求以 0.1℃为单位的温度值。

第 2 章　STEP 7-Micro/WIN 编程软件使用指南

2.1　STEP 7-Micro/WIN 编程软件概述

STEP 7-Micro/WIN 是专门为 S7-200 设计、在个人计算机上运行的编程软件。它的功能强大，使用方便，简单易学。本章是在 STEP 7-Micro/WIN V4.0 SP 9 的基础上编写的。

2.1.1　编程软件的安装与项目的组成

1. 编程软件的安装

用鼠标双击编程软件"STEP 7-Micro_WIN V4.0+SP9"中的 setup.exe，开始安装编程软件，使用默认的安装语言 English，单击"Next"（下一步）按钮，出现"Preparing Setup"（准备安装）窗口，开始安装。单击欢迎（Welcome）窗口中的"Next"按钮，再单击"License Agreement"（许可协议）窗口的"Yes"按钮。单击"Choose Destination Location"窗口的"Browse"按钮，可以选择安装软件的目标文件夹。单击"Next"按钮，开始安装。

安装结束后，出现"Install Shield Wizard Complete"对话框，表示安装完成。取消勾选"Yes，I want to view the Read Me file now"复选框，不阅读软件的自述文件。单击"Finish"按钮退出安装程序。

安装成功后，用鼠标双击桌面上的"STEP 7-Micro/WIN"图标█，打开编程软件，看到的是英文界面。执行菜单命令"Tools"（工具）→"Options"（选项），在弹出的对话框左侧选择"General"（常规），在"General"选项卡中，选择"Language"（语言）为"Chinese"（中文）。先后单击"确定"按钮和"否"按钮，退出 STEP 7-Micro/WIN 后，再进入该软件，此时界面和帮助文件均已变成中文的了。

安装好 STEP 7-Micro/WIN V4.0 后，再安装 STEP 7-Micro/WIN V3.2 指令库。

视频"安装编程软件"可通过扫描二维码 2-1 播放。

2. 指令树与浏览条

二维码 2-1

图 2-1 是 STEP 7-Micro/WIN 的主界面。指令树是包含所有项目对象和所有指令的树形视图。用鼠标双击指令树中的某个对象，将会打开对应的窗口。可以将常用的指令拖放到指令树的"收藏夹"文件夹中。

单击指令树中文件夹左边带加号或减号的小方框，可以打开或关闭该文件夹。也可以用鼠标双击某个文件夹打开或关闭它。用鼠标右键单击指令树中的某个文件夹，可以用快捷菜单中的命令进行打开、插入等操作，具体的操作与相应文件夹有关。右键单击文件夹中的某个对象，可以进行打开、剪切、复制、粘贴、插入、删除、重命名和设置属性等操作，允许的操作与相应对象有关。

图 2-1　STEP 7-Micro/WIN 的主界面

将光标放到指令树右侧的垂直分界线上,光标将变为水平方向的双向箭头 ⬌,按住鼠标左键左右移动鼠标,可以拖动垂直分界线,调节指令树的宽度。

浏览条的功能与指令树重叠,占的面积也不小。可以用鼠标右键单击浏览条,在弹出的快捷菜单中选择"隐藏",关闭浏览条。

3．程序编辑器

程序编辑器包含局部变量表和程序视图。局部变量表用来对局部变量赋值,局部变量仅限于在它所在的程序中使用。

将光标放到局部变量表和程序视图之间的分裂条上,光标将变为垂直方向的双向箭头 ⬍,按住鼠标左键上下移动鼠标,可以改变分裂条的位置。单击程序编辑器底部的选项卡,可以选择要显示的程序。

4．输出窗口

在编译程序或指令库后,输出窗口提供编译的信息。双击输出窗口中某条程序编译后的错误信息,将会在程序编辑器窗口中显示错误所在的程序块和网络,光标在出错的位置。

5．状态栏

状态栏位于主界面底部,提供软件中执行操作的状态信息。例如光标所在的网络号、网络中的行号和列号,当前是插入(INS)模式还是覆盖(OVR)模式。按计算机键盘上的〈Insert〉键可在这两种模式间切换。

6．项目的组成

项目包括下列基本组件。

1)程序块由可执行的代码和注释组成,可执行的代码由主程序(OB1)、可选的子程序和中断程序组成。代码被编译并下载到 PLC 中,程序注释被忽略。

2）数据块用来对 V 存储器（变量存储器）赋初值，其使用方法详见 6.8.1 节。

3）系统块用来设置系统的参数（见 2.4 节），系统块下载到 PLC 后才起作用。

4）符号表允许程序员用符号来代替存储器的地址。符号地址便于记忆，使程序更容易理解。符号表中定义的符号为全局变量，可以用于所有的程序。程序编译后下载到 PLC 时，所有的符号地址被转换为绝对地址，符号信息不会下载到 PLC。

5）状态表用表格或趋势图来监视、修改和强制程序执行时指定的变量的状态，状态表并不下载到 PLC。

6）交叉引用表用于检查程序中地址的赋值情况，可以防止无意间的重复赋值。程序编译成功后才能看到交叉引用表的内容。

双击指令树的"交叉引用"文件夹中的"交叉引用"，可以打开交叉引用表（见图 2-2）。

交叉引用表列举出程序中同一个地址所有的触点、线圈等出现在哪一个程序块的哪一个网络中，以及使用的指令助记符。单击交叉引用表下面的"字节使用"或"位使用"选项卡，可以查看哪些地址已经被使用，是作为位（b）使用，还是作为字节（B）、字（W）或双字（D）使用。在 RUN 模式下编辑程序时，可以察看程序当前正在使用的正、负向转换触点的编号。交叉引用表并不下载到 PLC。

	元素	块	位置	
1	下限位:I0.1	手动程序 (SBR1)	网络 2	-|/|-
2	下限位:I0.1	回原点程序 (SBR	网络 4	-|-|-
3	下限位:I0.1	自动程序 (SBR3)	网络 4	-|-|-
4	下限位:I0.1	自动程序 (SBR3)	网络 8	-|/|-
5	下限位:I0.1	自动程序 (SBR3)	网络 15	-|/|-
6	上限位:I0.2	公用程序 (SBR0)	网络 2	-|-|-
7	上限位:I0.2	自动程序 (SBR1)	网络 2	-|/|-
8	上限位:I0.2	手动程序 (SBR1)	网络 3	-|/|-

图 2-2　交叉引用表

双击交叉引用表中的某一行，可以显示出该行的操作数和指令所在的网络。

视频"编程软件使用入门"可通过扫描二维码 2-2 播放。

2.1.2　帮助功能的使用与出错处理

1. 使用在线帮助

单击选中指令树中的某个文件夹或文件夹中的某个对象、单击某个菜
单项、单击某个窗口、单击指令树或程序编辑器中的某条指令，按〈F1〉键可以得到选中的对象的在线帮助。

二维码 2-2

2. 从菜单获得帮助

1）用菜单命令"帮助"→"目录和索引"打开帮助窗口，借助目录浏览器可以寻找需要的帮助主题，窗口中的索引部分提供了按字母顺序排列的主题关键词，双击某一关键词，可以获得有关的帮助。

2）执行菜单命令"帮助"→"这是什么"，出现带问号的光标，单击窗口中的用户接口（例如工具栏上的按钮、程序编辑器和指令树中的对象等），将会打开相应的帮助窗口。

3）执行菜单命令"帮助"→"网上 S7-200"，可以访问为 S7-200 提供技
术支持和产品信息的西门子网站。单击"中文"，可以切换到中文显示模式。

视频"帮助功能的使用"可通过扫描二维码 2-3 播放。

3. S7-200 的致命错误

与 PLC 建立起通信连接后，使用菜单命令"PLC"→"信息"，可以查　　二维码 2-3
看错误信息，例如错误的代码。

致命错误使 PLC 停止执行程序，取决于错误的致命程度，致命错误使 PLC 无法执行某一功能或全部功能。CPU 检测到致命错误时，自动进入 STOP 模式，点亮 SF/DIAG（系统

错误/诊断）和 STOP 发光二极管（LED），并关闭输出。在消除致命错误之前，CPU 一直保持这种状态。

消除了引起致命错误的故障后，必须用下面的方法重新启动 CPU。将 PLC 断电后再通电，将模式开关从 TERM 或 RUN 切换至 STOP 位置。如果发现其他致命错误条件，CPU 将会重新点亮提示系统错误的 LED。

有些错误使 PLC 无法进行通信，此时在计算机上看不到 CPU 的错误代码。这表示硬件出错或 CPU 模块需要修理，修改程序或清除 PLC 的存储器不能消除这种错误。

4．非致命错误

非致命错误会影响 CPU 的某些性能，但是不会使它无法执行用户程序和更新 I/O。有以下几类非致命错误。

（1）运行时间错误

在 RUN 模式下发现的非致命错误会影响特殊存储器标识位（SM）的状态，用户程序可以监控这些位。上电时 CPU 读取 I/O 配置，并将信息存储在 SM 中。如果在运行时 CPU 发现 I/O 配置变化，将会在模块错误字节中设置配置改变位。I/O 模块必须与保存在系统数据存储器中的 I/O 配置符合，CPU 才会对该位复位。它被复位之前，不会更新 I/O 模块。

（2）程序编译错误

CPU 编译程序成功后才能下载程序，如果编译时检测到程序违反了编译规则，不会下载程序，并在输出窗口生成错误代码。CPU 的 EEPROM 中原有的程序依然存在，不会丢失。

（3）程序执行错误

程序运行时，用户程序可能会产生错误。例如，因为在程序执行过程中修改了一个编译时正确的间接地址指针，它可能指向超出范围的地址。此时，可以用菜单命令"PLC"→"信息"来判断错误的类型，只有通过修改用户程序才能改正运行时的编程错误。

与某些错误条件相关的信息被存储在特殊存储器（SM）中，用户程序可以用它们来监控和处理错误。例如，可以用 SM5.0（I/O 错误）的常开触点控制 STOP 指令，在出现 I/O 错误时使 CPU 切换到 STOP 模式。

2.2 程序的编写与下载

2.2.1 生成用户程序

1．创建项目或打开已有的项目

在为控制系统编程之前，首先应创建一个项目。打开 STEP 7-Micro/WIN，自动生成一个名为"项目 1"的新项目。执行菜单命令"文件"→"另存为"，将项目名称修改为"入门例程"（见同名例程），可以设置项目文件所在的文件夹。

打开编程软件后，执行菜单命令"文件"→"新建"，或者单击工具栏最左边的"新建项目"按钮 ，也可以生成一个新的项目。

执行菜单命令"文件"→"打开"，或者单击工具栏上的 按钮，可以打开已有的项目。项目存放在扩展名为.mwp 的文件中。

2．设置 PLC 的型号

在给 PLC 编程之前，应正确地设置其型号，执行菜单命令"PLC"→"类型"，在出现的"PLC 类型"对话框（见图 2-3）中设置 PLC 的型号。如果已经成功地建立起与 PLC 的通信连接，单击对话框中的"读取 PLC"按钮，可以通过通信读出 PLC 的型号和 CPU 的版本号。单击"确认"按钮后，启用新的型号和版本号。

图 2-3 "PLC 类型"对话框

3. 控制要求

下面通过一个简单的例子介绍怎样用 STEP 7-Micro/WIN 编写、下载和调试梯形图程序。

控制两台异步电动机的 PLC 外部接线图和梯形图程序如图 2-4 所示。输入电路使用 CPU 模块提供的 DC 24V 传感器电源。按下起动按钮后，输出点 Q0.0 变为 ON，KM1 的线圈通电，起动 1 号电动机。同时定时器 T37 开始定时，5s 后 T37 的定时时间到，使 Q0.1 变为 ON，KM2 的线圈通电，起动 2 号电动机。按下停止按钮后，Q0.0 变为 OFF，1 号电动机停止运行；T37 被复位，其常开触点断开，Q0.1 变为 OFF，2 号电动机也停止运行。1 号电动机过载时，经过一定的时间后，接在 0.2 输入端的热继电器的常开触点闭合，使梯形图中 I0.2 的常闭触点断开，也会使两台电动机停止运行。

图 2-4 PLC 外部接线图与梯形图程序

这是一个很简单的数字量控制系统。程序全部在主程序（OB1）中，没有子程序、中断程序和数据块，没有使用局部变量。

本例对 CPU 模块和输入/输出的参数没有特殊的要求，可以全部采用系统块的默认设置。

4. 编写用户程序

生成项目"入门例程"后，主程序 MAIN（OB1）被自动打开，网络 1 最左边的箭头处有一个矩形光标（见图 2-5a）。单击工具栏上的触点按钮┤├，然后在弹出的对话框中选择┤├，在矩形光标所在的位置出现一个常开触点（见图 2-5b）。

触点上面红色的问号??.?表示地址未赋值，选中它以后输入触点的地址 I0.0，光标移动到触点的右边（见图 2-5c）。

单击工具栏上的触点按钮┤├，然后在弹出的对话框中选择┤/├，生成一个常闭触点，输

24

入触点的地址 I0.1。用同样的方法生成 I0.2 的常闭触点（见图 2-5d）。单击工具栏上的线圈按钮 -( )，然后在弹出的对话框中选择 -( )，生成一个线圈，设置线圈的地址为 Q0.0。

如果双击指令列表的"位逻辑"文件夹中的某个触点或线圈，将在矩形光标处生成一个相同的元件。可以将常用的编程元件拖放到指令列表的"收藏夹"文件夹中，以便在编程时使用。

将矩形光标放到 I0.0 的常开触点的下面，生成 Q0.0 的常开触点（见图 2-5e）。将光标放到新生成的触点上，单击工具栏上的"向上连线"按钮 ⬆，将 Q0.0 的触点并联到它上面 I0.0 的触点上（见图 2-5f）。

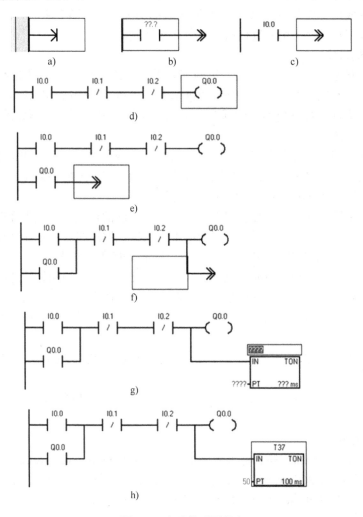

图 2-5　生成梯形图程序

将矩形光标放到 I0.2 的触点上，单击工具栏上的"向下连线"按钮 ⬇，生成带双箭头的折线（见图 2-5f）。

有 3 种方法可以在程序中生成接通延时定时器。

1）将指令列表的"定时器"文件夹中的"TON"拖放到图 2-5f 中双箭头所在的位置（见图 2-5g）。

2）将矩形光标放到图 2-5f 中的双箭头上，然后双击指令列表中的"TON"，在光标处生成接通延时定时器。

3）将矩形光标放到图 2-5f 中的双箭头上，单击工具栏上的"指令盒"按钮口，向下拖动指令列表的垂直滚动条，选择指令 TON，在光标处生成接通延时定时器。

出现指令列表后输入"TON"，将会显示并选中指令列表中的 TON，单击它将在光标处生成接通延时定时器。

在 TON 方框上面输入定时器的地址 T37。单击 PT 输入端的红色问号????，输入以 100ms 为单位的时间预设值 50（5s）。图 2-5h 是网络 1 输入结束后的梯形图。

在网络 2 生成用 T37 的常开触点控制 Q0.1 线圈的电路（见图 2-4）。

视频"生成用户程序"可通过扫描二维码 2-4 播放。

5. 对网络的操作

梯形图程序被划分为若干个网络，编辑器自动给网络编号。一个网络只能有一块不能分开的独立电路，某些网络可能只有一条指令（例如 SCRE）。如果一个网络中有两块独立电路，编译时将会出现错误，显示"无效网络或网络太复杂无法编译"。

二维码 2-4

语句表允许将若干个独立电路对应的语句放在一个网络中。没有语法错误的梯形图一定能转换为语句表程序。但是只有将语句表正确地划分为网络，才能将语句表转换为梯形图。不能转换的网络将在网络编号处用红色显示"无效"。

程序编辑器中输入的参数或数字用红色文本表示非法的语法，数值下面的红色波浪线表示数值超出范围或数值与该指令不匹配。数值下面的绿色波浪线表示正在使用的变量或符号尚未定义。STEP 7-Micro/WIN 允许先编写程序，后定义变量和符号。

单击程序区垂直电源线左边的灰色部分（见图 2-5a），对应的网络被选中，整个网络的背景色变为深蓝色。此时，按住鼠标左键，在灰色区域内往上或往下拖动，可以选中相邻的若干个网络。可以按〈Delete〉键删除选中的网络，或者通过剪贴板复制、剪切和粘贴被选中网络中的程序。

用矩形光标选中梯形图中的单个编程元件后，可以删除它，也可以通过剪贴板复制和粘贴。

选中指令列表或程序中的某条指令后，按〈F1〉键，可以得到与该指令有关的在线帮助。

6. 打开和关闭注释

主程序、子程序和中断程序合称为程序组织单元（Program Organizational Unit，POU）。可以在程序编辑器中为 POU 和网络添加注释（见图 2-1）。单击工具栏上的"POU 注释"按钮或"网络注释"按钮，可以打开或关闭对应的注释。

7. 编译程序

单击工具栏上的"编译"按钮，编译当前打开的程序块或数据块。单击"全部编译"按钮，编译全部项目组件（程序块、数据块和系统块）。如果程序有语法错误，编译后在程序编辑器下面的输出窗口将会显示错误和警告的个数、各条错误的原因和它们在程序中的位置。双击某一条错误，将会打开出错的程序块，用光标指示出错的位置。必须改正程序中所有的错误后才能下载。编译成功后，显示生成的程序和数据块的大小。

如果没有编译程序，在下载之前，STEP 7-Micro/WIN 将会自动地对程序进行编译，并在输出窗口中显示编译的结果。

8．设置程序编辑器的参数

执行菜单命令"工具"→"选项"，或单击工具栏上的"选项"按钮，打开"选项"对话框，可进行程序编辑器的参数设置（见图 2-6）。首先选择左侧窗口中的某个对象，再在右侧各个选项卡中进行有关的参数设置。

在图 2-6 中选择了左侧窗口的"程序编辑器"，可以对程序编辑器进行参数设置。可以用"符号寻址"下拉式列表选择只显示符号或同时显示符号和地址，还可以设置网格（即矩形光标）的宽度、字符的大小、字体和样式（字符是否加粗或用斜体显示）。选择"类别"列表框中的"所有类别"，可以对所有类别进行统一设置，也可以分类设置。

选中左边窗口的"常规"，在右边窗口的"常规"选项卡中可以选择使用"IEC 1131-3"或"SIMATIC"编程模式，一般选择"SIMATIC"编程模式。还可以选择使用"国际"或"SIMATIC"助记符集，它们分别使用英语和德语的指令助记符。单击右边窗口的"默认值"选项卡中的"浏览"按钮，可以设置默认的文件位置。

图 2-6　设置程序编辑器的参数

选中图 2-6 左边窗口中的其他选项，可以设置 STEP 7-Micro/WIN 的其他参数。读者可以通过实际操作，了解和熟悉设置 STEP 7-Micro/WIN 参数的方法。

视频"程序编辑器的操作"可通过扫描二维码 2-5 播放。

二维码 2-5

2.2.2　下载与调试用户程序

为了实现 PLC 与计算机的通信，必须配备下列设备中的一种。

1）RS-232/PPI 多主站电缆或 USB/PPI 多主站电缆。

2）一块插在个人计算机中的通信处理器（CP 卡），其价格较高。

1．RS-232/RS-485 转换的 RS-232/PPI 多主站编程电缆

PC/PPI 多主站编程电缆用于 PLC 与有 RS-232 端口的计算机通信。订货号为 6ES7 901-3CB30-0XA0，带光电隔离，最大波特率为 187.5kbit/s。目前几乎所有的计算机都没有 RS-232 端口，所以这种编程电缆用得很少。使用时需要设置多主站电缆护套的 8 个 DIP 开关

（见图 2-7），设置方法见 S7-200 的系统手册"技术规范"中的"S7-200 RS-232/PPI 多主站电缆"。

2. USB/RS-485 转换的 USB/PPI 多主站编程电缆

目前用得最多的是 USB/RS-485 转换的 USB/PPI 多主站编程电缆，订货号为 6ES7 901-3DB30-0XA0，带光电隔离，最大波特率为 187.5kbit/s。它是一种即插即用设备，不需要设置开关和安装驱动程序。

图 2-7　RS-232/PPI 电缆的 DIP 开关

3. 国产的 USB/PPI 编程电缆

目前市面上有很多国产的与西门子产品兼容的 USB 电缆，它们大多数是 USB/RS-232 转换器和 RS-232/PPI 适配器的组合，将 USB 端口映射为一个 RS-232 端口（俗称为 COM 口）。注意低档产品不支持 187.5kbit/s 的波特率，不能在 Windows 7 操作系统下使用。

用这种电缆连接好计算机的 USB 端口和 PLC 的 RS-485 端口，安装好 USB 电缆的驱动程序后，单击 Windows 的控制面板主页的"硬件和声音"，再单击"设备管理器"，在"端口（COM 和 LPT）"文件夹中，可以看到 USB 端口映射的 RS-232C 端口，例如"USB-SERIAL CH340（COM3）"，表示 USB 端口被映射为 RS-232C 端口 COM3。端口的编号与使用计算机的哪个 USB 物理端口有关。

4. 设置 PG/PC 接口

双击指令树"通信"文件夹中的"设置 PG/PC 接口"，在打开的对话框中选择"PC/PPI cable.PPI.1"，单击"属性"按钮，在弹出的对话框中选择"本地连接"选项卡。如果是 USB/PPI 多主站电缆，设置连接到 USB；如果是国产的 USB/PPI 编程电缆，设置计算机与 PLC 通信使用的 COM 端口，例如 USB 端口映射的 COM3（见图 2-8）。

图 2-8　设置 PG/PC 接口

在"PPI"选项卡中设置波特率等参数，运行 STEP 7-Micro/WIN 的计算机默认的站地址为 0。传输速率应与用系统块设置并下载到 CPU 的传输速率相同。"超时"时间是与通信设备建立联系的最长时间，可采用默认值 1s。"最高站地址"是 STEP 7-Micro/WIN 停止寻找网络中其他主站的地址。

对于多主站网络，应设置使用 PPI 协议，并勾选"高级 PPI"复选框和"多主站网络"复选框。如果使用 PPI 多主站电缆，可以忽略这两个复选框。在多主站网络中，两台 S7-200 CPU 之间可以用网络读/写指令相互读、写数据，实现点对点通信。

高级 PPI 功能允许在 PPI 网络中与一个或多个 S7-200 CPU 建立多个连接，S7-200 CPU 的通信口 0 和通信口 1 分别可以建立 4 个连接，EM 277 通信模块可以建立 6 个连接。也可以使用计算机的通信处理器卡（例如 CP 5511 或 CP 5611）与 CPU 通信。

5. 用系统块设置 PLC 通信端口的参数

双击指令树"系统块"文件夹中的"通信端口"，打开系统块的"通信端口"窗口，在该窗口中可以设置 CPU 集成的通信端口的参数，默认的站地址为 2。设置的波特率应与图 2-8 中设置的一致。系统块下载到 PLC 后设置的参数才会起作用。CPU 第一个通信端口出厂默认设置的波特率为 9 600bit/s，站地址为 2。

6. 建立计算机与 PLC 的在线连接

双击指令树中的"通信"，打开"通信"对话框。在将新的设置下载到 S7-200 之前，应设置远程站（即 S7-200）的地址，CPU 的默认地址为 2。

双击"通信"对话框中的"双击刷新"（见图 2-9），STEP 7-Micro/WIN 将会自动搜索连接在网络上的 S7-200，并用 PLC 图标显示搜索到的 S7-200。这一步不是建立通信连接必需的操作。不能确定 PLC 端口的波特率时，可以勾选"通信"对话框中的"搜索所有波特率"复选框。

图 2-9　搜索 S7-200 的 CPU

7. 下载程序

计算机与 PLC 建立起通信连接后，单击工具栏上的"下载"按钮 **±**，或者执行菜单命令"文件"→"下载"，弹出"下载"对话框（见图 2-10）。

图 2-10　"下载"对话框

单击"选项"按钮，可以打开或关闭图 2-10 中的扩展选项区。用户可以用复选框选择是否下载程序块、数据块、系统块、存储卡中的配方和数据记录配置。单击"下载"按钮，开始下载。

如果设置的 PLC 型号与实际的 PLC 型号不一致，将会显示提示信息。单击出现的"改动项目"按钮，自动修改 PLC 的型号后，提示信息将会消失，此时再进行下载操作。

下载应在 STOP 模式下进行，可以设置在下载之前将 CPU 自动切换到 STOP 模式，和在下载结束后自动切换到 RUN 模式是否需要提示。建议最下面的 3 个复选框采用图 2-10 中的设置，如此最为方便快捷。

视频"组态通信与下载程序"可通过扫描二维码 2-6 播放。

二维码 2-6

8．上载程序

上载前应建立起计算机与 PLC 之间的通信连接，在 STEP 7-Micro/WIN 中新建一个空项目来保存上载的块，项目中原有的内容将被上载的内容覆盖。

单击工具栏上的"上载"按钮 ▲，打开"上载"对话框。"上载"对话框与"下载"对话框的结构基本上相同，只是在对话框的右下部仅有"成功后关闭对话框"复选框。

用户可以选择是否上载程序块、数据块、系统块、存储卡中的配方和数据记录配置。单击"上载"按钮，开始上载。

9．运行和调试程序

下载程序后，将 PLC 的工作模式开关拨到 RUN 位置，"RUN"LED 亮，用户程序开始运行。工作模式开关在 RUN 位置时，可以用 STEP 7-Micro/WIN 工具栏上的"RUN"按钮 ▶ 和"STOP"按钮 ■ 切换 PLC 的操作模式。

在 RUN 模式，用接在端子 I0.0～I0.2 上的小开关来模拟按钮提供的起动信号、停止信号和过载信号，将开关接通后马上断开，观察 Q0.0 和 Q0.1 对应的 LED 的状态变化是否正确。

10．PLC 中信息的读取

执行菜单命令"PLC"→"信息"，将显示出 PLC 的 RUN / STOP 状态、以 ms 为单位的扫描周期、CPU 的型号和固件版本号、错误信息以及 I/O 模块的配置和状态。"刷新扫描周期"按钮用来读取扫描周期的最新数据。

如果 CPU 配有智能模块，选中要查看的模块，单击"EM 信息"按钮，将出现一个对话框，显示模块型号、模块版本号、模块错误信息和其他有关的信息。

11．CPU 事件的历史记录

S7-200 保留一份带时间标记的主要 CPU 事件的历史记录，包括上电、进入 RUN 模式、进入 STOP 模式和出现致命错误的时间。应设置实时时钟，这样才能得到事件历史记录中正确的时间标记。与 PLC 建立通信连接后，执行菜单命令"PLC"→"信息"，在打开的对话框中单击"历史事件"按钮，可以查看 CPU 事件的历史记录。

2.2.3 符号表与符号地址的使用

1．打开符号表

为了方便程序的调试和阅读，可以用符号表（见图 2-11）来定义地址或常数的符号。可以为存储器类型 I、Q、M、SM、AI、AQ、V、S、C、T 和 HC 创建符号名。在符号表中定义的符号属于全局变量，可以在所有程序组织单元（POU）中使用它们。可以在创建程序之前或创建之后定义符号。

2. POU 符号表

双击指令树"符号表"文件夹中的"用户定义 1"，打开符号表。单击符号表窗口下面的"POU 符号"选项卡（见图 2-12），可以看到自动生成的主程序、子程序和中断程序的默认名称。该表格为只读表格，不能用它来修改 POU 符号。可用鼠标右键单击指令树文件夹中的某个 POU，用快捷菜单中的"重命名"命令修改它的名称。

			符号	地址	
1			起动按钮	I0.0	常开触点
2			停止按钮	I0.1	常开触点
3			过载	I0.2	常开触点
4			电机1	Q0.0	控制1号电机的接触器
5			电机2	Q0.1	控制2号电机的接触器

图 2-11 "用户定义 1"符号表

			符号	地址	注释
1			SBR_0	SBR0	子程序注释
2			INT_0	INT0	中断程序注释
3			主程序	OB1	程序注释：异步电动机E

用户定义1 \ POU 符号 /

图 2-12 "POU 符号"选项卡

3. 使用多个符号表

可以创建多个符号表，但是不同的符号表不能使用相同的符号名和相同的地址。用鼠标右键单击指令树中的"符号表"，在快捷菜单中执行"插入"→"新符号表"命令，将生成新的符号表。成功插入新的符号表后，符号表窗口底部将会出现一个新的选项卡，可以单击这些选项卡来打开不同的符号表。

4. 生成符号

在符号表的"符号"列输入符号名，例如"起动按钮"（见图 2-11），在"地址"列中输入地址或常数。符号名最多可以包含 23 个字符，可以使用英语字母、数字字符、下划线和汉字。可以在"注释"列输入最多 79 个字符的注释。

在为符号指定地址或常数值之前，用绿色波浪下划线表示该符号为未定义符号。在"地址"列输入地址或常数后，绿色波浪下划线消失。输入时用红色的文本表示下列语法错误：符号以数字开始、使用关键字作符号或使用无效的地址。红色波浪下划线表示用法无效，例如重复的符号名和重复的地址。

符号表用 图标表示地址重叠的符号（例如 VB0 和 VD0），用 图标表示未使用的符号。

5. 表格的通用操作

将鼠标的光标放在表格的列标题分界处，光标出现水平方向的双向箭头 后，按住鼠标的左键，将列分界线拖至所需的位置，可以调节列的宽度。

用鼠标右击表格中的某一单元，在弹出的快捷菜单中执行"插入"→"行"命令，可以在所选行的上面插入新的行。将光标置于表格最下面一行的任意单元后，按计算机键盘上的〈↓〉键，在表格的底部将会增添新的一行。

按一下〈Tab〉键光标将移至表格右边的下一个单元格。单击某个单元格，按住〈Shift〉键的同时单击另一个单元格，将会同时选中两个单元格定义的矩形范围内的所有单元格。

单击最左边的行号，可选中整个行。按住鼠标左键在最左边的行号列上下拖动，可以选中连续的若干行。按〈Delete〉键，可删除选中的行或单元格，可以用剪贴板复制和粘贴选中的对象。

视频"符号表的操作"可通过扫描二维码 2-7 播放。

二维码 2-7

6. 在程序编辑器或状态表中定义、编辑和选择符号

在程序编辑器或状态表中，用鼠标右击未连接任何符号的地址，例如 T37。在弹出的快捷菜单中执行"定义符号"命令，可以在打开的"定义符号"对话框中定义符号（见图2-13）。单击"确认"按钮，确认操作并关闭对话框。被定义的符号将同时在程序编辑器或状态表和符号表中出现。

图 2-13 "定义符号"对话框

用鼠标右击程序编辑器或状态表中的某个符号，在弹出的快捷菜单中执行"编辑符号"命令，可以编辑该符号的地址和注释。用鼠标右击某个未定义的地址，在弹出的快捷菜单中执行"选择符号"命令，出现"选择符号"列表，可以为变量选用表中的某个符号。

可以在程序中指令的参数域输入尚未定义的有效符号名。这样生成一组未分配存储器地址的符号名。单击工具栏上的"建立未赋值符号表"按钮 🔣，将这组符号名称传送到新的符号表选项卡，可以在这个新符号表中为符号定义地址。

7. 符号表的排序

为了方便在符号表中查找符号，可以对符号表中的符号排序。单击"符号"所在的列标题，表中的各行按符号升序排列，即按符号的字母或汉语拼音从 A～Z 的顺序排列。再次单击"符号"列标题，表中的各行按符号降序排列。也可以单击地址列的列标题，按地址排序。

8. 切换程序编辑器或状态表中地址的显示方式

执行菜单命令"查看"→"符号寻址"，可以在符号地址和绝对地址两种显示方式之间切换。图 2-14 是使用符号地址的电动机控制梯形图中的第一个网络，仅显示符号。在用符号地址显示方式输入地址时，可以输入符号地址或绝对地址，输入后按设置的显示方式显示地址。

执行菜单命令"工具"→"选项"，选中"选项"对话框左边的"程序编辑器"，在"程序编辑器"选项卡（见图2-6）中，可以在"符号寻址"下拉列表框中选择"仅显示符号"或"显示符号和地址"。图2-14仅显示符号，图2-15同时显示符号地址和绝对地址。

单击工具栏上的"应用项目中的所有符号"按钮 🔣，将符号表中定义的所有符号应用到项目，从显示绝对地址切换到显示符号地址。

在程序编辑器或状态表中按〈Ctrl+Y〉组合键，可以在符号地址和绝对地址两种显示方式之间进行切换。如果符号地址过长，并且选择了显示符号地址或同时显示符号地址和绝对地址，程序编辑器只能显示部分符号名。将光标放在这样的符号上，可以在出现的小方框中看到符号地址的全称和绝对地址。

在程序编辑器中引用符号地址时，可以像引用绝对地址一样，对符号名使用间接寻址的记号&和*。

符号	地址	注释
电机1	Q0.0	控制1号电机的接触器
过载	I0.2	常开触点
起动按钮	I0.0	常开触点
停止按钮	I0.1	常开触点

图 2-14　仅显示符号　　　　　　　图 2-15　同时显示符号地址和绝对地址

视频"符号地址的使用"可通过扫描二维码 2-8 播放。

9. 符号信息表

单击工具栏上的"切换符号信息表"按钮 ，可以打开或关闭各网络的符号信息表（见图 2-14）。符号信息表在网络中程序的下面，它列出了网络中使用的符号地址、绝对地址和符号表中的注释。

二维码 2-8

2.3　用编程软件监控与调试程序

2.3.1　用程序状态监控与调试程序

1. 启动程序状态监控

在运行 STEP 7-Micro/WIN 的计算机与 PLC 之间建立起通信连接，并将程序下载到 PLC 后，在程序编辑器中打开要监控的 POU，执行菜单命令"调试"→"开始程序状态监控"，或单击工具栏上的"程序状态监控"按钮 ，就启动了程序状态监控功能。

如果 CPU 中的程序和打开的项目的程序不同，或者在切换使用的编程语言后启用程序状态监控功能，将会出现"时间戳记不匹配"对话框（见图 2-16）。单击"比较"按钮，经检查，确认 PLC 中的程序和打开的项目中的程序相同，对话框中显示"已通过"，此时单击"继续"按钮，开始监控。如果 CPU 处于 STOP 模式，将弹出提示对话框，询问是否切换到 RUN 模式。如果检查后未通过，应重新下载程序。

图 2-16　"时间戳记不匹配"对话框

单击工具栏上的"暂停程序状态监控"按钮⚙，暂停程序状态监控，当前的数据会保留在屏幕上。再次单击该按钮，继续执行程序状态监控。

2. 梯形图程序的程序状态监控

（1）执行状态的程序状态监控

必须在梯形图程序状态操作开始之前选择程序状态监控的数据采集模式。执行菜单命令"调试"→"使用执行状态"后，进入执行状态，该命令行的前面出现一个"√"。在这种状态模式下，只有在 PLC 处于 RUN 模式时才刷新网络中的状态值。不能显示未执行的程序区（例如未调用的子程序、中断程序或被 JMP 指令跳过的区域）的程序状态。

在 RUN 模式启动程序状态功能后，将用颜色显示出梯形图中各元件的状态（见图 2-17），左边的垂直"电源线"和与它相连的水平"导线"变为蓝色。如果位操作数为1（为 ON），其常开触点和线圈变为蓝色，它们中间出现蓝色方块，有"能流"流过的"导线"也变为蓝色。如果有能流流入方框指令的 EN（使能）输入端，且该指令被成功执行，方框指令的方框变为蓝色。定时器和计数器的方框为绿色表示它们包含有效数据。红色方框表示执行指令时出现了错误。灰色表示无能流、指令被跳过、未调用或PLC 处于 STOP（停止）模式。

图 2-17　用颜色显示梯形图程序中各元件的状态

在 RUN 模式启用程序状态监控后，将以连续方式采集状态值。"连续"并非意味着实时，而是指编程设备不断地从 PLC 轮询状态信息并在屏幕上显示，按照通信允许的最快速度更新显示。可能捕获不到某些快速变化的值（例如流过正、负向检测触点的能流），或者因这些值变化太快而无法读取。

开始监控图 2-17 中的梯形图时，各输入点均为 OFF，梯形图中 I0.0 的常开触点断开，I0.1 和 I0.2 的常闭触点接通。用接在端子 I0.0 上的小开关来模拟起动按钮信号，将开关接通后马上断开，梯形图中 Q0.0 的线圈"通电"，T37 开始定时，定时器方框上面 T37 的当前值不断增大。当前值大于、等于预设值 50（5s）时，梯形图中 T37 的常开触点接通，Q0.1 的线圈"通电"（见图 2-15）。启用程序状态监控，可以形象且直观地看到触点、线圈的状态和定时器当前值的变化情况。

用接在端子 I0.1 上的小开关来模拟停止按钮信号，梯形图中 I0.1 的常闭触点断开后马上接通。Q0.0 和 Q0.1 的线圈断电，T37 被复位。

在 T37 定时的时候，用鼠标右键单击 T37 的当前值，在弹出的快捷菜单中执行"写入"命令，在弹出的对话框（见图 2-17）中修改 T37 的当前值。

图 2-18 为梯形图的程序状态监控。图中用定时器 T38 的常闭触点控制它自己的 IN 输入端。进入 RUN 模式时 T38 的常闭触点接通，它开始定时。2s 后定时时间到，T38 的常开触点闭合，使 MB10 加 1；T38 的常闭触点断开，使它自己复位，复位后 T38 的当前值变为

0。下一扫描周期因为 T38 的常闭触点接通，使它自己的 IN 输入端重新"得电"，所以又开始定时。T38 将这样周而复始地工作。从上面的分析可知，图 2-18 上面的网络是一个脉冲信号发生器，脉冲周期等于 T38 的预设值 2s。T38 的当前值按图 2-22 中的锯齿波形不断变化。

图 2-18　梯形图的程序状态监控

单击工具栏上的"暂停状态开/关"按钮，暂停程序状态的采集，T38 的当前值停止变化。再次单击该按钮，T38 的当前值又重新开始变化。

为了节省篇幅，本书一般省略了梯形图中的网络编号，用左侧垂直母线上的断点表示相邻网络的分界点。

（2）扫描结束状态的状态监控

在上述的执行状态时执行菜单命令"调试"→"使用执行状态"，菜单中该命令行前面的"√"消失，进入扫描结束状态。

"扫描结束"状态显示在程序扫描结束时读取的状态结果。这些结果可能不会反映 PLC 数据地址的所有数值变化，因为随后的程序指令在程序扫描结束之前可能会写入和重新写入数值。由于快速的 PLC 扫描周期和相对慢速的 PLC 状态数据通信之间存在的速度差别，"扫描结束"状态显示的是几个扫描周期结束时采集的数据值。

只有在 RUN 模式才会显示触点和线圈中的颜色块，以区别 RUN 和 STOP 模式。

3．语句表程序的程序状态监控

单击图 2-1 中工具栏上的"程序状态监控"按钮，启动语句表的程序状态监控功能（见图 2-19）。程序编辑器窗口分为代码区和用蓝色字符显示数据的状态区。图 2-19 中"操作数 3"的右边是逻辑堆栈中的值。最右边的列是方框指令的使能输出位（ENO）的状态。

网络 1

		操作数 1	操作数 2	操作数 3	0123	使
LD	起动按钮	OFF			0000	0
O	电机1	ON			1000	1
AN	停止按钮	OFF			1000	1
AN	过载	OFF			1000	1
=	电机1	ON			1000	1
TON	T37, 50	+350	50		1000	1

图 2-19　语句表的程序状态监控

在图 2-19 的"操作数 1"列中可以看到 T38 的当前值不断变化。用接在端子 I0.0 和 I0.1 上的小开关来模拟按钮信号，可以看到指令中的位地址的 ON/OFF 状态的变化和 T37 当前值的变化。

用菜单命令"工具"→"选项"打开"选项"对话框，在"程序编辑器"的"STL 状态监控"选项卡中，可以设置语句表程序状态监控的内容（见图 2-20），每条指令最多可以监控 17 个操作数、逻辑堆栈中的 4 个当前值和 1 个指令状态位。

状态信息从位于编辑窗口顶端的第一条 STL 语句开始显示。用滚动条向下滚动显示编辑器窗口时，将从 CPU 获取新的信息。

视频"用程序状态监控程序"可通过扫描二维码 2-9 播放。

二维码 2-9

图 2-20 设置语句表程序状态监控的内容

2.3.2 用状态表监控与调试程序

在程序编辑器中能同时监控的变量非常有限，使用状态表可以在一个画面中同时监视、修改和强制用户感兴趣的全部变量。

1. 打开和编辑状态表

在程序运行时，可以用状态表来读、写、强制和监控 PLC 中的变量。用鼠标双击指令树的"状态表"文件夹中的"用户定义 1"，或者执行菜单命令"查看"→"组件"→"状态表"，均可以打开状态表，并对它进行编辑。如果项目中有多个状态表，可以用状态表编辑器底部的选项卡进行切换。

在状态表的"地址"列输入要监控变量的绝对地址或符号地址（见图 2-21），可以采用默认的显示格式，或用"格式"列隐藏的下拉列表更改显示格式。定时器和计数器可以分别按位或按字监控。按位监控显示的是它们的输出位的 ON/OFF 状态，按字监控显示的是它们的当前值。

	地址	格式	当前值	新值
1	I0.0	位	2#0	
2	I0.1	位	2#0	
3	IW0	二进制	2#0000_0000_0000_0000	
4	Q0.0	位	2#1	
5	T37	位	2#1	
6	T37	有符号	+54	+0
7	T38	有符号	+14	
8	M10.0	位	2#1	

图 2-21 状态表监控

选中符号表中的符号单元或地址单元，并将其复制到状态表的"地址"列，可以快速创建要监控的变量。

单击状态表某个"地址"列的单元格（例如 VW20）后按〈Enter〉键，可以在下一行插入或添加一个具有顺序地址（例如 VW22）和相同显示格式的新的行。

执行菜单命令"编辑"→"插入"→"行"，或者用鼠标右键单击状态表中的单元，弹出的快捷菜单中执行"插入"→"行"命令，可以在状态表中当前光标位置的上面插入新的行。将光标置于状态表最下面一行的任意单元，按计算机键盘上的〈↓〉键，在状态表的底部将会增添新的一行。

2．创建新的状态表

可以根据不同的监控任务创建几个状态表。用鼠标右键单击指令树中的"状态表"，或用鼠标右键单击已经打开的状态表，在弹出快捷菜单中执行"插入"→"状态表"命令，可以创建新的状态表。

3．启动和关闭状态表的监控功能

与 PLC 的通信连接成功后，打开状态表，执行菜单命令"调试"→"开始状态表监控"，或单击工具栏上的"状态表监控"按钮（见图 2-23），该按钮被"按下"，将会启动状态表的监控功能。STEP 7-Micro/WIN 从 PLC 收集状态信息，在状态表的"当前值"列出现从 PLC 中读取的动态数据。这时，还可以强制修改状态表中的变量。

启动监控后，用接在输入端子上的小开关来模拟起动按钮和停止按钮信号，可以看到各个位地址的 ON/OFF 状态和定时器当前值变化的情况。执行菜单命令"调试"→"停止状态表监控"或单击"状态表监控"按钮，可以关闭状态表的监控功能。

用二进制格式监控字节、字或双字（见图 2-21 中对 IW0 的监控），可以在一行中同时监控 8 点、16 点或 32 点位变量。

4．单次读取状态信息

状态表的监控功能被关闭时，或将 PLC 切换到 STOP 模式时，执行菜单命令"调试"→"单次读取"，或单击工具栏上的"单次读取"按钮，可以从 PLC 收集当前的数据，并在状态表的"当前值"列显示出来。

5．趋势图

趋势图（见图 2-22）用随时间变化的曲线跟踪 PLC 的状态数据。启用状态表监控功能后，单击工具栏上的"趋势图"按钮，可以在表格视图与趋势图之间进行切换。图 2-18中的定时器 T38 的当前值按图 2-22 中的锯齿波变化。T38 的常开触点每 2s 产生一个脉冲，将字节 MB10 的值加 1。MB10 的最低位 M10.0 的 ON/OFF 状态以 4s 的周期变化。

图 2-22　趋势图

用鼠标右键单击趋势图，在弹出的快捷菜单中执行相应命令，可以修改趋势图的时间基准（即时间轴的刻度）。如果更改趋势图的时间基准（0.25s～5min），整个图的数据都会被清除，并用新的时间基准重新显示。在弹出的快捷菜单中执行"属性"命令，在弹出的对话框中，可以修改被单击的行变量的地址和显示格式，以及显示的上限和下限。

启动趋势图后，单击工具栏上的"暂停趋势图"按钮，或执行菜单命令"调试"→"暂停趋势图"，可以"冻结"趋势图。再次单击该按钮将结束暂停。

实时趋势功能不支持历史趋势，即不会保留超出趋势图窗口的时间范围的趋势数据。

将光标放到两行的分界线上，光标变为垂直方向的双向箭头⇕，按住鼠标左键上下移动鼠标，拖动水平分界线，可以调整上面一行的高度。

视频"用状态表监控程序"可通过扫描二维码 2-10 播放。

二维码 2-10

2.3.3 写入与强制数值

本节介绍用程序编辑器和状态表将新的值写入或强制给操作数的方法。

1. 写入数据

"写入"功能用于将数值写入 PLC 的变量。将新的变量值输入状态表的"新值"列后（见图 2-21），单击工具栏上的"全部写入"按钮，将"新值"列所有的值全部传送到 PLC 中。在 RUN 模式时，因为用户程序的执行，写入的数值可能很快被程序改写成新的数值，所以不能用写入功能改写物理输入点（地址 I 或 AI）的状态。

在程序状态监控时，用鼠标右键单击梯形图中的某个地址或语句表中的某个操作数的值，可以用快捷菜单中的"写入"命令和弹出的"写入"对话框来完成写入操作（见图 2-17）。

视频"用编程软件写入数据"可通过扫描二维码 2-11 播放。

二维码 2-11

2. 强制的基本概念

强制（Force）功能通过强制 V、M 来模拟逻辑条件，通过强制 I/O 点来模拟物理条件。例如，可以通过对输入点的强制代替输入端外接的小开关来调试程序。

可以强制所有的 I/O 点，还可以同时强制最多 16 个 V、M、AI 或 AQ 地址。强制功能可以用于 I、Q、V、M 的字节、字和双字，只能从偶数字节开始以字为单位强制 AI 和 AQ。不能强制 I 和 Q 之外的位地址。强制的数据用 CPU 的 EEPROM 永久性地存储。

在 RUN 模式且对控制过程影响较小的情况下，可以对程序中的某些变量强制性地赋值。在读取输入阶段，强制值被当作输入读入；在程序执行阶段，强制数据用于立即读和立即写指令指定的 I/O 点。在通信处理阶段，强制值用于通信的读/写请求；在修改输出阶段，强制数据被当作输出写到输出电路中。进入 STOP 模式时，输出将变为强制值，而不是系统块中设置的值。虽然在一次扫描过程中，程序可以修改被强制的数据，但是新扫描开始时，会重新应用强制值。

在写入或强制输出时，如果 S7-200 与其他设备相连，系统可能出现无法预料的情况而引起人员伤亡或设备损坏，只有合格的人员才能进行强制操作。在强制程序值后，务必通知所有有权维修或调试过程的人员。

3. 强制的操作方法

在启动状态表的监控功能后，可以用"调试"菜单中的命令或工具栏上与调试有关的按钮（见图 2-23），来执行下述与强制有关的操作。用鼠标右键单击状态表中的某个操作数，从弹出的快捷菜单中可以选择对该操作数强制或取消强制。

（1）强制

将要强制的新的值 16#1234 输入状态表中 VW0 的"新值"列，单击工具栏上的"强

	地址	格式	当前值
10	VW0	十六进制	🔒 16#1234
11	VB0	十六进制	🔒 16#12
12	VW1	十六进制	🔓 16#3400

图 2-23 用状态表强制变量

制"按钮![icon]，VW0 被强制为新的值。在"当前值"列的左端出现强制图标![icon]（见图 2-23）。

要强制程序状态中的某个地址，可以用鼠标右键单击它，执行快捷菜单中的"强制"命令，然后用出现的"强制"对话框进行强制操作。

一旦使用了强制功能，每次扫描都会将强制的数值用于该操作数，直到取消对它的强制为止。即使关闭 STEP 7-Micro/WIN 或者断开 S7-200 的电源，都不能取消强制。

黄色的显式强制图标![icon]（一把合上的锁）表示该地址被显式强制，在对它取消强制之前，用其他方法不能改变此地址的值。

图 2-23 中的 VW0 被显示强制，VB0 是 VW0 的一部分，因此它被隐式强制。灰色的隐式强制图标![icon]（合上的灰色的锁）表示该地址被隐式强制。

VW0 被显示强制，因为 VW1 的第一个字节 VB1 是 VW0 的第二个字节，VW1 的一部分也被强制，因此 VW1 被部分隐式强制。灰色的部分隐式强制图标![icon]（半把灰色的锁）表示该地址被部分隐式强制。

不能直接取消对 VB0 的隐式强制和对 VW1 的部分隐式强制，必须取消对 VW0 的显式强制，才能同时取消上述的隐式强制和部分隐式强制。

（2）取消对单个操作数的强制

选择一个被显式强制的操作数，然后单击工具栏上的"取消强制"按钮![icon]，被选择的地址的强制图标将会消失。也可以用鼠标右键单击程序状态中被强制的地址，用快捷菜单中的命令取消对它的强制。

（3）取消全部强制

单击工具栏上的"取消全部强制"按钮![icon]，可以取消对被强制的全部地址的强制，使用该功能之前不必选中某个地址。

（4）读取全部强制

单击工具栏上的"读取全部强制"按钮![icon]，状态表中的当前值列将会为已被显式强制、隐式强制和部分隐式强制的所有地址显示出相应的强制图标。

4. 在 STOP 模式下写入和强制输出

如果在写入或强制输出点 Q 时已将 S7-200 连接到设备，这些更改将会传送到该设备中，这可能导致设备出现异常，从而造成人员伤亡或设备损坏。必须执行菜单命令"调试"→"STOP（停止）模式下写入-强制输出"，才能在 STOP 模式下启用该功能。打开 STEP7-Micro/WIN 或打开不同的项目时，默认为没有选中该菜单命令，以防止在 PLC 处于 STOP 模式时写入或强制输出。

视频"用编程软件强制数据"可通过扫描二维码 2-12 播放。

2.3.4 调试用户程序的其他方法

1. 在 RUN 模式下编辑用户程序

二维码 2-12

在 RUN 模式下，不必转换到 STOP 模式，便可以对程序进行较小幅度的改动，并将改动下载到 PLC 中。

建立好计算机与 PLC 之间的通信连接后，在 RUN 模式下执行菜单命令"调试"→"RUN（运行）模式下程序编辑"，出现"上载"对话框和警告信息。单击"上载"按钮，程序被上载。上载结束后，进入 RUN 模式编辑状态，出现一个跟随鼠标移动的 PLC 图标。再次执行菜单命令"调试"→"RUN（运行）模式下程序编辑"，将退出 RUN 模式编辑状态。

编辑前应退出程序状态监控，修改程序后，需要将改动下载到 PLC 中。下载之前一定要仔细考虑可能对设备或操作人员造成的各种安全后果。

在 RUN 模式编辑状态下修改程序后，关于 CPU 对修改的处理方法可以查阅系统手册。

在 RUN 模式编辑过程中，STEP 7-Micro/WIN 在正、负向转换触点上面为 EU/ED 指令分配一个临时的编号。同时交叉引用表中出现"边沿使用"选项卡，列出程序中所有的 EU/ED 指令，P 和 N 分别表示 EU 指令和 ED 指令。修改程序时可以参考该表，禁止使用编号重复的 EU/ED 指令。

2．使用书签

工具栏上的"切换书签"按钮 📑 用于在当前光标位置对指定的网络设置或删除书签，单击 📑 或 📑 按钮，光标将移动到程序中下一个或上一个标有书签的网络。单击 📑 按钮将删除程序中所有的书签。

3．单次扫描

从 STOP 模式进入 RUN 模式，首次扫描位（SM0.1）在第一次扫描时为 ON。由于执行速度太快，因此在程序运行状态无法看到首次扫描刚结束时某些编程元件的状态。

在 STOP 模式下，执行菜单命令"调试"→"首次扫描"，PLC 进入 RUN 模式，执行一次扫描后，自动回到 STOP 模式，此时可以观察到首次扫描后的状态。

4．多次扫描

PLC 处于 STOP 模式时，执行菜单命令"调试"→"多次扫描"，在出现的对话框中指定执行程序扫描的次数（1～65535 次）。单击"确认"按钮，在执行完指定的扫描次数后，自动返回 STOP 模式。

2.4 使用系统块设置 PLC 的参数

执行菜单命令"查看"→"组件"→"系统块"，可以打开系统块。单击指令树"系统块"文件夹中的某个对象（见图 2-24），可以直接打开系统块中对应的对话框。

2.4.1 断电数据保持的设置与编程

1．S7-200 保存数据的方法

S7-200 CPU 中的数据存储区分为易失性的 RAM 存储区和不需要供电就可以永久保存数据的 EEPROM 存储区。前者的电源消失后，存储的数据将会丢失，而后者的电源消失后，存储的数据不会丢失。CPU 在工作时，V、M、T、C、Q 等存储区的数据都保存在 RAM 中。

图 2-24 指令树

S7-200 用内置的 EEPROM 永久保存程序块、数据块、系统块、强制值和组态为断电保持的存储区，以及在用户程序控制下写入 EEPROM 中的指定值。配方和数据记录组态用存储卡保存。

从 CPU 模块上载用户程序时，CPU 将从 EEPROM 上载程序块、数据块和系统块，同时从存储卡上载配方和数据记录组态。通过 S7-200 的资源管理器上载数据记录中的数据。

S7-200 提供了多种方法来保存数据。

1）用 CPU 的超级电容器保存 RAM 中的 V、M、T、C 存储区的数据。超级电容器可以保持几天，保持的时间（50h 或 100h）与 CPU 模块的型号有关。CPU 上电后超级电容开始充电，至少充电 24h 后才能获得表 1-1 中的掉电保持时间。

2）可选的电池卡可以延长 RAM 保持信息的时间，只是在超级电容器电能耗尽后电池卡才提供电源。在 PLC 连续断电时，电池的寿命约为 200 天。

3）MB0～MB13 如果在系统块中被设置为断电保持，在 CPU 模块断电时被永久保存在 EEPROM 中。

4）数据块用来给 V 存储区赋初值，将数据块下载到 CPU 后，存储在 EEPROM 中，所以可以用数据块来保存程序中用到的不需要改变的数据，例如已调试好的 PID 参数。

5）用可拆卸的存储卡（EEPROM）来保存程序块、数据块、系统块、配方、数据记录和强制值。通过 S7-200 的资源管理器，可以将文件存储在存储卡中。

需要注意的是，静电放电可能损坏存储卡或 CPU 接口，取存储卡时应使用接地垫或戴接地手套，应将存储卡存放在导电的容器中。

2．设置 PLC 断电后的数据保存方式

双击图 2-24 的指令树"系统块"文件夹中的"断电数据保持"，打开"系统块"对话框（见图 2-25），选择从通电切换到断电时希望保存的存储区。

图 2-25　设置"断电数据保持"参数

最多可以定义 6 个在电源掉电时需要保持的存储区范围，图 2-25 中是默认的保持范围。可以设置保存的存储区有 V、M、T 和 C。只能保持 TONR（有记忆接通延时定时器）和计数器的当前值，不能保持定时器位和计数器位（上电时它们被清除）。单击"默认值"按钮，将采用 STEP 7-Micro/WIN 推荐的设置值。

单击"确认"按钮，确认设置的参数，并自动关闭系统块。将系统块下载到 PLC 后，设置的参数才起作用。

3．开机后数据的恢复

上电后，CPU 会自动地从 EEPROM 中恢复程序块和系统块。然后检查是否安装了超级电容器和可选的电池卡。如果是，将确认数据是否成功地保存到 RAM 中。如果保存是成功的，RAM 存储器的保持区将保持不变。EEPROM 中数据块的内容被复制到 V 存储器的非保持区，RAM 中的其他非保持区被清零。如果 RAM 存储器中的数据没有保存下来（例如长时间断电后），CPU 将会清除 RAM 中所有的用户存储区，并在通电后的第一次扫描置"保持数据丢失"标志（SM0.2）为 ON。此外，将 EEPROM 中 V 存储区和 M 存储区的永久区域从 EEPROM 复制到 RAM 中，RAM 的所有其他区域均被清零。

4．用程序将 V 存储器的数据复制到 EEPROM 中

可以将 V 存储器任意位置的数据（字节、字和双字）复制到 EEPROM 中。一次写 EEPROM 的操作会使扫描周期增加 10～15ms。新存入的值会覆盖 EEPROM 中原有的数据，写 EEPROM 的操作不会更新存储卡中的数据。

将 V 存储器中的一个数据复制到 EEPROM 中 V 存储区的步骤如下。

1）将需要保存的 V 存储器的地址送特殊存储器字 SMW32 中。

2）数据长度单位写入 SM31.0 和 SM31.1 中。这两位为二进制数 00 和 01 时表示字节，为 10 时表示字，为 11 时表示双字。

3）令 SM31.7 = 1，在每次扫描结束时，CPU 自动检查 SM31.7，该位为 1 时将指定的数据存入 EEPROM 中，CPU 将该位复位为 0 后操作结束。

【例 2-1】 在 I0.0 的上升沿将 VW50 的值写入 EEPROM。写入 SMB31 的 16#82（2#1000 0010）的最低两位为 2#10，表示要写入字，最高位（写入标志）为 1。

```
LD      I0.0
EU
MOVW    50, SMW32           //指定 V 存储器的地址
MOVB    16#82, SMB31        //令 SM31.7 = 1，将 VW50 的值写入 EEPROM 中
```

写入 EEPROM 的操作次数是有限制的，最少为 10 万次，典型值为 100 万次。应仅在发生特殊事件时才将数据保存到 EEPROM 中，否则可能会因为写入次数过多而使 EEPROM 失效。

例如，假设扫描周期为 50ms，在每个扫描周期保存一次某个地址的值，5000s（不到 1.5h）就写入了 10 万次，EEPROM 可能就会失效了。

将写入 EEPROM 的 V 存储器地址设置为没有数据保持功能，在 CPU 断电又上电后，如果在该 V 存储器地址显示的是写入 EEPROM 的数据，说明该数据已经写入 EEPROM。

2.4.2 创建与使用密码

1．密码的作用

S7-200 的密码保护功能用于限制对特殊功能的访问。有 4 种限制 CPU 访问功能的等级（见表 2-1）。各等级均有不需要密码的访问功能，默认的 1 级没有限制。如果设置了密码，只有输入正确的密码后，S7-200 才根据授权级别提供相应的操作功能。系统块下载到 CPU后，密码才起作用。

表 2-1　4 种限制 CPU 访问功能的等级

任　务	1 级	2 级	3 级	4 级
读写用户数据；启动、停止 CPU，上电复位；读写时钟	允许	允许	允许	允许
上载用户程序、数据块和系统块				不允许
下载或删除程序块、数据块和系统块；运行时编辑；将程序块、数据块或系统块复制到存储卡		有限制	有限制	有限制
在状态表中强制数据；执行单次/多次扫描；刷新 PLC 信息中的扫描周期；在 STOP 模式写输出				
执行状态监控，项目比较				不允许

在第 4 级密码的保护下，即使有正确的密码也不能上载程序，不允许下载和删除系统块。

允许一个用户使用授权的 CPU 功能就会禁止其他用户使用该功能。在同一时刻，只允许一个用户不受限制地存取。

2．密码的设置

单击图 2-25 左边窗口中的"密码"，选择限制级别为 2～4 级（见图 2-26），在"密码"和"验证"文本框中输入相同的密码，密码最多 8 位，字母不区分大小写。

3．忘记密码的处理

如果忘记了密码，必须清除存储器，重新下载程序。清除存储器会使 CPU 进入 STOP 模式，并将网络地址、波特率和时钟之外的其他参数恢复到出厂设置。

图 2-26　设置密码

计算机与 PLC 建立连接后，执行菜单命令"PLC"→"清除"，弹出"清除"对话框后，选择要清除的块，单击"清除"按钮。如果设置了密码，将会显示一个密码授权对话框。在对话框中输入"CLEARPLC"（不区分大小写），确认后执行清除存储器的操作。

清除 CPU 的存储器将关闭所有的数字量输出，模拟量输出将处于某一固定的值。如果 PLC 与其他设备相连，应注意输出的变化是否会影响设备和人身安全。

4．POU 和项目文件的加密

（1）POU 的加密

POU（程序组织单元）包括主程序、子程序和中断程序。可以对某个 POU 单独加密。用鼠标右键单击指令树中要加密的 POU，在弹出的快捷菜单中执行"属性"命令，打开该 POU 的"属性"对话框中的"保护"选项卡。勾选"用密码保护本 POU"复选框，在"密码"和"验证"文本框中输入相同的 4 位密码。单击"确认"按钮，退出对话框。

在指令树中被加密的 POU 图标上和被加密的 POU 中，出现一把锁的图标。程序下载到 CPU 后再上传，也保持加密状态。如果勾选"用此密码保护所有 POU"复选框，所有的 POU 都将被设置相同的密码。

即使不知道密码，也可以使用已加密的 POU。虽然看不到程序的内容，但是在程序编辑器中可以查看其局部变量表中变量的符号名、数据类型和注释等信息。

（2）打开被加密的 POU

用鼠标右键单击指令树中被加密的 POU，在弹出的快捷菜单中执行"属性"命令。在出现的对话框中选择"保护"选项卡。在"密码"文本框中输入正确的密码，然后单击"验证"按钮，就可以打开POU，查看其中的内容。

（3）项目文件的加密

用鼠标右键单击指令树中的项目，在弹出的快捷菜单中执行"设置密码"指令，用出现的"设置项目密码"对话框对整个项目文件加密。项目文件密码最多 16 个字符，可以是字母或数字的组合（字母区分大小写）。只有输入密码才能打开项目文件。

2.4.3 组态输入/输出参数

1．输出表的设置

单击图 2-25 左边窗口中的"输出表"，可以设置从 RUN 模式切换到 STOP 模式后各输出点的状态。应按确保系统安全的原则来设置输出表。

（1）数字量输出表的设置

在输出表的"数字量"选项卡中，勾选"将输出冻结在最后的状态"复选框，从 RUN 模式变为 STOP 模式时，所有的数字量输出点将保持在 CPU 由 RUN 模式进入 STOP 模式时的状态。

如果未选"冻结"模式，从 RUN 模式变为 STOP 模式时各输出点的状态用输出表来设置。若希望进入 STOP 模式之后某一输出点为 ON，则单击该位对应的小方框，使之显示出"√"，输出表的默认状态是未选"冻结"模式，并且从 RUN 模式切换到 STOP 模式时，所有输出点的状态均被置为 OFF。

（2）模拟量输出表的设置

输出表的"模拟量"选项卡中的"将输出冻结在最后的状态"选项的意义与数字量输出的相同。如果未选"冻结"模式，可以设置从 RUN 模式变为 STOP 模式后模拟量输出的值（−32768～32767）。

2．数字量输入滤波器的设置

输入滤波器用来滤除输入线上的干扰噪声，例如机械触点闭合或断开时产生的抖动，以及模拟量输入信号中的脉冲干扰信号。单击图 2-25 左边窗口中的"输入滤波器"，在打开的对话框中选择"数字量"选项卡中，可以设置 4 点为 1 组的 CPU 输入点的输入滤波器延迟时间。输入状态发生 ON/OFF 变化时，输入信号必须在设置的延迟时间内保持新的状态才能被认为有效。延迟时间的设置范围为 0.2～12.8ms，默认值为 6.4ms。为了消除触点抖动的影响，可选 12.8ms。数字量输入滤波器会影响输入中断和脉冲捕获功能，但是高速计数器不会受它的影响。

3．模拟量输入滤波器的设置

单击图 2-25 左边窗口中的"输入滤波器"，在打开的对话框中选择"模拟量"选项卡，可以设置每个模拟量的输入通道是否采用软件滤波。滤波后的值是预选采样次数的各次模拟量输入的平均值。采样次数多，将使滤波后的值稳定，但是响应较慢；采样次数少，滤波效果较差，但是响应较快。

滤波器的设定值（采样次数与死区）对所有被选择为有滤波功能的模拟量输入均是一样的。如果信号变化很快，不应使用模拟量滤波。

模拟量输入滤波的默认设置是对所有的模拟量输入滤波（勾选复选框）。取消勾选可以关闭某些模拟量输入点的滤波功能。对于没有选择输入滤波的通道，用户程序访问模拟量输入时，CPU 直接从扩展模块中读取模拟值。

CPU 224XP 内置的 AIW0 和 AIW2 的模拟量输入点在每次扫描都会从 A-D 转换器中读取最新的转换结果。该转换器由 A-D 转换器滤波，因此通常不需要软件滤波。

滤波器具有快速响应的特点，可以反映信号的快速变化。当输入值与平均值之差超过设置的死区值时，滤波器相对上一次模拟量输入值产生一个阶跃变化。死区值用模拟量输入的数字值来表示。

模拟量滤波功能不能用于用模拟量字传递数字信息或报警指示的模块。不能对 AS-i 主站模块、热电偶模块和热电阻模块使用模拟量输入滤波。

4. 脉冲捕捉功能的设置

因为在每一个扫描周期开始时读取数字量输入，CPU 可能发现不了脉冲宽度小于扫描周期的脉冲（见图 2-27）。脉冲捕捉功能用来捕捉持续时间很短的高电平脉冲或低电平脉冲。

S7-200 的 CPU 模块内置的每个数字量输入点均可以设置为有脉冲捕捉功能。默认的设置是禁止所有的输入点捕捉脉冲。某个输入点启动了脉冲捕捉功能后（勾选复选框），实际输入状态的变化被锁存并保存到下一次读取输入（见 2-27）。脉冲捕捉功能在输入滤波器之后（见图 2-28），使用脉冲捕捉功能时，必须同时调节输入滤波的时间，使窄脉冲不会被输入滤波器过滤掉。

图 2-27　脉冲捕捉

图 2-28　数字量输入电路示意图

如果在一个扫描周期内有多个输入脉冲，那么只能检测出第一个脉冲。如果希望在一个扫描周期内检测出多个脉冲，应使用上升沿/下降沿中断事件（见 6.6 节）。

视频"设置输入/输出参数"可通过扫描二维码 2-13 播放。

5. 后台通信时间的设置

单击指令树"系统块"文件夹中的"背景时间"（见图 2-24），可以设置处理运行模式编辑或与执行状态监控有关的通信处理所占的时间与扫描周期的百分比，默认值为 10%，最大值为 50%。增大该百分比将增大扫描周期，减慢控制过程的运行速度。

二维码 2-13

2.5　习题

1．怎样将 STEP 7-Micro/WIN 的语言设置为中文？
2．怎样切换 CPU 的工作模式？
3．怎样获得在线帮助？
4．怎样在梯形图中划分网络？
5．怎样修改梯形图中网格的宽度？

6. S7-200 的交叉引用表有什么作用？

7. 怎样在程序编辑器中定义或编辑符号？

8. 怎样更改程序编辑器中地址的显示方式？

9. 使用国产的 USB/PPI 电缆来下载程序需要做哪些设置？

10. 怎样修改 CPU 的 RS-485 端口的波特率？

11. 程序状态监控有什么优点？什么情况应使用状态表？

12. 强制有什么特点？强制有什么作用？

13. 怎样在程序编辑器中写入或强制数据？

14. 怎样长期保存某些 V 存储区中的数据？

15. 希望在 S7-200 进入 STOP 模式后保持各数字量输出点的状态不变，应怎样设置？

16. 怎样消除触点抖动的不良影响？

17. 怎样用系统块设置密码？怎样取消密码？

18. 脉冲捕捉功能有什么作用？哪些输入点有脉冲捕捉功能？

第3章 PLC程序设计基础

3.1 PLC的编程语言与S7-200的程序结构

3.1.1 PLC编程语言的国际标准

与个人计算机相比，PLC的硬件和软件的体系结构都是封闭的而不是开放的。各厂家的PLC的编程语言、指令的设置和指令的表达方式也不一致，互不兼容。国际电工委员会（IEC）的PLC标准的第三部分（IEC 61131-3）是PLC的编程语言标准。IEC 61131-3是世界上第一个，也是至今为止唯一的工业控制编程语言标准。IEC 61131-3标准中有5种PLC的编程语言（见图3-1）：

1）顺序功能图（Sequential Function Chart，SFC）。

2）梯形图（Ladder Diagram，LD）。

3）功能块图（Function Block Diagram，FBD）。

4）语句表（Instruction List，IL）。

5）结构文本（Structured Text，ST）。

图3-1　5种PLC的编程语言

1. 顺序功能图

顺序功能图是一种位于其他编程语言之上的图形语言，用来编制顺序控制程序，第4章将详细介绍顺序功能图的使用方法。

2. 梯形图

梯形图是使用得最多的PLC图形编程语言，有时把梯形图称为电路或程序。梯形图与继电器控制系统的电路图很相似，具有直观易懂的优点，很容易被工厂熟悉继电器控制的电气人员掌握，特别适合于数字量逻辑控制。

梯形图由触点、线圈和用方框表示的功能块组成（见图3-2的左图）。触点代表逻辑输入条件，例如外部的开关、按钮和内部条件等。线圈代表逻辑输出结果，用来控制外部的指示灯、交流接触器和内部的标志位等。功能块用来表示定时器、计数器或者数学运算等指令。

图3-2　梯形图与语句表程序

在分析梯形图中的逻辑关系时，为了借用继电器电路图的分析方法，可以想象左右两侧的垂直"电源线"之间有一个左正右负的直流电源电压，S7-200 的梯形图省略了右侧的垂直电源线。图 3-2 的触点电路接通时，有一个假想的"能流"（Power Flow）流过 Q0.0 的线圈，能流只能从左向右流动。利用能流这一概念，可以更好地理解和分析梯形图。

由触点和线圈等组成的独立电路称为网络（Network），用编程软件生成的梯形图和语句表程序中有网络编号，允许以网络为单位给梯形图添加注释。本书为了节约篇幅，一般没有标注网络号。没有跳转指令时，各网络按从上到下的顺序执行，执行完所有的网络后，下一个扫描周期返回最上面的网络 1，重新开始执行程序。在网络中，程序的逻辑运算按从左到右的方向执行，与能流的方向一致。

3. 语句表

S7 系列 PLC 将指令表称为语句表，简称为 STL。语句表程序由指令组成（见图 3-2 的右图），PLC 的指令是一种与微型计算机汇编语言指令相似的助记符表达式，语句表比较适合熟悉 PLC 和程序设计的经验丰富的程序员使用。图 3-2 中的语句表程序和梯形图的控制逻辑相同。

4. 功能块图

功能块图是一种类似于数字逻辑电路的编程语言，有数字电路基础的人很容易掌握。功能块图用类似与门、或门的方框来表示逻辑运算关系，方框的左侧为逻辑运算的输入变量，右侧为输出变量，输入/输出端的小圆圈表示"非"运算，方框被"导线"连接在一起，信号从左向右流动。图 3-3 所示的功能块图的控制逻辑与图 3-2 中的相同。

图 3-3　功能块图

5. 结构文本

结构文本是为 IEC 61131-3 标准创建的一种专用的高级编程语言。与梯形图相比，它能实现复杂的数学运算，编写出的程序非常简洁和紧凑。

6. 编程语言的相互转换和选用

在 STEP 7-Micro/WIN 中，用户可以选用梯形图、功能块图和语句表这 3 种编程语言。国内很少有人使用功能块图语言。

梯形图与继电器电路图的表达方式极为相似，在梯形图中，输入信号（触点）与输出信号（线圈）之间的逻辑关系一目了然，易于理解。而语句表程序较难阅读，其中的逻辑关系很难一眼看出。在设计复杂的数字量控制程序时建议使用梯形图语言。但是语句表输入方便快捷，还可以为每一条语句加上注释，便于复杂程序的阅读。在设计通信、数学运算等高级应用程序时，建议使用语句表。

梯形图的一个网络中只能有一块独立电路。在语句表中，几块独立电路对应的语句可以放在一个网络中，但是这样的网络不能转换为梯形图。

7. SIMATIC 指令集与 IEC 61131-3 指令集

STEP 7-Micro/WIN 提供两种指令集，即 SIMATIC 指令集与 IEC 61131-3 指令集。前者由西门子公司提供，它的某些指令不是 IEC 61131-3 中的标准指令。通常 SIMATIC 指令的执行时间较短，可以使用梯形图、功能块图和语句表语言，而 IEC 61131-3 指令集只支持前两种语言。

IEC 61131-3 指令集的指令较少，其中的某些指令支持多种数据格式。例如 SIMATIC 指令集的加法指令分为 ADD_I（整数相加）、ADD_DI（双字整数相加）与 ADD_R（实数相加）等，IEC 61131-3 的加法指令 ADD 则未作区分，而是通过检验数据格式，由 CPU 自动选择正确的指令。因为 IEC 指令要检查参数中的数据格式，可以减少程序设计中的错误。

在 IEC 61131-3 指令编辑器中，有些指令是 SIMATIC 指令集中的指令，它们作为 IEC 61131-3 指令集的非标准扩展，在 STEP 7-Micro/WIN 的指令列表中用红色的"+"号标记。

3.1.2 S7-200 的程序结构

S7-200 CPU 的控制程序由主程序、子程序和中断程序组成。

1．主程序

主程序（OB1）是程序的主体，每个扫描周期都要执行一次主程序。每一个项目都必须有并且只能有一个主程序。在主程序中可以调用子程序，子程序又可以调用其他子程序。

2．子程序

子程序是可选的，仅在被其他程序调用时执行。同一个子程序可以在不同的地方被多次调用，使用子程序可以简化程序代码和减少扫描时间。设计得好的子程序容易移植到别的项目中去。

3．中断程序

中断程序用来及时处理与用户程序的执行时序无关的操作，或者用来处理不能事先预测何时发生的中断事件。中断程序不是由用户程序调用的，而是在中断事件发生时由操作系统调用的。中断程序是用户编写的。

3.2 数据类型与寻址方式

3.2.1 数制

1．二进制数

数据在 PLC 中以二进制数的形式存储，在编程软件中可以使用不同的数制。

（1）用 1 位二进制数表示数字量

二进制数的 1 位（bit）只能取 0 和 1 这两个不同的值，可以用一个二进制位来表示开关量（或称为数字量）的两种不同的状态。例如触点的断开和接通、线圈的通电和断电等。如果该位为 1，梯形图中对应的位编程元件（例如 M 和 Q）的线圈"通电"，其常开触点接通，常闭触点断开，以后称该编程元件为 1 状态或 ON（接通）。如果该位为 0，对应的编程元件的线圈和触点的状态与上述相反，称该编程元件为 0 状态，或 OFF（断开）。位数据的数据类型为布尔（BOOL）型。

（2）多位二进制数

多位二进制数用来表示大于 1 的数，二进制数遵循逢 2 进 1 的运算规则，每一位都有一个固定的权值，从右往左的第 n 位（最低位为第 0 位）的权值为 2^n，第 3 位至第 0 位的权值分别为 8、4、2、1，所以二进制数又称为 8421 码。

S7-200 用 2#来表示二进制常数，16 位二进制数 2#0000 0100 1000 0110 对应的十进制数为 $2^{10} + 2^7 + 2^2 + 2^1 = 1158$。

（3）有符号数的表示方法

PLC 用二进制补码来表示有符号数，其最高位为符号位，最高位为 0 时为正数，为 1 时为负数。正数的补码是它本身，最大的 16 位二进制正数为 2#0111 1111 1111 1111，对应的十进制数为 32767。

将正数的补码逐位取反（0 变为 1，1 变为 0）后加 1，得到绝对值与它相同的负数的补码。例如，将 1158 对应的补码 2#0000 0100 1000 0110 逐位取反后，得到 2#1111 1011 0111 1001，加 1 后得到 -1158 的补码 1111 1011 0111 1010。

将负数的补码的各位取反后加 1，得到它的绝对值对应的正数的补码。例如，将 -1158 的补码 2#1111 1011 0111 1010 逐位取反后得到 2#0000 0100 1000 0101，加 1 后得到 1158 的补码 2#0000 0100 1000 0110。表 3-1 给出了不同进制的数的表示方法。常数的取值范围见表 3-2。

表 3-1   不同进制的数的表示方法

十进制数	十六进制数	二进制数	BCD 码	十进制数	十六进制数	二进制数	BCD 码
0	0	00000	0000 0000	9	9	01001	0000 1001
1	1	00001	0000 0001	10	A	01010	0001 0000
2	2	00010	0000 0010	11	B	01011	0001 0001
3	3	00011	0000 0011	12	C	01100	0001 0010
4	4	00100	0000 0100	13	D	01101	0001 0011
5	5	00101	0000 0101	14	E	01110	0001 0100
6	6	00110	0000 0110	15	F	01111	0001 0101
7	7	00111	0000 0111	16	10	10000	0001 0110
8	8	01000	0000 1000	17	11	10001	0001 0111

表 3-2   常数的取值范围

数据的位数	无符号整数		有符号整数	
	十进制	十六进制	十进制	十六进制
B（字节），8 位值	0～255	16#0～16#FF	-128～127	16#80～16#7F
W（字），16 位值	0～65535	16#0～16#FFFF	-32768～32767	16#8000～16#7FFF
D（双字），32 位值	0～4294967295	16#0～16#FFFFFFFF	-2147483648～2147483647	16#80000000～16#7FFFFFFF

2. 十六进制数

多位二进制数的读/写很不方便，为了解决这个问题，可以用十六进制数来表示多位二进制数。十六进制数使用 16 个数字符号，即 0～9 和 A～F。A～F 分别对应于十进制数 10～15。可以用数字后面加"H"来表示十六进制常数，例如 AE75H。S7-200 用数字前面的"16#"来表示十六进制常数。4 位二进制数对应于 1 位十六进制数。例如，二进制常数 2#1010 1110 0111 0101 可以转换为 16#AE75。

十六进制数采用逢 16 进 1 的运算规则，从右往左第 n 位的权值为 16^n（最低位的 n 为 0）。例如，16#2F 对应的十进制数为 $2\times16^1+15\times16^0=47$。

3．BCD 码

BCD 是 Binary Coded Decimal 的缩写。BCD 码是各位按二进制编码的十进制数，它用 4 位二进制数的组合来表示一位十进制数。

BCD 码常用于输入/输出设备。例如，PLC 用输入点读取多位拨码开关的输出值就是 BCD 码，需要用 BCD_I 指令将它转换为 16 位整数。

用 I_BCD 指令将 PLC 内电梯的楼层数转换为 BCD 码后，每位 BCD 码通过 4 个输出点送给一片译码驱动芯片 4547，可以用 LED 七段显示器显示一位十进制数。

在 STEP 7-Micro/WIN 中，用 BCD 码显示和输入日期、时间值。用十六进制符号（16#）表示 BCD 码，例如 BCD 码 16#829 对应于十进制数 829。

BCD 码与十六进制数的每一位都用 4 位二进制数来表示，在编程软件中用数字前面的"16#"来表示十六进制数和 BCD 码，它们的区别如下。

1）由于 BCD 码实际上就是十进制数，因此 BCD 码的每一位只能取 2#0000～2#1001（0~9）。而十六进制数每一位的取值范围为 2#0000～2#1111（16#0～16#F）。

2）BCD 码"逢 10 进 1"，而十六进制数"逢 16 进 1"。例如，BCD 码 16#23 对应的十进制数为 23（$2 \times 10^1 + 3 \times 10^0$），而十六进制数 16#23（2#0010 0011）对应的十进制数为 35（$2 \times 16^1 + 3 \times 16^0$）。

至于 16#开始的数到底是 BCD 码还是十六进制数，这要看它的来源和在程序中的用途。

3.2.2 数据类型

数据类型定义了数据的长度（位数）和表示方式。S7-200 的指令对操作数的数据类型有严格的要求。

1．BOOL

二进制位的数据类型为 BOOL。BOOL 变量的值只能取 2#1 和 2#0。BOOL 变量的地址由字节地址和位地址组成，例如，I3.2 中的区域标示符"I"表示输入（Input），字节地址为 3，位地址为 2（见图 3-4 中阴影所在的位）。这种访问方式称为"字节. 位"寻址方式。

图 3-4 位数据与字节

2．字节

一个字节（Byte）由 8 个位数据组成。例如，输入字节 IB3（B 是 Byte 的缩写）由 I3.0～I3.7 这 8 位组成（见图 3-4）。其中的第 0 位为最低位，第 7 位为最高位。

3．字和双字

相邻的两个字节组成一个字（Word），相邻的两个字组成一个双字（Double Word）。字和双字都是无符号数，它们用十六进制数来表示。

VW100 是由 VB100 和 VB101 组成的一个字（见图 3-5 和图 3-6），VW100 中的 V 为变量存储器的区域标示符，W 表示字。双字 VD100 由 VB100～VB103（或 VW100 和 VW102）组成，VD100 中的 D 表示双字。字的取值范围为 16#0000～16#FFFF，双字的取值范围为 16#0000 0000～16#FFFF FFFF。

需要注意下列问题。

1）以组成字 VW100 和双字 VD100 的编号最小的字节 VB100 的编号，作为 VW100 和 VD100 的编号。

图 3-5　字节、字和双字

	地址	格式	当前值
11	VB100	十六进制	16#12
12	VB101	十六进制	16#34
13	VW100	十六进制	16#1234
14	VW102	十六进制	16#5678
15	VD100	十六进制	16#12345678
16	VD4	浮点数	50.0
17	VD4	二进制	2#0100_0010_0100_1000_0000_0000_0000_0000

图 3-6　状态表

2）组成 VW100 和 VD100 的编号最小的字节 VB100，为 VW100 和 VD100 的最高位字节（见图 3-5），编号最大的字节为字和双字的最低位字节。

3）数据类型字节、字和双字都是无符号数，它们的数值用十六进制数表示。从图 3-6 的状态表中可以看出字节、字和双字之间的关系。

4．16 位整数和 32 位双整数

16 位整数（INT，Integer）和 32 位双整数（DINT，Double Integer）都是有符号数。整数的取值范围为 –32768～32767，双整数的取值范围为 –2147483648～2147483647。

5．32 位实数

实数（REAL）又称为浮点数，可以表示为 $1.m \times 2^E$，尾数中的 m 和指数 E 均为二进制数，E 可能是正数，也可能是负数。ANSI/IEEE 754-1985 标准格式的 32 位实数（见图 3-7）的格式为 $1.m \times 2^e$，式中指数 $e = E + 127$（$1 \le e \le 254$），为 8 位正整数。实数的最高位（第 31 位）为符号位，最高位为 0 时为正数，为 1 时为负数。8 位指数占

图 3-7　浮点数的格式

第 23～30 位。因为规定尾数的整数部分总是为 1，所以只保留了尾数的小数部分 m（第 0～22 位）。第 22 位的权值为 2^{-1}，第 0 位的权值为 2^{-23}。浮点数的优点是用很小的存储空间（4B）可以表示非常大和非常小的数，其表示范围为 $\pm 1.175495 \times 10^{-38} \sim \pm 3.402823 \times 10^{38}$。

在 STEP 7-Micro/WIN 中，一般并不使用二进制格式或十六进制格式表示的浮点数，而是使用十进制小数来输入或显示浮点数（见图 3-6）。例如，在 STEP 7-Micro/WIN 中，50 是 16 位整数，而 50.0 为 32 位的浮点数。

PLC 输入和输出的数值（例如模拟量输入值和模拟量输出值）大多是整数，用浮点数来处理这些数据需要进行整数和浮点数之间的相互转换，浮点数的运算速度比整数的运算速度慢一些。

6. ASCII 码字符

美国信息交换标准码（ASCII）是一种字符编码格式，用一个字节的二进制数值代表不同的字符。数字 0～9 的 ASCII 码为十六进制数 30H～39H，英语大写字母 A～Z 的 ASCII 码为 41H～5AH，英语小写字母 a～z 的 ASCII 码为 61H～7AH。

7. 字符串

数据类型为 STRING 的字符串由若干个 ASCII 码字符组成，第一个字节定义字符串的长度（0～254，见图 3-8），后面的每个字符占一个字节。变量字符串最多 255 个字节（长度字节加上 254 个字符）。

长度	字符1	字符2	字符3	字符4		字符254
字节0	字节1	字节2	字节3	字节4		字节254

图 3-8　字符串的格式

3.2.3　CPU 的存储区

1. 过程映像输入寄存器（I）

在每个扫描周期的开始，CPU 对物理输入点进行采样，并将采样值存于过程映像输入寄存器中。

过程映像输入寄存器是 PLC 接收外部输入的数字量信号的窗口。外部输入电路接通时，对应的过程映像输入寄存器为 ON（1 状态），反之为 OFF（0 状态）。输入端可以外接常开触点或常闭触点，也可以接由多个触点组成的串/并联电路。在梯形图中，可以多次使用输入位的常开触点和常闭触点。

I、Q、V、M、S、SM、L 均可以按位、字节、字和双字来存取。

2. 过程映像输出寄存器（Q）

在扫描周期的末尾，CPU 将过程映像输出寄存器的数值传送给输出模块，再由后者驱动外部负载。如果梯形图中 Q0.0 的线圈"通电"，继电器型输出模块中对应的硬件继电器的常开触点闭合，使接在 Q0.0 对应的端子的外部负载通电，反之则使该外部负载断电。输出模块中的每一个硬件继电器仅有一对常开触点，但是在梯形图中，每一个输出位的常开触点和常闭触点都可以被多次使用。

3. 变量存储器（V）

变量（Variable）存储器用来在程序执行过程中存放中间结果，或者用来保存与工序或任务有关的其他数据。

4. 位存储器（M）

位存储器（M0.0～M31.7）类似于继电器控制系统中的中间继电器，用来存储中间操作状态或其他控制信息。虽然名为"位存储器"，但是也可以按字节、字或双字来存取。

5. 定时器（T）

定时器相当于继电器系统中的时间继电器。S7-200 有 3 种时间基准（1ms、10ms 和 100ms）的定时器。定时器的当前值为 16 位有符号整数，用于存储定时器累计的时间基准增量值（1～32767）。

定时器位用来描述定时器延时动作的触点的状态。定时器位为 ON 时，梯形图中对应的定时器的常开触点闭合，常闭触点断开；定时器位为 OFF 时，触点的状态相反。

用定时器地址（例如 T5）来访问定时器的当前值和定时器位，带位操作数的指令用来访问定时器位，带字操作数的指令用来访问当前值。

6. 计数器（C）

计数器用来累计其计数输入脉冲电平由低到高（即上升沿）的次数。S7-200 有加计数器、减计数器和加减计数器。计数器的当前值为 16 位有符号整数，用来存放累计的脉冲数（1～32767）。用计数器地址（例如 C20）来访问计数器的当前值和计数器位。带位操作数的指令访问计数器位，带字操作数的指令访问当前值。

7. 高速计数器（HC）

高速计数器用来累计比 CPU 扫描速率更快的事件，其计数过程与扫描周期无关。其当前值和预设值为 32 位有符号整数，当前值为只读数据。高速计数器的地址由区域标示符 HC 和高速计数器号组成，例如 HC2。

8. 累加器（AC）

累加器是可以像存储器那样使用的读/写单元。CPU 提供了 4 个 32 位累加器（AC0～AC3），可以按字节、字和双字来存取累加器中的数据。按字节、字只能存取累加器的低 8 位或低 16 位，按双字能存取全部的 32 位，存取的数据长度由指令决定。例如在指令"MOVW AC2，VW100"中，AC2 按字（W）存取。累加器主要用来临时保存中间的运算结果。

9. 特殊存储器（SM）

特殊存储器用于 CPU 与用户之间交换信息。例如，SM0.0 一直为 ON，SM0.1 仅在执行用户程序的第一个扫描周期为 ON。SM0.4 和 SM0.5 分别提供周期为 1min 和 1s 的时钟脉冲。SM1.0、SM1.1 和 SM1.2 分别是零标志、溢出标志和负数标志。附录中的表 B-1 给出了对常用特殊存储器位的描述。

10. 局部存储器（L）

S7-200 将主程序、子程序和中断程序统称为程序组织单元（POU），各 POU 都有自己的 64B 的局部（Local）存储器。使用梯形图和功能块图时，STEP 7-Micro/WIN 保留局部存储器的最后 4B。

局部存储器简称为 L 存储器，仅仅在它被创建的 POU 中有效，各 POU 不能访问别的 POU 的局部存储器。局部存储器作为暂时存储器，或用于子程序传递它的输入、输出参数。变量存储器（V）是全局存储器，可以被所有的 POU 访问。

S7-200 为主程序和它调用的 8 个子程序嵌套级别、中断程序和它调用的一个子程序嵌套级别各分配 64B 的局部存储器。

11. 模拟量输入（AI）

S7-200 用 A-D 转换器将现实世界连续变化的模拟量（例如温度、电流和电压等）转换为一个字长（16 位）的数字量，用区域标识符 AI、表示数据长度的 W（字）和起始字节的地址来表示模拟量输入的地址，例如 AIW2。因为模拟量输入的长度为一个字，所以应从偶数字节地址开始存放。模拟量输入值为只读数据。

12. 模拟量输出（AQ）

S7-200 将长度为一个字的数字用 D-A 转换器转换为现实世界的模拟量，用区域标识符 AQ、表示数据长度的 W（字）和起始字节地址来表示存储模拟量输出的地址，例如

AQW2。因为模拟量输出的长度为一个字，所以应从偶数字节地址开始存放。模拟量输出值是只写数据，用户不能读取模拟量输出值。

13．顺序控制继电器（S）

32B 的 SCR 位用于组织设备的顺序操作，与顺序控制继电器指令配合使用，详细的使用方法见 5.2 节。

14．CPU 存储器的范围与特性

各 CPU 具有下列相同的存储器范围：I0.0～I15.7、Q0.0～Q15.7、M0.0～M31.7、S0.0～S31.7、T0～T255、C0～C255、L0.0～L63.7、AC0～AC3、HC0～HC5。S7-200 CPU 其他存储器的范围如表 3-3 所示。

表 3-3　S7-200 CPU 部分存储器的范围

描述	CPU 221	CPU 222	CPU 224	CPU 224XP/CPU 224XPsi	CPU 226
模拟量输入	AIW0～AIW30			AIW0～AIW62	
模拟量输出	AQW0～AQW30			AQW0～AQW62	
变量存储器	VB0～VB2047		VB0～VB8191	VB0～VB10239	
特殊存储器	SM0.0～SM179.7	SM0.0～SM299.7		SM0.0～SM549.7	

3.2.4　直接寻址与间接寻址

在 S7-200 中，通过地址访问数据，地址是访问数据的依据，访问数据的过程称为寻址。几乎所有的指令和功能都与各种形式的寻址有关。

1．直接寻址

直接寻址指定了存储器的区域、长度和位置。例如 VW20 是 V 存储区中的字，其地址为 20。可以用字节（B）、字（W）或双字（DW）方式存取 V、I、Q、M、S 和 SM 存储区，例如 IB0、MW12 和 VD104。

2．间接寻址的指针

间接寻址在指令中给出的不是操作数的值或操作数的地址，而是一个被称为地址指针的存储单元的地址，地址指针里存放的是真正的操作数的地址。

间接寻址常用于循环程序和查表程序。假设用循环程序来累加一片连续的存储区中的数值，每次循环累加一个数值。应在累加后修改指针中存储单元的地址值，使指针指向下一个存储单元，为下一次循环的累加运算做好准备。没有间接寻址，就不能编写循环程序。

地址指针就像收音机调台的指针，如果改变指针的位置，指针指向不同的电台。如果改变地址指针中的地址值，地址指针"指向"不同的地址。

当旅客入住酒店时，在前台办完入住手续，酒店会给旅客一张房卡，房卡上面有房间号，旅客根据房间号使用酒店的房间。修改房卡中的房间号，旅客用同一张房卡就可以入住不同的房间。这里房卡就是地址指针，房间相当于存储单元，房间号就是存储单元的地址，旅客相当于存储单元中存放的数据。

S7-200 CPU 允许使用指针，对存储区域 I、Q、V、M、S、AI、AQ、SM、T（仅当前值）和 C（仅当前值）进行间接寻址。间接寻址不能访问单个位（bit）地址、HC、L 存储区和累加器。

在使用间接寻址之前，应创建一个地址指针。指针为双字存储单元，用来存放要访问的存储器的地址，只能用 V、L 或累加器作为指针。建立指针时，用双字传送指令 MOVD 将需要间接寻址的存储器地址送到指针中，例如 "MOVD &VB200, AC1"（见图 3-9）。&VB200 是 VB200 的地址，而不是 VB200 中的数值。

图 3-9　指针与间接寻址

3．用指针访问数据

用指针访问数据时，应在操作数前加 "*" 号，表示该操作数为一个指针。图 3-9 中的指令 "MOVW *AC1, AC0" 中，AC1 是一个指针，*AC1 是 AC1 所指地址中的数据。存放在 VB200 和 VB201（即 VW200）中的数据被传送到累加器 AC0 的低 16 位。

4．修改指针

用指针访问相邻的下一个数据时，因为指针是 32 位的数据，所以应使用双字指令来修改指针值，例如双字加法指令 ADDD 或双字递增指令 INCD。修改时，应记住需要调整的存储器地址的字节数，访问字节时，指针值加 1；访问字时，指针值加 2；访问双字时，指针值加 4。

【例 3-1】　某发电机在计划发电时每个小时有一个有功功率给定值，从 0 时开始，这些给定值被依次存放在 VW100～VW146 中，一共 24 个字。从实时时钟读取的小时值被保存在 VD20 中，用间接寻址读取当时的功率给定值，送给 VW30。下面是语句表程序。

```
LD      SM0.0
MOVD    &VB100, VD10      //表的起始地址送 VD10
+D      VD20, VD10        //起始地址加偏移量
+D      VD20, VD10
MOVW    *VD10, VW30       //读取表中的数据，*VD10 为当前的有功功率给定值
```

一个字由两个字节组成，地址相邻的两个字的地址增量为 2（两个字节），所以用了两条加法指令。在上午 8 时，VD20 的值为 8，执行两次加法指令后，VD10 中为 VW116 的地址。

3.3　位逻辑指令

3.3.1　触点指令与逻辑堆栈指令

1．标准触点指令

常开触点对应的位地址为 ON 时，该触点闭合。在语句表中，分别用 LD（Load，装载）、A（And，与）和 O（Or，或）指令来表示开始、串联和并联的常开触点（见表 3-4 和

图 3-10）。

表 3-4　标准触点指令

语　句	描　　　述	语　句	描　　　述
LD　bit	装载，电路开始的常开触点	LDN　bit	非（取反后装载），电路开始的常闭触点
A　bit	与，串联的常开触点	AN　bit	与非，串联的常闭触点
O　bit	或，并联的常开触点	ON　bit	或非，并联的常闭触点

图 3-10　触点与输出指令

对应的位地址为 OFF 时，常闭触点闭合。在语句表中，分别用 LDN（非，取反后装载，Load Not）、AN（与非，And Not）和 ON（或非，Or Not）来表示开始、串联和并联的常闭触点。梯形图中触点符号中间的"/"表示常闭。标准触点指令中变量的数据类型为BOOL。

2．输出指令

输出指令（=）对应于梯形图中的线圈。驱动线圈的触点电路接通时，有"能流"流过线圈，输出指令指定位地址的值为 1，反之则为 0。输出指令将下面要介绍的堆栈的栈顶值复制到对应的位地址。本节的程序见配套资源中的例程"位逻辑指令"。

梯形图中两个并联的线圈（例如图 3-10 中 Q0.3 和 Q1.4 的线圈）用两条相邻的输出指令来表示。I3.4 的常闭触点和 Q2.6 的线圈组成的串联电路与上面的两个线圈并联，但是该触点应使用 AN 指令，因为它与左边的电路串联。

【例 3-2】 已知图 3-11 中 I0.1 的波形，画出 M1.0 的波形。

在 I0.1 的下降沿之前，I0.1 为 ON，它的两个常闭触点均断开，M1.0 和 M1.1 均为OFF，其波形用低电平表示。在 I0.1 的下降沿所在的扫描周期，I0.1 的常闭触点闭合。CPU先执行第一行的电路，因为前一扫描周期 M1.1 为 OFF，执行第 1 行的指令时 M1.1 的常闭触点闭合，所以 M1.0 变为 ON。在执行第二行电路后，M1.1 变为 ON。从下降沿之后的第二个扫描周期开始，M1.1 均为 ON，其常闭触点断开，使 M1.0为 OFF。因此，M1.0 只是在 I0.1 的下降沿这一个扫描周期为ON。

在分析电路的工作原理时，一定要有指令执行的先后顺序和循环扫描的概念。

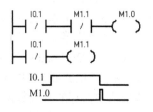

图 3-11　下降沿检测

如果交换图 3-11 中上下两行的位置，在 I0.1 的下降沿，M1.1 的线圈先"通电"，M1.1 的常闭触点断开，因此 M1.0的线圈不会"通电"。由此可知，如果交换相互有关联的两块独立电路（即两个网络）的相对位置，可能会使有关的线圈"通电"或"断电"的时间提前或延后一个扫描周期。PLC 的扫描周期很短，一般为几毫秒或几十毫秒，在绝大多数情况下，这是无关紧要的。但是在某些特殊情况下，可能会影响系统的正常运行。

图 3-12　OLD 与 ALD 指令的堆栈操作

3．逻辑堆栈的基本概念

S7-200 有一个 9 位的堆栈，最上面的第一层称为栈顶（见图 3-12），用来存储逻辑运算的结果，下面的 8 位用来存储中间运算结果。堆栈中的数据一般按"先进后出"的原则存取。与堆栈有关的指令见表 3-5。AENO 指令的应用见 6.1.2 节。

表 3-5　与堆栈有关的指令

语　句	描　述	语　句	描　述
ALD	与装载，电路块串联连接	LPP	逻辑出栈
OLD	或装载，电路块并联连接	LDS　N	装载堆栈
LPS	逻辑进栈	AENO	与 ENO
LRD	逻辑读栈		

执行 LD 指令时，将指令指定的位地址中的二进制数装载入栈顶。

执行 A（与）指令时，指令指定的位地址中的二进制数和栈顶中的二进制数进行"与"运算，运算结果被存入栈顶。栈顶之外其他各层的值不变。每次逻辑运算时只保留运算结果，栈顶原来的数值丢失。

执行 O（或）指令时，指令指定的位地址中的二进制数和栈顶中的二进制数进行"或"运算，运算结果被存入栈顶。

执行常闭触点对应的 LDN、AN 和 ON 指令时，在取出指令指定的位地址中的二进制数后，先将它取反（0 变为 1，1 变为 0），然后再进行对应的装载、与、或操作。

4．或装载指令 OLD

触点的串/并联指令只能将单个触点与别的触点或电路进行串/并联。要想将图 3-13 中由 I0.3 和 I0.4 触点组成的串联电路与它上面的电路并联，首先需要完成两个串联电路块内部的"与"逻辑运算（即触点的串联）。这两个电路块用 LD 或 LDN 指令来表示电路块的起始触点。前两条指令执行完后，"与"运算的结果 $S0 = I0.0 \cdot I0.1$ 存放在图 3-12 中的堆栈的栈顶；第 3、4 条指令执行完后，"与"运算的结果 $S1 = \overline{I0.3} \cdot I0.4$ 压入栈顶，原来在栈顶的 S0 被推到堆栈的第二层，第二层的数据被推到第 3 层……堆栈最下面一层的数据丢失。

OLD（Or Load）指令对堆栈第一层和第二层中的两个二进制数进行"或"运算（将两个串联电路块并联），并将运算结果 $S2 = S0 + S1$ 存入栈顶。执行 OLD 指令后，堆栈的深度（即堆栈中保存的有效数据个数）减 1。第 3 层～第 9 层中的数据依次向上移动一位。

OLD 指令不需要地址，它相当于需要并联的两块电路右端的一段垂直连线。图 3-12 的堆栈操作中的 x 表示不确定的值。

图 3-13　ALD 与 OLD 指令

5. 与装载指令 ALD

图 3-13 的语句表中 OLD 下面的两条指令将两个触点并联，运算结果 $S3 = \overline{I0.2} + I0.5$ 被压入栈顶，堆栈中原来的数据依次向下一层推移，堆栈最底层的值被推出丢失。ALD（And Load）指令对堆栈第一层和第二层的数据进行"与"运算（将两个电路块串联），并将运算结果 $S4 = S2 \cdot S3$ 存入堆栈的栈顶，第 3 层～第 9 层中的数据依次向上移动一层（见图 3-12）。

将电路块串、并联时，每增加一个用 LD 或 LDN 指令开始的电路块的运算结果，堆栈中将增加一个数据，堆栈深度加 1，每执行一条 ALD 或 OLD 指令，堆栈深度减 1。

【例 3-3】 已知图 3-14 中的语句表程序，画出对应的梯形图。

对于较复杂的程序，特别是含有 OLD 和 ALD 指令的程序，在画梯形图之前，应分析清楚电路的串/并联关系，再画梯形图。首先将电路划分为若干块，各电路块从含有 LD 的指令（如 LD、LDI 和 LDP 等）开始，在下一条含有 LD 的指令（包括 ALD 和 OLD）之前结束；然后再分析各块电路之间的串/并联关系。

图 3-14　语句表程序与对应的梯形图

在图 3-14 的语句表中，划分出 3 块电路。因为 OLD 或 ALD 指令并联或串联的是上面靠近它的已经连接好的电路，所以 OLD 指令并联的是语句表中划分的下面两块电路。从图 3-14 可以看出语句表和梯形图中电路块的对应关系。

6. 其他逻辑堆栈指令

逻辑进栈（Logic Push）指令 LPS 复制栈顶的值，并将它保存到堆栈的第 2 层，堆栈中原来的数据依次向下一层推移，栈底值被推出丢失（见图 3-15a）。

逻辑读栈（Logic Read）指令 LRD 将堆栈第 2 层的数据复制到栈顶，原来的栈顶值被复制值替代。第 2 层～第 9 层的数据不变。图 3-15b 中的 x 表示任意的数。

逻辑出栈（Logic Pop）指令 LPP 将栈顶值弹出，堆栈各层的数据向上移动一层，第 2 层的数据成为新的栈顶值。可以用语句表的程序状态来监控堆栈中保存的数据（见图 2-19）。

图 3-15 堆栈操作

a) 逻辑进栈   b) 逻辑读栈   c) 逻辑出栈   d) 装载堆栈

装载堆栈（Load Stack）指令 LDS n（n＝0～8）复制堆栈内第 n 层的值到栈顶。堆栈中原来的数据依次向下一层推移，堆栈最底层的值被推出丢失。一般很少使用这条指令。

图 3-16 和图 3-17 的分支电路分别使用堆栈的第 2 层和第 2、3 层来保存电路分支处的逻辑运算结果。每一条 LPS 指令必须有一条对应的 LPP 指令，中间的支路使用 LRD 指令，处理最后一条支路时必须使用 LPP 指令。在一块独立电路中，用进栈指令同时保存在堆栈中的中间运算结果不能超过 8 个。

图 3-16   堆栈指令的使用   图 3-17   堆栈在双重分支电路中的应用

用编程软件将梯形图转换为语句表程序时，编程软件会自动地加入 LPS、LRD 和 LPP 指令。写入语句表程序时，必须由编程人员加入这些堆栈处理指令。

图 3-17 中的第一条 LPS 指令将栈顶的 A 点逻辑运算结果保存到堆栈的第二层，第二条 LPS 指令将 B 点的逻辑运算结果保存到堆栈的第二层，A 点的逻辑运算结果被"压"到堆栈的第 3 层。第一条 LPP 指令将堆栈第二层 B 点的逻辑运算结果上移到栈顶，第 3 层中 A 点的逻辑运算结果上移到堆栈的第二层。最后一条 LPP 指令将堆栈第二层的 A 点的逻辑运算结果上移到栈顶。从这个例子可以看出，堆栈"先入后出"的数据访问方式，刚好可以满足多层分支电路保存和取用数据所要求的顺序。

7. 立即触点

立即（Immediate）触点指令只能用于输入量 I。执行立即触点指令时，立即读取物理输入点的值，根据该值决定触点的接通/断开状态，但是并不更新该物理输入点对应的过程映像输入寄存器。在语句表中，分别用 LDI、AI、OI 表示开始、串联和并联的常开立即触点指令（见表 3-6）。用 LDNI、ANI、ONI 表示开始、串联和并联的常闭立即触点指令。触点符号中间的"I"和"/I"分别用来表示常开立即触点和常闭立即触点（见图 3-18）。

表 3-6　立即触点指令

语　句	描　　述	语　句	描　　述
LDI　　bit	立即装载，电路开始的常开触点	LDNI　bit	取反后立即装载，电路开始的常闭触点
AI　　bit	立即与，串联的常开触点	ANI　bit	立即与非，串联的常闭触点
OI　　bit	立即或，并联的常开触点	ONI　bit	立即或非，并联的常闭触点

图 3-18　立即触点与立即输出指令

3.3.2　输出类指令与其他指令

应将输出类指令（见表 3-7）放在梯形图同一行的最右边，指令中的变量为 BOOL 型（二进制位）。

表 3-7　输出类指令

语　句	描述	语　句	描　述	语　句	描述	梯形图符号	描　述
=　　bit	输出	S　bit, N	置位	R　bit, N	复位	SR	置位优先双稳态触发器
=I　bit	立即输出	SI　bit, N	立即置位	RI　bit, N	立即复位	RS	复位优先双稳态触发器

1．立即输出

立即输出指令（=I）只能用于输出位 Q，执行该指令时，将栈顶值立即写入指定的物理输出点和对应的过程映像输出寄存器。线圈符号中的"I"用来表示立即输出（见图 3-18）。

2．置位与复位

置位指令 S（Set）和复位指令 R（Reset）用于将指定位地址开始的 N 个连续的位地址置位（变为 ON）或复位（变为 OFF），N = 1～255，图 3-19 中 N = 1。

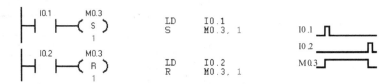

图 3-19　置位指令与复位指令

置位指令与复位指令最主要的特点是有记忆和保持功能。图 3-19 中 I0.1 的常开触点接通时，M0.3 被置位为 ON，即使 I0.1 的常开触点断开，它也仍然保持为 ON；I0.2 的常开触点闭合时，M0.3 被复位为 OFF，即使 I0.2 的常开触点断开，它也仍然保持为 OFF。图 3-19 的电路具有与图 1-11 中的起动-保持-停止电路相同的功能。

如果被指定复位的是定时器（T）或计数器（C），将清除定时器/计数器的当前值，它们的位被复位为 OFF。

3．立即置位与立即复位

执行立即置位指令（SI）或立即复位指令（RI）时（见图 3-18），从指定位地址开始的 N 个连续的物理输出点将被立即置位或复位，N ＝ 1～128，线圈中的 I 表示立即。该指令只能用于输出位 Q，新值被同时写入对应的物理输出点和过程映像输出寄存器。置位指令与复位指令仅将新值写入过程映像输出寄存器。

4．RS、SR 双稳态触发器指令

图 3-20 中标有 SR 的方框为置位优先双稳态触发器，标有 RS 的方框为复位优先双稳态触发器。它们相当于置位指令 S 和复位指令 R 的组合，用置位输入和复位输入来控制方框上面的位地址。可选的 OUT 连接反映了方框上面位地址的信号状态。置位输入和复位输入均为 OFF 时，被控位的状态不变。置位输入和复位输入只有一个为 ON 时，为 ON 的起作用。

SR 触发器的置位信号 S1 和复位信号 R 同时为 ON 时，M0.5 被置位为 ON（见图 3-20）。RS 触发器的置位信号 S 和复位信号 R1 同时为 ON 时，M0.6 被复位为 OFF。

图 3-20　置位优先双稳态触发器与复位优先双稳态触发器

5．其他位逻辑指令

（1）正、负向转换触点

正、负向转换触点与取反触点如图 3-21 所示。正向转换触点和负向转换触点都没有操作数，触点符号中间的"P"和"N"分别表示正向转换和负向转换。正向转换触点检测到一次正跳变时（触点的输入信号由 0 变为 1），或负向转换触点检测到一次负跳变时（触点的输入信号由 1 变为 0），触点接通一个扫描周期。语句表中正、负向转换指令的助记符分别为 EU（Edge Up，上升沿）和 ED（Edge Down，下降沿，见表3-8）。EU 指令或 ED 指令分别检测到堆栈的栈顶值有跳变时，将栈顶值设置为 1；否则将其设置为 0。

图 3-21　正、负向转换触点与取反触点

表 3-8　其他位逻辑指令

语句	描述
NOT　N	取反
EU	正向转换
ED	负向转换
NOP　N	空操作

（2）取反触点

取反（NOT）触点将存放在堆栈顶部的、其左边电路的逻辑运算结果取反（见图 3-21），

若运算结果为 1，则变为 0；若运算结果为 0，则变为 1，该指令没有操作数。在梯形图中，能流到达该触点时即停止；若能流未到达该触点，该触点给右侧提供能流。

（3）空操作指令

空操作指令（NOP N）不影响程序的执行，操作数 N = 0～255。

6．程序的优化设计

在设计并联电路时，应将单个触点的支路放在下面；设计串联电路时，应将单个触点放在右边，否则语句表程序将会多用一条指令（见图 3-22）。

图 3-22　梯形图的优化设计

a) 不好的梯形图　b) 好的梯形图

建议在有线圈的并联电路中，将单个线圈放在上面，将图 3-22a 所示电路改为图 3-22b 所示的电路，可以避免使用逻辑进栈指令 LPS 和逻辑出栈指令 LPP。

3.4　定时器指令与计数器指令

3.4.1　定时器指令

1．定时器的分辨率

定时器有 1ms、10ms 和 100ms 这 3 种分辨率，分辨率取决于定时器的地址（见表 3-9）。输入定时器地址后，在定时器方框的右下角内将会出现定时器的分辨率（见图 3-23）。

表 3-9　定时器地址与分辨率

类　型	分辨率/ms	定时范围/s	定时器地址	类　型	分辨率/ms	定时范围/s	定时器地址
TON/TOF	1	32.767	T32、T96	TONR	1	32.767	T0、T64
	10	327.67	T33～T36 和 T97～T100		10	327.67	T1～T4 和 T65～T68
	100	3276.7	T37～T63 和 T101～T255		100	3276.7	T5～T31 和 T69～T95

图 3-23　接通延时定时器

定时器与计数器指令见表 3-10。

表 3-10 定时器/计数器指令

语 句 表	描 述	语 句 表	描 述
TON Txxx, PT	接通延时定时器	CITIM IN, OUT	计算间隔时间
TOF Txxx, PT	断开延时定时器	CTU Cxxx, PV	加计数
TONR Txxx, PT	有记忆接通延时定时器	CTD Cxxx, PV	减计数
BITIM OUT	开始间隔时间	CTUD Cxxx, PV	加/减计数

2. 接通延时定时器

定时器和计数器的当前值、定时器的预设时间 PT（Preset Time）的数据类型均为 16 位有符号整数（INT），允许的最大值为 32767。除了常数外，还可以用 VW、IW 等地址作为定时器和计数器的预设值。

从接通延时定时器（TON）的使能输入端（IN）的输入电路接通时开始定时，当前值线性增大。当前值大于等于 PT 端指定的预设值（1～32767）时，定时器位变为 ON，梯形图中对应的定时器的常开触点闭合，常闭触点断开。达到预设值后，当前值仍继续增加，直到最大值 32767 为止。可以将定时器方框视为定时器的线圈。使能输入电路断开时，定时器被复位，其当前值被清零，定时器位变为 OFF。还可以用复位（R）指令来复位定时器和计数器。

定时器的预设时间等于预设值与分辨率的乘积，图 3-23 中的 T37 为 100ms 定时器（见配套资源中的例程"定时器应用"），预设时间为 100ms × 90 = 9s。图 3-24 是用接通延时定时器编程实现的上升沿触发的脉冲定时器，在 I0.3 由 OFF 变为 ON 时（波形的上升沿），Q0.2 输出一个宽度为 3s 的脉冲，I0.3 的脉冲宽度既可以大于 3s，也可以小于 3s。

图 3-24 脉冲定时器

3. 断开延时定时器指令

断开延时定时器（TOF，见图 3-25）用来在使能（IN）输入电路断开后延时一段时间，再使定时器位变为 OFF。它用使能输入从 ON 到 OFF 的负跳变启动定时。

图 3-25 断开延时定时器

使能输入电路接通时，定时器位立即变为 ON，当前值被清零。使能输入电路断开时，开始定时，当前值从 0 开始增大。当前值等于预设值时，输出位变为 OFF，当前值保持不变，直到使能输入电路接通为止。断开延时定时器可用于设备停机后的延时，例如大型变频电动机的冷却风扇的延时。图 3-25 给出了断开延时定时器的语句表程序。

TOF 与 TON 不能使用相同的定时器号，例如不能同时对 T37 使用指令 TON 和 TOF。

可以用复位（R）指令复位定时器。复位指令使定时器位变为 OFF，定时器当前值被清零。在第一个扫描周期，没有记忆功能的定时器被自动复位，当前值和定时器位均被清零。

4．有记忆接通延时定时器

有记忆接通延时定时器 TONR 的使能输入电路接通时，开始定时。当前值大于等于 PT 端指定的预设值时，定时器位变为 ON。达到预设值后，当前值仍然继续增大，直到最大值 32767 为止。

使能输入电路断开时，当前值保持不变。使能输入电路再次接通时，继续定时。可以用 TONR 来累计输入电路接通的若干个时间间隔。图 3-26 的时间间隔 $t_1 + t_2$ 等于 10s 时，10ms 定时器 T2 的定时器位变为 ON。

图 3-26　有记忆接通延时定时器

只能用复位指令（R）来复位 TONR，使它的当前值变为 0，同时使定时器位变为 OFF。

在第一个扫描周期，所有的定时器位被清零，可以在系统块中设置 TONR 的当前值是否有断电保持功能。

视频"定时器应用"可通过扫描二维码 3-1 播放。

二维码 3-1

5．分辨率对定时器的影响

执行 1ms 分辨率的定时器指令时开始计时，其定时器位和当前值的更新与扫描周期不同步，每 1ms 更新一次。扫描周期大于 1 ms 时，在一个扫描周期内被多次更新。

执行 10ms 分辨率的定时器指令时开始计时，记录自定时器启用以来经过的 10ms 时间间隔的个数。在每个扫描周期开始时，定时器位和当前值被刷新，一个扫描周期累计的 10ms 时间间隔数被加到定时器当前值中。定时器位和当前值在整个扫描周期中不变。

100ms 分辨率的定时器记录从定时器上次更新以来经过的 100ms 时间间隔的个数。在执行该定时器指令时，将从前一扫描周期起累积的 100ms 时间间隔个数累加到定时器的当前值。为了使定时器正确地定时，应确保在一个扫描周期内只执行一次 100ms 定时器指令。启用该定时器后，如果在某个扫描周期内未执行某条定时器指令，或者在一个扫描周期多次执行同一条定

图 3-27　间隔时间定时器

时器指令，定时时间都会出错。

6．间隔时间定时器

在图 3-27 的 Q0.4 的上升沿执行"开始间隔时间"指令 BGN_ITIME，读取内置的 1ms 双字计数器的当前值，并将该值存储在 OUT 端指定的 VD0 中。

"计算间隔时间"指令 CAL_ITIME 计算当前时间与 IN 输入端 VD0 提供的时间（即图 3-27 中 Q0.4 变为 ON 的时间）之差，并将该时间差存储在 OUT 端指定的 VD4 中。

双字计数器的最大计时间隔为 2^{32} ms 或 49.7 天。CAL_ITIME 指令将自动处理计算时间间隔期间发生的 1ms 定时器的翻转（即定时器的值由最大值变为 0）。

3.4.2　计数器指令

计数器的地址范围为 C0～C255，不同类型的计数器不能共用同一个地址。本节的程序见配套资源中的例程"计数器应用"。

1．加计数器（CTU）

同时满足下列条件时，加计数器（见图 3-28）的当前值加 1，直至计数值达到最大值 32767 为止。

图 3-28　加计数器

1）接在 R 输入端的复位输入电路断开（未复位）。

2）接在 CU 输入端的加计数脉冲输入电路由断开变为接通（即 CU 信号的上升沿）。

3）当前值小于最大值 32767。

当前值大于、等于预设值 PV 时，计数器位变为 ON，反之为 OFF。当复位输入 R 为 ON 或对计数器执行复位指令时，计数器被复位，计数器位变为 OFF，当前值被清零。在首次扫描时，所有的计数器位被复位为 OFF。可以用系统块设置有断电保持功能的计数器的地址范围。在断电后又上电时，有断电保持功能的计数器保持断电时的当前值不变。

在语句表中，栈顶值是复位输入 R，加计数输入值 CU 放在栈顶下面一层。

2．减计数器（CTD）

减计数器如图 3-29 所示。在装载输入 LD 的上升沿时，计数器位被复位为 OFF，并把预设值 PV 装入当前值寄存器中。在减计数脉冲输入信号 CD 的上升沿，从预设值开始，减计数器的当前值减 1，减至 0 时，停止计数，计数器位被置位为 ON。

在语句表中，栈顶值是装载输入 LD，减计数输入 CD 放在堆栈的第 2 层。图 3-29 给出了减计数器的语句表程序。

3．加减计数器（CTUD）

加减计数器如图 3-30 所示。在加计数脉冲输入 CU 的上升沿，计数器的当前值加 1。在减计数脉冲输入 CD 的上升沿，计数器的当前值减 1。当前值大于、等于预设值 PV 时，计数器位为 ON，反之为 OFF。当复位输入 R 为 ON，或对计数器执行复位（R）指令时，计数器被复位。当前值为最大值 32767（十六进制数 16#7FFF）时，下一个 CU 输入的上升沿使当前值加 1 后变为最小值-32768（十六进制数 16#8000）。当前值为-32768 时，下一个 CD 输入的上升沿使当前值减 1 后变为最大值 32767。

图 3-29　减计数器　　　　　　　　　　　图 3-30　加减计数器

在语句表中，栈顶值是复位输入 R，减计数输入 CD 在堆栈的第二层，加计数输入 CU 在堆栈的第 3 层。

视频"计数器应用"可通过扫描二维码 3-2 播放。

3.5　习题

二维码 3-2

1. 填空题

1）输出指令（对应于梯形图中的线圈）不能用于过程映像_____寄存器。

2）SM_____在首次扫描时为 ON，SM0.0 一直为____。

3）每一位 BCD 码用_____位二进制数来表示，其取值范围为二进制数_____～_____。

4）二进制数 2#0100 0001 1000 0101 对应的十六进制数是_____，对应的十进制数是_____，绝对值与它相同的负数的补码是_____。

5）BCD 码 2#0100 0001 1000 0101 对应的十进制数是_____。

6）接通延时定时器（TON）的 IN 输入电路_____时开始定时，当前值大于、等于预设值时其定时器位变为_____，其常开触点_____，常闭触点_____。

7）接通延时定时器（TON）的 IN 输入电路_____时被复位，复位后其常开触点_____，常闭触点_____，当前值等于____。

8）断开延时定时器的 IN 输入电路接通时，定时器位变为_____，当前值被_____。IN 输入电路断开后，开始_____。当前值等于预设值时，输出位变为____，当前值_____。

9）有记忆接通延时定时器的 IN 输入电路断开时，当前值_____。

10）若加计数器的计数输入电路（CU）_____、复位输入电路（R）_____，计数器的当前值加 1。当前值大于等于预设值（PV）时，其常开触点_____，常闭触点_____。复位输入电路_____时，计数器被复位，复位后其常开触点_____，常闭触点_____，当前值为____。

2. 2#0010 1010 0011 1001 是 BCD 码吗？为什么？

3. 求出二进制补码 2#1111 1111 1010 0101 对应的十进制数。

4. 状态表用什么数据格式显示 BCD 码？

5. 字节、字和双字是有符号数还是无符号数？

6. VW20 由哪两个字节组成？谁是高位字节？

7. VD20 由哪两个字组成？由哪 4 个字节组成？谁是低位字？谁是最高位字节？

8. 在 STEP 7-Micro/WIN 中，用什么格式输入和显示浮点数？

9. 字符串的第一字节用来做什么？

10. 位存储器（M）有多少字节？

11. T31、T32、T33 和 T38 分别属于什么定时器？它们的分辨率分别是多少毫秒？

12. S7-200 有几个累加器？它们可以用来保存多少位的数据？

13. POU 是什么的缩写？它包括哪些程序？

14. 模拟量输入 AIB2、AIW1 和 AIW2 哪一个表示方式是正确的？

15. &VB100 和 *VD120 分别用来表示什么？

16. 地址指针有什么作用？

17. 写出图 3-31 所示梯形图的语句表程序。

图 3-31 题 17 图

18. 写出图 3-32 所示梯形图的语句表程序。

19. 画出图 3-33 中 Q0.0 的波形图。

图 3-32 题 18 图   图 3-33 题 19 图

20. 分别画出图 3-34 图中 3 个语句表程序对应的梯形图。

21. 指出图 3-35 中的错误。

22. 料箱盛料过少时，低限位开关 I0.0 为 ON，Q0.0 控制报警灯闪动。10s 后自动停止报警，按复位按钮 I0.1 也停止报警。设计出梯形图程序。

23. 用 S、R 和正向、负向转换触点指令设计满足图 3-36 所示波形的梯形图。

24. 设计下降沿触发脉冲定时电路，在 I0.0 由 ON 变为 OFF（波形的下降沿）时，Q0.1 输出一个宽度为 3s 的脉冲，I0.0 为 OFF 的时间可以大于 3s，也可以小于 3s。

图 3-34　题 20 图

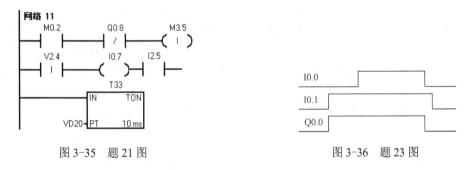

图 3-35　题 21 图　　　　　　　　　　图 3-36　题 23 图

25. 按下按钮 I0.0，Q0.0 变为 ON 并自保持（见图 3-37），I0.1 输入 3 个脉冲后（用加计数器 C1 计数），T37 开始定时，5s 后 Q0.0 变为 OFF，同时 C1 被复位，在 PLC 刚开始执行用户程序时，C1 也被复位，设计出梯形图。

图 3-37　题 25 图

26. 10 个输入点 I0.0～I1.1 分别对应于十进制数按键 0～9，按下某个按键时，将该按键对应的二进制数用 Q0.0～Q0.3 显示出来，Q0.0 为最低位。设计出程序。

27. 按下照明灯的按钮，灯亮 10s 后自动熄灭，在此期间若又有人按按钮，定时时间从头开始，设计出梯形图。

28. 设计故障信息显示电路。若故障信号 I0.0 为 ON，使 Q0.0 控制的指示灯以 1Hz 的频率闪烁（可以使用 SM0.5 的触点）。操作人员按复位按钮 I0.1 后，如果故障已经消失，指示灯熄灭；如果故障没有消失，指示灯转为常亮，直至故障消失为止。

第4章 数字量控制系统梯形图程序设计方法

4.1 梯形图的经验设计法

S7-200 将开关量控制系统（例如继电器控制系统）称为数字量控制系统。下面首先介绍数字量控制系统经验设计法中一些常用的基本电路。

4.1.1 梯形图中的基本电路

1. 起动-保持-停止电路与置位/复位电路

在第 1 章中已经介绍过起动-保持-停止电路（简称为起保停电路，见图 1-11）。该电路在梯形图中的应用很广，现将它重画在图 4-1 中。图中的起动信号 I0.0 和停止信号 I0.1（例如起动按钮和停止按钮提供的信号）持续为 ON 的时间一般都很短。起保停电路最主要的特点是具有"记忆"功能，按下起动按钮，I0.0 的常开触点接通，使 Q0.0 的线圈"通电"，它的常开触点同时接通。松开起动按钮，I0.0 的常开触点断开，"能流"经 Q0.0 的常开触点和 I0.1 的常闭触点流过 Q0.0 的线圈，Q0.0 仍为 ON，这就是所谓的"自锁"或"自保持"功能。按下停止按钮，I0.1 的常闭触点断开，使 Q0.0 的线圈"断电"，后者的常开触点断开。以后即使松开停止按钮，I0.1 的常闭触点恢复为接通状态，Q0.0 的线圈仍然"断电"。这种记忆功能也可以用图 4-1 中的置位指令 S 和复位指令 R 来实现。

图 4-1 起保停电路与置位/复位电路
a) 起保停电路 b) 波形图 c) 置位/复位电路

在实际电路中，起动信号和停止信号可能由多个触点组成的串、并联电路提供。

2. 用计数器扩展定时器的定时范围

S7-200 的定时器最长的定时时间为 3276.7s，如果需要更长的定时时间，可以使用图 4-2 中由计数器 C3 等组成的长延时电路（见配套资源中的例程"定时器计数器应用"）。周期为 1min 的时钟脉冲 SM0.4 的常开触点为加计数器 C3 提供计数脉冲。I0.1 由 ON 变为 OFF 时，解除了对 C3 的复位操作，C3 开始对 SM0.4 提供的脉冲计数。图中的定时时间为 30000min。

图 4-2 长延时电路

如果需要更长的定时时间，可以使用图 4-3 的长延时电路。I0.2 为 OFF 时，100ms 定时器 T37 和加计数器 C4 处于复位状态，它们不能工作。I0.2 为 ON 时，其常开触点接通，T37 开始定时，其常闭触点断开，解除了对 C4 的复位。3000s 后 T37 的定时时间到，其当前值等于预设值，它的常闭触点断开，使它自己复位。复位后 T37 的当前值变为 0，同时它的常闭触点接通，使它自己的线圈重新"通电"，又开始定时。T37 将这样周而复始地工作，直到 I0.2 变为 OFF 为止。从上面的分析可知，图 4-3 最上面一行电路是一个脉冲信号发生器，脉冲周期等于 T37 的预设值（3000s）。

这种定时器自复位的电路只能用于 100ms 的定时器，如果需要用 1ms 或 10ms 的定时器来产生周期性的脉冲，则应使用下面的程序：

图 4-3　长延时电路及其波形图

```
LDN    M0.0        //由 1ms 定时器 T32 和 M0.0 组成脉冲发生器
TON    T32, 500    //T32 的预设值为 500ms
LD     T32
=      M0.0
```

图 4-3 中，T37 产生的周期为 3000s 的脉冲列送给 C4 计数，计满 12000 个数（即 10000h）后，C4 的当前值等于预设值，使它的常开触点闭合。设 T37 和 C4 的预设值分别为 K_T 和 K_C，对于 100ms 定时器，总的定时时间为

$$T = 0.1 K_T K_C （s）$$

3．闪烁电路

闪烁电路如图 4-4 所示。图中 I0.3 的常开触点接通后，T41 的 IN 输入端为 ON，T41 开始定时。2s 后定时时间到，T41 的常开触点接通，使 Q0.7 变为 ON，同时 T42 开始定时。3s 后 T42 的定时时间到，它的常闭触点断开，T41 因为 IN 输入电路断开而被复位。T41 的常开触点断开，使 Q0.7 变为 OFF，同时 T42 因为 IN 输入电路断开而被复位。复位后其常闭触点接通，T41 又开始定时。以后 Q0.7 的线圈将这样周期性地"通电"和"断电"，直到 I0.3 变为 OFF 为止。Q0.7 的线圈"通电"和"断电"的时间分别等于 T42 和 T41 的预设值。

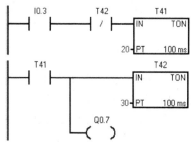

图 4-4　闪烁电路

特殊存储器位 SM0.5 的常开触点提供周期为 1s、占空比为 0.5（OFF 和 ON 各为 0.5s）的脉冲信号，可以用它的触点控制指示灯闪烁。

4.1.2　经验设计法

可以用设计继电器电路图的方法来设计比较简单的数字量控制系统的梯形图，即在一些典型电路的基础上，根据被控对象对控制系统的具体要求，不断地修改和完善梯形图。有时需要多次反复地调试和修改梯形图，增加一些中间编程元件和触点，最后才能得到一个较为

满意的结果。

这种方法没有普遍的规律可以遵循，具有很大的试探性和随意性，最后的结果不是唯一的，因为设计的质量和所用的时间与设计者的经验有很大关系，所以有人把这种设计方法叫作经验设计法。它可以用于较简单的梯形图（例如手动程序）的设计。

1．两条运输带的控制程序

两条运输带顺序相连，示意图如图 4-5 所示，为了避免运送的物料在 1 号运输带上堆积，按下起动按钮 I0.5，1 号运输带开始运行，8s 后 2 号运输带自动起动。停机的顺序与起动的顺序刚好相反，即按了停止按钮 I0.6 后，先停 2 号运输带，8s 后停 1 号运输带。PLC通过 Q0.4 和 Q0.5 控制两台运输带。

梯形图程序如图 4-6 所示。程序中设置了一个用起动按钮和停止按钮控制的辅助元件 M0.0，用它的常开触点控制接通延时定时器 T39 和断开延时定时器 T40。

图 4-5　两条运输带示意图与波形图　　　图 4-6　梯形图程序

接通延时定时器 T39 的常开触点在 I0.5 的上升沿之后 8s 被接通，在它的 IN 输入端为OFF 时（M0.0 的下降沿）断开。

综上所述，可以用 T39 的常开触点直接控制 2 号运输带 Q0.5。

断开延时定时器 T40 的常开触点在它的 IN 输入为 ON 时被接通，在它结束 8s 延时后断开，因此，可以用 T40 的常开触点直接控制 1 号运输带 Q0.4。

2．小车自动往返的控制程序

图 4-7 中的小车由三相异步电动机驱动，KM1 和 KM2 分别是控制小车右行和左行的交流接触器。用 KM1 和 KM2 的主触点改变进入电动机三相电源的相序（见图 4-8），即可以改变小车运动的方向。图中的 FR 是热继电器，在电动机过载一定的时间后，它的常开触点闭合，通过 PLC 的程序使 KM1 或 KM2 的线圈断电，电动机停转。

图 4-7 的下图和图 4-9 分别是 PLC 控制系统的外部接线图和梯形图。按下右行起动按钮 SB2 或左行起动按钮 SB3 后，要求小车在左限位开关 SQ1 和右限位开关 SQ2 之间不停地循环往返；按下停止按钮 SB1 后，电动机断电，制动电磁铁的线圈通电，使电动机迅速停机，到达定时器 T38 设定的制动时间后，T38 的常闭触点断开，切断制动电磁铁的电源。

72

图 4-7 小车自动往返示意图和 PLC 的外部接线图   图 4-8 异步电动机主电路

图 4-9 PLC 控制系统的梯形图

可以在三相异步电动机正、反转继电器控制电路的基础上，设计出满足要求的梯形图。

图 4-9 用两个起保停电路来分别控制小车的左行和右行（见配套资源中的例程"小车自动往返控制"）。按下正转起动按钮 SB2，I0.0 变为 ON，其常开触点接通，Q0.0 的线圈"得电"并自保持，使 KM1 的线圈通电，小车开始右行。按下停车按钮 SB1，I0.2 变为 ON，其常闭触点断开，使 Q0.0 线圈"失电"，电动机停止运行。用同样的电路通过 Q0.1 控制左行的 KM2。

控制右行、左行和制动的接触器在某一时刻只能有一个工作，在梯形图中，将 Q0.0、Q0.1 和 Q0.2 的线圈分别与三者中另外两个输出点的常闭触点串联，这样就可以保证 Q0.0～

Q0.2 三者中在某一时刻只能有一个为 ON，这种安全措施称为软件互锁。

为了方便操作和保证 Q0.0 和 Q0.1 不会同时为 ON，在梯形图中还设置了"按钮联锁"，即将左行起动按钮对应的 I0.1 的常闭触点与控制右行的 Q0.0 线圈串联，将右行起动按钮对应的 I0.0 的常闭触点与控制左行的 Q0.1 线圈串联。设 Q0.0 为 ON，小车右行，这时如果想改为左行，可以不按停车按钮 SB1，直接按左行起动按钮 SB3，I0.1 变为 ON，它的常闭触点断开，使 Q0.0 的线圈"失电"，停止右行；同时 I0.1 的常开触点接通，使 Q0.1 的线圈"得电"并自保持，小车由右行变为左行。

为了使小车的运动在极限位置自动停止，将右限位开关 I0.4 的常闭触点与控制右行的 Q0.0 的线圈串联，将左限位开关 I0.3 的常闭触点与控制左行的 Q0.1 线圈串联。为了使小车自动改变运动方向，将左限位开关 I0.3 的常开触点与手动起动右行的 I0.0 常开触点并联，将右限位开关 I0.4 的常开触点与手动起动左行的 I0.1 常开触点并联。

假设按下左行起动按钮 I0.1，Q0.1 变为 ON，小车开始左行，碰到左限位开关时，I0.3 的常闭触点断开，使 Q0.1 的线圈"断电"，小车停止左行。I0.3 的常开触点接通，使 Q0.0 的线圈"通电"，开始右行。以后将这样不断地往返运动下去，直到按下停止按钮 I0.2 为止。

图 4-9 中用起保停电路来控制制动用的输出点 Q0.2。按下停车按钮 I0.2，Q0.2 变为 ON 并自保持，同时定时器 T38 开始定时。预设的时间到时，T38 的常闭触点断开，Q0.2 变为 OFF，停止制动，Q0.2 的自保持触点断开，T38 被复位。

梯形图中的软件互锁和按钮联锁电路并不保险，在电动机切换旋转方向的过程中，可能原来接通的接触器主触点的电弧还没有熄灭，另一个接触器的主触点已经闭合了，由此会造成瞬时的电源相间短路，使熔断器熔断。此外，如果主电路电流过大或接触器质量不好，某一接触器的主触点被断电时产生的电弧熔焊而被黏结，其线圈断电后主触点仍然是接通的，这时如果另一接触器的线圈通电，也会造成三相电源短路的事故。为了防止出现这种情况，应在 PLC 外部设置由 KM1～KM3 的辅助常闭触点组成的硬件互锁电路（见图 4-7）。假设 KM1 的主触点被电弧熔焊，这时它与 KM2 和 KM3 线圈串联的辅助常闭触点处于断开状态，因此 KM2 和 KM3 的线圈不可能得电。

这种控制方法适用于小容量的异步电动机，并且往返不能太频繁，否则电动机将会过热。

4.2　顺序控制设计法与顺序功能图

4.2.1　顺序控制设计法

在用经验设计法设计梯形图时，没有一套固定的方法和步骤可循，具有很大的试探性和随意性，对于不同的控制系统，没有一种通用的、容易掌握的设计方法。在设计复杂系统的梯形图时，用大量的中间单元来完成记忆和互锁等功能。由于需要考虑的因素很多，它们往往又交织在一起，因此分析起来非常困难，并且很容易遗漏掉一些应该考虑的问题。修改某一局部电路时，很可能会"牵一发而动全身"，对系统的其他部分产生意想不到的影响，因此梯形图的修改也很麻烦，往往花了很长的时间还得不到一个满意的结果。用经验法设计出的复杂的梯形图很难阅读，给系统的维修和改进带来了很大的困难。

所谓顺序控制，就是按照生产工艺预先规定的顺序，在各个输入信号的作用下，根据内部状态和时间的顺序，在生产过程中各个执行机构自动地有秩序地进行操作。

顺序功能图（Sequential Function Chart，SFC）是描述控制系统的控制过程、功能和特性的一种图形，也是设计 PLC 的顺序控制程序的有力工具。

顺序功能图并不涉及所描述的控制功能的具体技术，它是一种通用的技术语言，可以供进一步设计和不同专业的人员之间进行技术交流之用。

顺序功能图是 IEC 61131-3 位居首位的编程语言，有的 PLC 为用户提供了顺序功能图语言，例如 S7-300/400 和 S7-1500 的 S7-Graph 语言，在编程软件中生成顺序功能图后便完成了编程工作。

现在还有相当多的 PLC（包括 S7-200）没有配备顺序功能图语言。但是可以用顺序功能图来描述系统的功能，根据它来设计梯形图程序。

顺序控制设计法是一种先进的设计方法，很容易被初学者接受。对于有经验的工程师来说，顺序控制设计法也会提高设计的效率，程序的调试、修改和阅读也很方便。

4.2.2 步与动作

1. 步的基本概念

顺序控制设计法最基本的思想是将系统的一个工作周期划分为若干个顺序相连的阶段，这些阶段称为步（Step），并用编程元件（例如位存储器 M 或顺序控制继电器 S）来代表各步。步是根据输出量的状态变化来划分的，在任何一步之内，各输出量的 ON/OFF 状态不变，但是相邻两步输出量总的状态是不同的，步的这种划分方法使代表各步的编程元件的状态与各输出量的状态之间有着极为简单的逻辑关系。

顺序控制设计法用转换条件控制代表各步的编程元件，让它们的状态按一定的顺序变化，然后用代表各步的编程元件去控制 PLC 的各输出位。

图 4-10 中的小车开始时停在最左边，限位开关 I0.2 为 ON。按下起动按钮 I0.0，Q0.0 变为 ON，小车右行。碰到右限位开关 I0.1 时，Q0.0 变为 OFF，Q0.1 变为 ON，小车改为左行。返回起始位置时，Q0.1 变为 OFF，小车停止运行，同时 Q0.2 变为 ON，使制动电磁铁线圈通电，定时器 T38 开始定时（见图 4-11）。定时时间到，制动电磁铁线圈断电，系统返回初始状态。

根据 Q0.0～Q0.2 ON/OFF 状态的变化，显然一个工作周期可以分为 3 步，分别用 M0.1～M0.3 来代表这 3 步，另外还应设置一个等待起动的初始步。图 4-11 所示是描述该系统的顺序功能图，图中用矩形方框表示步，用代表该步编程元件的地址作为步的代号，例如 M0.0 等，这样在根据顺序功能图设计梯形图时较为方便。

2. 初始步

与系统的初始状态相对应的步称为初始步，初始状态一般是系统等待起动命令的相对静止的状态。初始步用双线方框表示，每一个顺序功能图至少应该有一个初始步。

3. 活动步

系统正处于某一步所在的阶段时，该步处于活动状态，称该步为活动步。步处于活动状态时，执行相应的非存储型动作；步处于不活动状态时，则停止执行之。

4. 与步对应的动作或命令

可以将一个控制系统划分为被控系统和施控系统。例如，在数控车床系统中，数控装置是施控系统，而车床是被控系统。对于被控系统，在某一步中要完成某些"动作"（action）；对于施控系统，在某一步中则要向被控系统发出某些"命令"（command）。为了叙述方便，下面将命令或动作统称为动作，并用矩形框中的文字或符号表示动作，该矩形框应与它所在的步对应的方框相连。

图 4-10　小车自动往返示意图与波形图　　　　图 4-11　顺序功能图

如果某一步有几个动作，可以用图 4-12 所示的两种画法来表示，但是并不隐含这些动作之间的任何顺序。应清楚地表明动作是存储型的还是非存储型的。图 4-11 中的 Q0.0～Q0.2 均为非存储型动作，例如在步 M0.1 为活动步时，动作 Q0.0 为 ON，在步 M0.1 为不活动步时，动作 Q0.0 为 OFF。步与它的非存储性动作是"同生共死"的。

图 4-12　动作的两种画法

由图 4-11 可知，在步 M0.3 为活动步时对制动定时，T38 的 IN 输入（使能输入）为 ON。从这个意义上来说，T38 的 IN 输入相当于步 M0.3 的一个非存储型动作，所以将 T38 放在步 M0.3 的动作框内。

使用表 4-1 中动作的修饰词，可以在一步中完成不同的动作。修饰词允许在不增加步的情况下控制动作。例如，可以使用修饰词 L 来限制配料阀打开的时间。

表 4-1　动作的修饰词

修饰词	名　称	描　述
N	非存储型	当步变为不活动步时动作终止
S	置位（存储）	当步变为不活动步时动作继续，直到动作被复位
R	复位	被修饰词 S、SD、SL 或 DS 起动的动作被终止
L	时间限制	步变为活动步时动作被起动，直到步变为不活动步或设定时间到
D	时间延迟	步变为活动步时延迟定时器被起动，如果延迟之后步仍然是活动的，动作被起动和继续，直到步变为不活动步
P	脉冲	当步变为活动步，动作被起动并且只执行一次

修饰词	名 称	描 述
SD	存储与时间延迟	在时间延迟之后动作被起动，一直到动作被复位
DS	延迟与存储	在延迟之后如果步仍然是活动的，动作被起动直到被复位
SL	存储与时间限制	步变为活动步时动作被起动，一直到设定的时间到或动作被复位

4.2.3 有向连线与转换条件

1. 有向连线

在顺序功能图中，随着时间的推移和转换条件的实现，将会发生步的活动状态的进展，这种进展按有向连线规定的路线和方向进行。在画顺序功能图时，将代表各步的方框按它们成为活动步的先后次序顺序排列，并用有向连线将它们连接起来。步的活动状态习惯的进展方向是从上到下或从左至右，在这两个方向有向连线上的箭头可以省略。如果不是上述的方向，应在有向连线上用箭头注明进展方向。为了更易于理解，在可以省略箭头的有向连线上也可以加上箭头。

如果在画图时有向连线必须中断（例如在复杂的图中，或用几个图来表示一个顺序功能图时），应在有向连线中断之处标明下一步的标号，例如步 83。

2. 转换

转换用有向连线上与有向连线垂直的短划线来表示，转换将相邻两步分隔开。步的活动状态的进展是由转换的实现来完成的，并与控制过程的发展相对应。

3. 转换条件

使系统由当前步进入下一步的信号称为转换条件。转换条件可以是外部的输入信号（例如按钮、指令开关、限位开关的接通或断开等），也可以是 PLC 内部产生的信号（例如定时器、计数器常开触点的接通等），还可以是若干个信号的与、或、非逻辑组合。

转换条件可以用梯形图、功能块图、布尔代数表达式或文字语言标注在表示转换的短线的旁边。使用得最多的是布尔代数表达式（见图 4-13c）。

图 4-13 转换与转换条件

a) 梯形图做转换条件　b) 功能块图做转换条件　c) 布尔代数表达式做转换条件　d) 波形图

转换条件 I0.0 和 $\overline{I0.0}$ 分别表示输入信号 I0.0 为 ON 和 OFF 时转换实现。符号 ↑I0.0 和 ↓I0.0 分别表示 I0.0 从 OFF 到 ON 和从 ON 到 OFF 时转换实现。实际上不加符号"↑"，转换一般也是在 I0.0 的上升沿实现的，因此一般不加"↑"。

图 4-13d 中的波形图用高电平表示步 M2.1 为活动步，反之则用低电平表示。转换条件 $I0.0 \cdot \overline{I2.1}$ 表示 I0.0 的常开触点与 I2.1 的常闭触点同时闭合，在梯形图中则用两个触点的串联来表示这样一个"与"逻辑关系。

图 4-11 中步 M0.3 下面的转换条件 T38 对应于 T38 延时接通的常开触点，T38 的定时时

间到时，转换条件满足。

在顺序功能图中，只有当某一步的前级步是活动步时，该步才有可能变成活动步。如果用没有断电保持功能的编程元件来代表各步，进入 RUN 工作方式时，它们均处于 OFF，必须用开机时接通一个扫描周期的初始化脉冲 SM0.1 的常开触点作为转换条件，将初始步预置为活动步（见图 4-11），否则因为顺序功能图中没有活动步，系统将无法工作。如果系统有自动、手动两种工作方式，顺序功能图是用来描述自动工作过程的，这时还应在系统由手动工作方式进入自动工作方式时，用一个适当的信号将初始步置为活动步（见 5.3 节）。

视频"顺序控制与顺序功能图"可通过扫描二维码 4-1 播放。

4.2.4 顺序功能图的基本结构

1. 单序列

单序列由一系列相继激活的步组成，每一步的后面仅有一个转换，每一个转换的后面只有一个步（见图 4-14a），单序列的特点是没有下述的分支与合并。

2. 选择序列

选择序列的开始称为分支（见图 4-14b），转换符号只能标在水平连线之下。如果步 5 是活动步，并且转换条件 $h = 1$，则发生由步 5→步 8 的进展。如果步 5 是活动步，并且 $k = 1$，则发生由步 5→步 10 的进展。如果将转换条件 k 改为 $k \cdot \bar{h}$，则当 k 和 h 同时为 ON 时，将优先选择 h 对应的序列，一般只允许同时选择一个序列。

选择序列的结束称为合并（见图 4-14b）。将几个选择序列合并到一个公共序列时，用需要重新组合的序列相同数量的转换符号和水平连线来表示，只允许将转换符号标在水平连线之上。

如果步 9 是活动步，并且转换条件 $j = 1$，则发生由步 9→步 12 的进展。如果步 11 是活动步，并且 $n = 1$，则发生由步 11→步 12 的进展。

二维码 4-1

图 4-14 单序列、选择序列与并行序列

a) 单序列 b) 选择序列 c) 并行序列

3. 并行序列

并行序列用来表示系统的几个同时工作的独立部分的工作情况。并行序列的开始称为分支（见图 4-14c），当转换的实现导致几个序列同时激活时，这些序列称为并行序列。当步 3 是活动的，并且转换条件 $e = 1$，步 4 和步 6 同时变为活动步，同时步 3 变为不活动步。为了强调转换的同步实现，水平连线用双线表示。步 4 和步 6 被同时激活后，每个序列中步的活动状态的进展将是独立的。在表示同步的水平双线之上，只允许有一个转换符号。

并行序列的结束称为合并（见图 4-14c）。在表示同步的水平双线之下，只允许有一个转换符号。当直接连在双线上的所有前级步（步 5 和步 7）都处于活动状态，并且转换条件 $i = 1$ 时，才会发生步 5 和步 7 到步 10 的进展，即步 5 和步 7 同时变为不活动步，而步 10 变为活动步。

4. 运输带控制系统的顺序功能图

3 条运输带顺序相连（见图 4-15），为了避免运送的物料在 1 号和 2 号运输带上堆

积，按下起动按钮 I0.0，1 号运输带开始运行，5s 后 2 号运输带自动起动，再过 5s 后 3 号运输带自动起动。停机的顺序与起动的顺序刚好相反，即按了停止按钮 I0.1 后，先停 3 号运输带，5s 后停 2 号运输带，再过 5s 停 1 号运输带。分别用 Q0.0～Q0.2 控制 1～3 号运输带。

根据图 4-15 中的波形图，显然可以将系统的一个工作周期划分为 6 步，即等待起动的初始步、4 个延时步和 3 台设备同时运行的步。从波形图可知，Q0.0 在步 M0.1～M0.5 均为 ON，Q0.1 在步 M0.2～M0.4 均为 ON。可以在步 M0.1～M0.5 的动作框中都填入 Q0.0，在步 M0.2～M0.4 的动作框中都填入 Q0.1。为了简化程序，在 Q0.0 应为 ON 的第一步（步 M0.1）将它置位，用顺序功能图动作框中的"S Q0.0"来表示这一操作；在 Q0.0 应为 ON 的最后一步的下一步（步 M0.0）将 Q0.0 复位为 OFF，用动作框中的"R Q0.0"来表示这一操作。同样地，在 Q0.1 应为 ON 的第一步（步 M0.2）将它置位；在 Q0.1 应为 ON 的最后一步的下一步（步 M0.5）将 Q0.1 复位为 OFF。

在顺序起动 3 条运输带的过程中，操作人员如果发现异常情况，可以由起动改为停车。按下停止按钮 I0.1，将已经起动的运输带停车，仍采用后起动的运输带先停车的原则。图 4-16 是满足上述要求的运输带控制系统的顺序功能图。

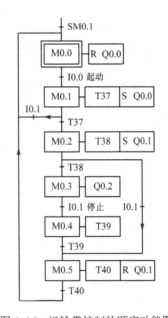

图 4-15　运输带示意图、波形图和外部接线图　　　图 4-16　运输带控制的顺序功能图

在步 M0.1，只起动了 1 号运输带。按下停止按钮 I0.1，系统应返回初始步。为了实现这一要求，在步 M0.1 的后面增加一条返回初始步的有向连线，并用停止按钮 I0.1 作为转换条件。

在步 M0.2，已经起动了两条运输带。按下停止按钮，首先使后起动的 2 号运输带停车，延时 5s 后再使 1 号运输带停车。为了实现这一要求，在步 M0.2 的后面，增加一条转换到步 M0.5 的有向连线，并用停止按钮 I0.1 作为转换条件。

步 M0.2 之后有一个选择序列的分支，当它是活动步（M0.2 为 ON），并且转换条件 I0.1 得到满足时，后续步 M0.5 将变为活动步，M0.2 变为不活动步。如果步 M0.2 为活动步，并且转换条件 T38 得到满足，后续步 M0.3 将变为活动步，步 M0.2 变为不活动步。

步 M0.5 之前有一个选择序列的合并，当步 M0.2 为活动步，并且转换条件 I0.1 满足，或者当步 M0.4 为活动步，并且转换条件 T39 满足时，步 M0.5 都将变为活动步。

此外，在步 M0.1 之后有一个选择序列的分支，在步 M0.0 之前有一个选择序列的合并。

5. 液体混合控制系统的顺序功能图

液体混合装置（见图 4-17）按一定的比例将液体 A 和液体 B 混合，计量泵通电后每一个冲程泵出的液体体积是固定的，用计数器 C0 和 C1 计冲程的次数，可以按操作人员设定的冲程次数定量添加液体。下限位液位传感器未被液体淹没时为 ON。

图 4-17 液体混合控制系统示意图及其顺序功能图

在开始运行之前的初始状态，容器是空的，计量泵未工作，排料阀门关闭，搅拌电动机未工作，液位传感器为 ON，初始步 M0.0 为活动步。

按下起动按钮 I0.0，并行序列中的步 M0.1 和 M0.3 同时变为活动步，Q0.0 和 Q0.1 变为 ON，使两台计量泵同时运行（见图 4-17）。

因为两台计量泵同时工作，所以用并行序列来描述它们的工作情况。在计量泵运行时，计数器对它们的冲程计数，如果 C0 首先计到预设的值，它的常开触点闭合，系统将转换到步 M0.2，Q0.0 变为 OFF，停止泵入液体 A。同时 C0 被复位，复位操作只需要一个扫描周期就可以完成。同样的，用计数器 C1 来控制泵入液体 B 的流量。先停止工作的计量泵在步 M0.2 或步 M0.4 等待另一台计量泵停止运行，因此步 M0.2 和步 M0.4 又称为等待步，它们用来实现同时结束并行序列中的两个子序列。

步 M0.2 和步 M0.4 下面的转换条件为 "=1"，即转换条件为二进制常数 1，换句话说，两台计量泵均运行完 C0 和 C1 预置的冲程数时，步 M0.2 和步 M0.4 均变为活动步，就会无条件地发生步 M0.2 和 M0.4 到步 M0.5 的转换，步 M0.2 和 M0.4 同时变为不活动步，而步 M0.5 变为活动步。

在步 M0.5，Q0.2 为 ON，搅拌机开始搅拌液体。经过 T37 预置的时间后，停止搅拌，打开放料阀，放出混合液。液面降至下限位开关处时，I0.1 变为 ON。经过 T38 预置的时间后，容器放空，关闭放料阀，一个工作周期结束。

要求按下起动按钮后，按上述的工作过程循环运行。按下停止按钮，在当前工作周期的操作结束（混合液放完）后，才停止操作，返回并停留在初始状态。图 4-17 中的 M1.0 和选择序列用来实现这一要求。用起动按钮 I0.0、停止按钮 I0.2 和起保停电路来控制 M1.0。

按下起动按钮，M1.0 变为 ON 并保持。图 4-17 中步 M0.7 之后有一个选择序列的分支，系统完成一个周期的工作后，转换条件 T38·M1.0 满足时，将从步 M0.7 转换到步 M0.1 和步 M0.3，开始下一次循环的运行。

按了停止按钮 I0.2 之后，M1.0 变为 OFF。但是要等到完成最后一步 M0.7 的工作后，转换条件 T38·$\overline{\text{M1.0}}$ 满足时，才能返回初始步，系统停止运行。

步 M0.1 和 M0.3 之前有一个选择序列的合并，当步 M0.0 为活动步且转换条件 I0.0 满足时，或者当步 M0.7 为活动步且转换条件 T38·M1.0 满足时，步 M0.1 和 M0.3 都应变为活动步。

4.2.5 顺序功能图中转换实现的基本规则

1．转换实现的条件

在顺序功能图中，步的活动状态的进展是由转换的实现来完成的。转换实现必须同时满足以下两个条件。

1）该转换所有的前级步都是活动步。

2）相应的转换条件得到满足。

这两个条件是缺一不可的，以上面的液体混合控制系统为例，如果取消了第一个条件，假设在步 M0.5（搅拌时）因为误操作按了起动按钮 I0.0，就会使步 M0.1 和 M0.3 变为活动步，开始泵入液体，造成误动作。如果同时满足上述两个条件，则不会出现这样的问题。

2．转换实现应完成的操作

转换实现时应完成以下两个操作。

1）使所有由有向连线与相应转换符号相连的后续步都变为活动步。

2）使所有由有向连线与相应转换符号相连的前级步都变为不活动步。

以上规则可以用于任意结构中的转换，其区别如下：在单序列中，一个转换仅有一个前级步和一个后续步。在并行序列的分支处，转换有几个后续步（见图 4-14c），在转换实现时应同时将它们对应的编程元件置位。在并行序列的合并处，转换有几个前级步，只有在它们均为活动步时才有可能实现转换，在转换实现时应将它们对应的编程元件全部复位。在选择序列的分支与合并处（见图 4-14b），实际上一个转换只有一个前级步和一个后续步。

转换实现的基本规则，是根据顺序功能图设计梯形图的基础，它适用于顺序功能图中的各种基本结构与第 5 章将要介绍的各种顺序控制梯形图的编程方法。

3．绘制顺序功能图时的注意事项

下面是针对绘制顺序功能图时的常见错误提出的注意事项。

1）绝对不能将两个步直接相连，必须用一个转换将它们分隔开。

2）也不能将两个转换直接相连，必须用一个步将它们分隔开。这两条可以作为检查顺序功能图是否正确的判据之一。

3）顺序功能图中的初始步一般对应于系统等待起动的初始状态，这一步可能没有什么输出处于 ON 状态，因此有的初学者在画顺序功能图时很容易遗漏掉这一步。初始步是必不可少的，一方面因为该步与它的相邻步相比，从总体上来说输出变量的状态各不相同；另一方面如果没有该步，无法表示初始状态，系统也不能返回等待起动的停止状态。

4）自动控制系统应能多次重复执行同一工艺过程，因此在顺序功能图中一般应有由步和有向连线组成的闭环，即在完成一次工艺过程的全部操作之后，应从最后一步返回初始步，系统停留在初始状态（单周期操作，见图 4-11），在连续循环工作方式时，应从最后一步返回下一工作周期开始运行的第一步（见图 4-17）。换句话说，在顺序功能图中不能有"到此为止"的"死胡同"或"盲肠"。

4. 顺序控制设计法的本质

经验设计法实际上是试图用输入信号 I 直接控制输出信号 Q（见图 4-18a），如果无法直接控制，或者为了实现记忆和互锁等功能，只好被动地增加一些辅助元件和辅助触点。不同系统的输出量 Q 与输入量 I 之间的关系各不相同，它们对联锁、互锁的要求千变万化，不可能找出一种简单通用的设计方法。

图 4-18 信号关系图

a) 经验设计法示意图　　b) 顺序控制设计法示意图

顺序控制设计法则是用输入量 I 控制代表各步的编程元件（例如位存储器 M），再用它们控制输出量 Q（见图 4-18b）。步是根据输出量 Q 的状态划分的，M 与 Q 之间具有很简单的"或"或者相等的逻辑关系，输出电路的设计极为简单。所有的控制系统代表步的位存储器 M 的控制电路的设计方法都是通用的，并且很容易掌握，所以顺序控制设计法具有简单、规范、通用的优点。由于 M 是依次顺序变为ON/OFF 状态的，实际上已经基本上解决了经验设计法中的记忆和联锁等问题。

4.3 习题

1. 简述划分步的原则。
2. 简述转换实现的条件和转换实现时应完成的操作。
3. 试设计满足图 4-19 所示波形的梯形图。
4. 试设计满足图 4-20 所示波形的梯形图。
5. 画出图 4-21 所示波形对应的顺序功能图。

图 4-19　题 3 图　　　　　图 4-20　题 4 图　　　　　图 4-21　题 5 图

6. 图 4-22 中的旋转工作台用凸轮和限位开关来实现运动控制。在初始状态时左限位开关 I0.0 为 ON，按下起动按钮 I0.3，Q0.0 变为 ON，电动机驱动工作台沿顺时针正转，转到上限位开关 I0.1 所在位置时暂停 5s（用 T37 定时），定时时间到继续正转，转到右限位开关 I0.2 所在位置时 Q0.0 变为 OFF，Q0.1 变为 ON，工作台反转，回到限位开关 I0.0 所在的初始位置时停止转动，系统回到初始状态。画出系统的顺序功能图。

7. 冲床的运动示意图如图 4-23 所示。初始状态时机械手在最左边，I0.4 为 ON；冲头在最上面，I0.3 为 ON；机械手松开（Q0.0 为 OFF）。按下起动按钮 I0.0，Q0.0 变为 ON，工件被夹紧并保持，2s 后 Q0.1 变为 ON，机械手右行，直到碰到右限位开关 I0.1，以后将顺序完成以下动作：冲头下行，冲头上行，机械手左行，机械手松开（Q0.0 被复位），系统返回初始状态，各限位开关和定时器提供的信号是相应步之间的转换条件。画出控制系统的顺序功能图。

8. 小车在初始状态时停在中间，限位开关 I0.0 为 ON，按下起动按钮 I0.3，小车按图 4-24 所示的顺序运动，在左限位开关处暂停 10s，最后返回并停留在初始位置。画出控制系统的顺序功能图。

图 4-22　题 6 图　　　图 4-23　题 7 图　　　图 4-24　题 8 图

9. 某组合机床动力头进给运动示意图如图 4-25 所示，设动力头在初始状态时停在左边，限位开关 I0.1 为 ON。按下起动按钮 I0.0 后，Q0.0 和 Q0.2 为 ON，动力头向右快速进给（简称快进），碰到限位开关 I0.2 后变为工作进给（简称工进），仅 Q0.0 为 ON。碰到限位开关 I0.3 后，暂停 5s；5s 后 Q0.2 和 Q0.1 为 ON，工作台快速退回（简称快退），返回初始位置后停止运动。画出控制系统的顺序功能图。

10. 试画出图 4-26 中的信号灯控制系统的顺序功能图，I0.0 为启动信号。

11. 指出图 4-27 所示的顺序功能图中的错误。

图 4-25　题 9 图　　　图 4-26　题 10 图　　　图 4-27　题 11 图

12. 在初始状态时，图 4-28 中的 3 个容器都是空的，所有的阀门均关闭，搅拌器未运行。按下起动按钮 I0.0，Q0.0 和 Q0.1 变为 ON，阀 1 和阀 2 打开，液体 A 和液体 B 分别流入上面的两个容器中。当某个容器中的液体到达上液位开关时，对应的进料电磁阀关闭，放料电磁阀（阀 3 或阀 4）打开，液体放到下面的容器中。分别经过定时器 T37、T38 的延时后，液体放完，阀 3 或阀 4 关闭。在它们均关闭后，搅拌器开始搅拌。120s 后搅拌器停机，Q0.5 变为 ON，开始放出混合液。经过 T39 的延时后，放完混合液，Q0.5 变为 OFF，放料阀关闭。循环工作 3 次后，系统停止运行，返回初始步。画出系统的顺序功能图。

图 4-28　题 12 图

第5章　顺序控制梯形图的设计方法

本章介绍根据顺序功能图设计梯形图的方法，首先介绍使用置位/复位指令的设计方法，然后介绍使用顺序控制继电器的设计方法，最后介绍具有多种工作方式的控制系统的设计方法。本章介绍的编程方法很容易掌握，用它们可以迅速地、得心应手地设计出复杂的数字量控制系统的梯形图。

控制系统梯形图一般采用图 5-1 所示的典型结构。系统有自动和手动两种工作方式。SM0.0 的常开触点一直闭合，每次扫描都会执行公用程序。自动方式和手动方式都需要执行的操作被放在公用程序中。公用程序还用于自动程序和手动程序相互切换的处理。

I2.0 是自动/手动切换开关，当它为 ON 时调用手动程序，为 OFF 时调用自动程序。

系统开始执行自动程序时，要求处于与自动程序顺序功能图中初始步对应的某种初始状态。如果开机时系统没有处于初始状态，应进入手动工作方式，用手动操作使系统进入初始状态后，再切换到自动工作方式。也可以设置使系统自动进入初始状态的工作方式（见 5.3 节）。

图 5-1　控制系统梯形图的典型结构

在 5.1 节和 5.2 节中，假设刚开始执行用户程序时，系统已经处于要求的初始状态。在系统进入初始状态后，应将与顺序功能图的初始步对应的编程元件置位为 ON，为转换的实现做好准备，并将其余各步对应的编程元件复位为 OFF。

5.1　使用置位/复位指令的顺序控制梯形图设计方法

5.1.1　单序列的编程方法

1. 编程的基本方法

在顺序功能图中，代表步的位存储器（M）为 ON 时，对应的步为活动步，反之为不活动步。如果某一转换所有的前级步都是活动步，并且相应的转换条件满足，则转换实现，即该转换所有的后续步都变为活动步，该转换所有的前级步都变为不活动步。在使用置位/复位指令的编程方法中，用该转换所有的前级步对应的位存储器的常开触点与转换条件对应的触点或电路串联，用它作为使所有后续步对应的位存储器置位和使所有前级步对应的位存储器复位的条件。在任何情况下，代表步的位存储器的控制电路都可以用这一原则来设计。这种设计方法特别有规律，梯形图与转换实现的基本规则之间有着严格的对应关系，在设计复杂的顺序功能图的梯形图时既容易掌握，又不容易出错。这种编程方法使用任何一种 PLC 都有的置位、复位指令，因此这是一种通用的编程方法，可以用于任意型号的 PLC。

如果转换的前级步或后续步不止一个，转换的实现称为同步实现（见图 5-2）。为了强调同步实现，有向连线的水平部分用双线表示。

图 5-2 中转换条件的布尔代数表达式为 $\overline{I0.1}+I0.3$，它的两个前级步对应于 M1.0 和 M1.1，所以将 M1.0 和 M1.1 的常开触点组成的串联电路与 I0.1 的常闭触点和 I0.3 的常开触点组成的并联电路串联，作为转换实现的两个条件同时满足对应的电路。在梯形图中，该电路接通时，用置位指令将代表后续步的 M1.2 和 M1.3 置位（变为 ON 并保持），同时用复位指令将代表前级步的 M1.0 和 M1.1 复位（变为 OFF 并保持）。

图 5-2　转换同步实现的梯形图

2．实例 1——两条运输带控制程序的设计

图 5-3 上面的两条运输带用来传送较长的物体，要求尽可能地减少运输带的运行时间。在两条运输带的出口处设置了两个光电开关，有物体经过时 I0.0 和 I0.1 为 ON，运输带 A 和 B 的电动机分别用 Q0.0 和 Q0.1 控制。

图 5-3　两条运输带控制系统示意图、顺序功能图和梯形图

PLC 刚进入 RUN 模式时，SM0.1 的常开触点接通一个扫描周期，将初始步对应的位存储器 M0.0 置位为 ON，将其余各步对应的 M0.1～M0.3 复位为 OFF。按下起动按钮 I0.2，转换到步 M0.1，Q0.0 变为 ON，运输带 A 开始运行。被传送物体的前沿使光电开关 I0.0 变为 ON 时，系统进入步 M0.2，两条运输带同时运行。被传送物体的后沿离开 I0.0 时，转换到步

86

M0.3，运输带 A 停止运行。物体的后沿离开光电开关 I0.1 时，系统返回初始步，运输带 B 停止运行。

实现图 5-3 中 I0.0 对应的转换需要同时满足两个条件，即该转换的前级步是活动步（M0.1 为 ON）和转换条件 I0.0 为 ON。在梯形图中（见配套资源中的例程"使用 SR 指令的运输带控制程序"），用 M0.1 和 I0.0 的常开触点组成的串联电路来表示上述条件。该电路接通时，两个条件同时满足。此时应将该转换的后续步变为活动步，即用置位指令"S M0.2,1"将 M0.2 置位；还应将该转换的前级步变为不活动步，即用复位指令"R M0.1,1"将 M0.1 复位。

每一个转换对应一个这样的控制置位和复位的电路块，有多少个转换就有多少个这样的电路块。画出所有转换对应的电路块后，用输入点 I 控制代表步的位存储器 M 的控制电路（见图 4-18b）就设计好了。

被传送物体的后沿离开限位开关 I0.0（在 I0.0 的下降沿）时，应从步 M0.2 转换到步 M0.3。在顺序功能图中，用"↓I0.0"表示转换条件为 I0.0 的下降沿。在梯形图中，用负向转换触点—|N|—检测 I0.0 的下降沿，并将前级步对应的 M0.2 的常开触点与 I0.0 下降沿检测电路串联，作为将后续步对应的 M0.3 置位和将前级步对应的 M0.2 复位的条件。用同样的方法设计从步 M0.3 返回初始步的置位/复位电路。

梯形图最右边是用代表步的位存储器 M 控制输出位 Q 的控制电路（见图 4-18b）。从顺序功能图可以看出，Q0.0 在步 M0.1 和步 M0.2 均应为 ON。在梯形图中，用 M0.1 和 M0.2 的常开触点的并联电路控制 Q0.0 的线圈来实现这一控制要求。用同样的方法设计出 Q0.1 的控制电路。

在使用这种编程方法时，不能将输出位的线圈与置位指令和复位指令并联。这是因为图 5-3 中控制置位、复位的触点串联电路接通的时间是相当短的，只有一个扫描周期，满足转换条件后前级步马上被复位，该串联电路断开。而输出位 Q 的线圈至少应该在某一步对应的全部时间内被接通，所以应根据顺序功能图，用代表步的位存储器的常开触点或它们的并联电路来驱动输出位的线圈。

3．实例 2——小车运动控制程序的设计

小车运动控制系统的示意图如图 5-4 所示。将图 4-11 中小车运动的顺序功能图重画在图 5-4 中，图中还有用置位/复位指令设计的梯形图（见配套资源中的例程"使用 SR 指令的小车控制程序"）。

顺序功能图中初始步下面的转换条件为 I0.0·I0.2，用 M0.0、I0.0 和 I0.2 的常开触点的串联电路来控制对代表后续步的 M0.1 的置位和对代表前级步的 M0.0 的复位。用同样的方法设计出其他控制置位和复位的电路。

在步 M0.3，用接通延时定时器 T38 定时。在梯形图中，用 M0.3 的常开触点控制 Q0.2 的线圈和 T38 的 IN 输入端。

4．程序的调试

顺序功能图是用来描述控制系统的外部性能的，因此应根据顺序功能图而不是梯形图来调试顺序控制程序。在调试顺序控制程序时，一般使用状态表监控，很少使用程序状态监控。

以调试两条运输带的控制程序为例，用状态表监控包含所有步、动作和转换条件的 MB0、QB0 和 IB0（见图 5-5）。使用二进制格式，用一行最多可以监控 32 个位变量（一个双字）。附录 A.9 介绍了详细的调试过程。

图 5-4　小车运动控制系统的示意图、顺序功能图和梯形图

视频"使用 SR 指令的顺控程序"可通过扫描二维码 5-1 播放。

5.1.2　选择序列和并行序列的编程方法

1. 选择序列的编程方法

如果某一转换与并行序列的分支、合并无关，它的前级步和后续步都
只有一个，需要复位、置位的位存储器也只有一个，因
此选择序列的分支与合并的编程方法实际上与单序列的
编程方法完全相同。

图 5-6 所示的顺序功能图中，除了 I0.3 和 I0.6 对应的
转换以外，其余的转换均与并行序列的分支、合并无关，

二维码 5-1

地址	格式	当前值
MB0	二进制	2#0000_0100
QB0	二进制	2#0000_0011
IB0	二进制	2#0000_0001

图 5-5　状态表

而 I0.0～I0.2 对应的转换与选择序列的分支、合并有关，它们都只有一个前级步和一个后续
步。与并行序列的分支、合并无关的转换对应的梯形图是非常标准的（见图 5-7 和例程"使用
SR 指令的复杂的顺控程序"），每一个控制置位、复位的电路块都由前级步对应的一个位存储
器的常开触点和转换条件对应的触点组成的串联电路、一条置位指令和一条复位指令组成。

2. 并行序列的编程方法

图 5-6 中步 M0.2 之后有一个并行序列的分支，当 M0.2 是活动步并且转换条件 I0.3 满
足时，步 M0.3 与步 M0.5 应同时变为活动步，这是用 M0.2 和 I0.3 常开触点组成的串联电路
使 M0.3 和 M0.5 同时置位来实现的；与此同时，步 M0.2 应变为不活动步，这是用复位指令
来实现的。

在 I0.6 对应的转换之前有一个并行序列的合并，该转换实现的条件是所有的前级步（即
步 M0.4 和 M0.6）都是活动步并且转换条件 I0.6 满足。由此可知，应将 M0.4、M0.6 和 I0.6
的常开触点串联，作为使后续步 M0.0 置位和使 M0.4、M0.6 复位的条件。

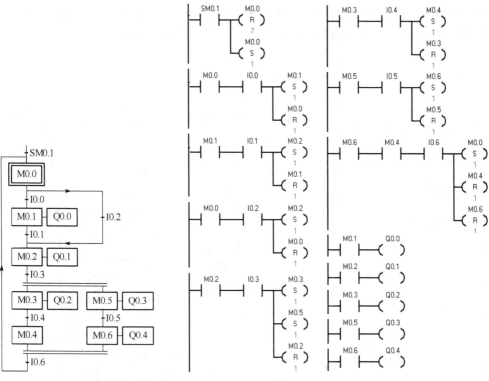

图 5-6　顺序功能图　　　　　　　图 5-7　选择序列与并行序列的梯形图

3．复杂的顺序功能图的调试方法

在调试复杂的顺序控制程序时，应充分考虑各种可能的情况，对其中的每一条支路、各种可能的进展路线，都应逐一检查，不能遗漏。例如，可以首先调试图 5-6 中经过步 M0.1、最后返回初始步的流程，然后调试跳过步 M0.1、最后返回初始步的流程。

调试时应注意并行序列中各子序列的第 1 步（步 M0.3 和步 M0.5）是否同时变为活动步，各子序列的最后一步（步 M0.4 和步 M0.6）是否同时变为不活动步。

应在发现问题后及时修改程序，直到每一条进展路线上步的活动状态的顺序变化和输出点的状态的变化都符合顺序功能图的规定为止。

视频"复杂的顺控程序的调试"可通过扫描二维码 5-2 播放。

4．实例 1——液体混合控制系统的编程

图 5-8 重新给出了图 4-17 中的液体混合控制系统的顺序功能图。图 5-9 是根据它用置位/复位指令设计的液体混合控制系统的梯形图程序（见配套资源中的例程"使用 SR 指令的液体混合控制程序"）。

按下起动按钮 I0.0，图 5-9 左上角的起保停电路使 M1.0 变为 ON 并保

图 5-8　液体混合控制的顺序功能图

二维码 5-2

持，系统将按顺序功能图的规定反复循环运行。按下停止按钮 I0.2，M1.0 变为 OFF，在当前工作周期的操作结束（混合液放完）后，返回并停留在初始状态。

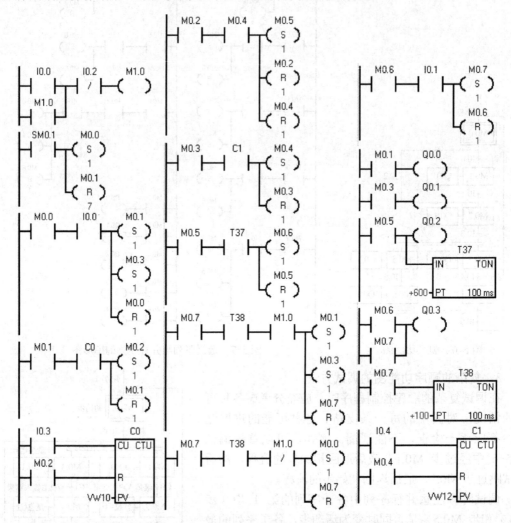

图 5-9 用置位/复位指令设计的液体混合控制系统的梯形图程序

以图 5-8 中 T38·$\overline{M1.0}$ 对应的转换为例，它与并行序列的分支合并无关，但是与选择序列的分支有关。它只有一个前级步 M0.7 和一个后续步 M0.0，控制置位、复位电路块的结构与单序列的相同。

图 5-8 中步 M0.0 下面有一个并行序列的分支，当 M0.0 是活动步并且转换条件 I0.0 满足时，步 M0.1 与步 M0.3 应同时变为活动步，这是用 M0.0 和 I0.0 常开触点组成的串联电路使 M0.1 和 M0.3 同时置位来实现的；与此同时，步 M0.0 应变为不活动步，这是用复位指令来实现的。

步 M0.2 和步 M0.4 下面有一个并行序列的合并，转换条件为"=1"，即转换条件为二进制常数 1。只要步 M0.2 和步 M0.4 均为活动步，就应无条件地发生步 M0.2 和 M0.4 到步 M0.5 的转换。因此，将 M0.2 和 M0.4 的常开触点串联，作为使后续步 M0.5 置位和使前级步 M0.2、M0.4 复位的条件。

90

计数器 C0 和 C1 的预设值由 VW10 和 VW12 提供，可以用人机界面修改。C0 和 C1 的计数脉冲 I0.3 和 I0.4 由外部的传感器提供。如果液体 B 的输入先结束，液体 A 的输入后结束，并行序列的两个子序列都转换到最后一步（步 M0.2 和步 M0.4 均为 ON）时，因为并行序列合并处的转换条件为"=1"，将会马上转换到步 M0.5。M0.2 被置位为 ON 后，可能还没有来得及将 C0 复位，在同一个扫描周期 M0.2 就被复位为 OFF 了。将 C0 的控制电路放在 M0.2 被置位和复位的网络中间（见图 5-9），就可以解决这个问题。另外一个解决方案是将对 C0 和 C1 的复位操作放在步 M0.5～步 M0.7 中的某一步。

5. 实例 2——人行横道交通信号灯顺序控制程序的编程

人行横道交通信号灯的波形图如图 5-10 所示。按下起动按钮 I0.0，车道和人行道的交通灯将按波形图所示的顺序变化。图 5-11 是用置位/复位指令设计的人行横道交通信号灯控制系统梯形图（见例程"使用 SR 指令的交通灯控制程序"）。

图 5-10　人行横道交通信号灯的波形图与顺序功能图

PLC 由 STOP 模式进入 RUN 模式时，SM0.1 将初始步 M0.0 置位为 ON，将其他步复位为 OFF。为了控制交通灯的连续循环运行，设置了一个连续标志 M1.4。按下起动按钮 I0.0，步 M0.1 和步 M0.5 同时变为活动步，车道红灯和人行道绿灯亮，禁止车辆通过；同时起保停电路使 M1.4 变为 ON 并保持。由于车道交通灯和人行道交通灯是同时工作的，所以用并行序列来表示它们的工作情况。

在 T41 的定时时间到时，转换条件 M1.4·T41 满足，将从步 M0.4 和步 M0.7 转换到步 M0.1 和步 M0.5，交通灯进入下一循环。

按下停止按钮 I0.1，M1.4 变为 OFF，但是系统不会马上返回初始步，因为 M1.4 只是在一个工作循环结束时才起作用。在 T41 的定时时间到时，转换条件 $\overline{M1.4}$·T41 满足，将从步 M0.4 和步 M0.7 返回初始步。

顺序功能图中步 M0.0 之后有一个并行序列的分支，当 M0.0 是活动步并且转换条件 I0.0 满足时，步 M0.1 与步 M0.5 应同时变为活动步，这是用 M0.0 和 I0.0 常开触点组成的串联电路使 M0.1 和 M0.5 同时置位来实现的；与此同时，步 M0.0 应变为不活动步，这是用复位指令来实现的。

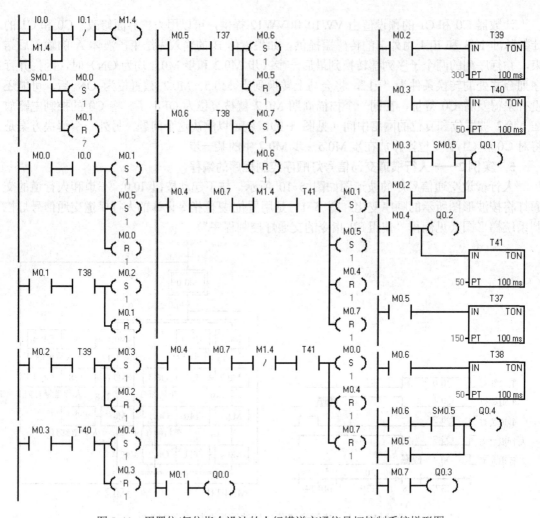

图 5-11 用置位/复位指令设计的人行横道交通信号灯控制系统梯形图

M1.4·T41 对应的转换之前有一个并行序列的合并，该转换实现的条件是所有的前级步（即步 M0.4 和 M0.7）都是活动步且转换条件 M1.4·T41 满足。由此可知，应将 M0.4、M0.7、M1.4 和 T41 的常开触点串联，作为使后续步 M0.1 和 M0.5 置位和使前级步 M0.4、M0.7 复位的条件。用同样的方法设计 $\overline{M1.4·T41}$ 对应的转换控制置位、复位的电路。

车道绿灯 Q0.1 应在步 M0.2 常亮，在步 M0.3 闪烁。为此将 M0.3 与秒时钟脉冲 SM0.5 的常开触点串联，然后与 M0.2 的常开触点并联，来控制 Q0.1 的线圈。用同样的方法来设计控制人行道绿灯 Q0.4 的控制电路。

5.2 使用 SCR 指令的顺序控制梯形图设计方法

5.2.1 顺序控制继电器指令

S7-200 有 256 点顺序控制继电器（简称为 SCR），地址为 S0.0～S31.7，专门用于编制顺序控制程序。装载顺序控制继电器指令"LSCR　S_bit"将地址为 S_bit 的顺序控制继电器的值，装载到 SCR 堆栈和逻辑堆栈中。

LSCR 指令用来表示一个 SCR 段的开始，顺序控制继电器结束指令 SCRE 用来表示 SCR 段的结束。顺序控制程序被划分为 LSCR 指令与 SCRE 指令之间的若干个 SCR 段，一个 SCR 段对应于顺序功能图中的一步。

某个顺序控制继电器为 ON 时，执行对应的 SCR 段中的程序，反之则不执行。

顺序控制继电器转换指令"SCRT　S_bit"（见表 5-1）用来实现 SCR 段之间的转换，即步的活动状态的转换。在 SCRT 线圈"得电"时，SCRT 指令指定的顺序功能图中后续步对应的顺序控制继电器被置位为 ON，同时当前活动步对应的顺序控制继电器被操作系统复位为 OFF，当前步变为不活动步。

表 5-1　顺序控制继电器（SCR）指令

梯　形　图	语　句　表	描　　述
SCR	LSCR　S_bit	SCR 程序段开始
SCRT	SCRT　S_bit	SCR 转换
SCRE	CSCRE	SCR 程序段条件结束
SCRE	SCRE	SCR 程序段结束

使用 SCR 指令有以下的限制：不能在不同的程序中使用相同的 S 位；不能在 SCR 段之间使用 JMP 及 LBL 指令，即不允许用跳转的方法跳入或跳出 SCR 段；不能在 SCR 段中使用 FOR、NEXT 和 END 指令。

5.2.2　单序列的编程方法

图 5-12 中的两条运输带顺序相连，按下起动按钮 I0.0，2 号运输带开始运行，10s 后 1 号运输带自动起动。按下停机按钮 I0.1，1 号运输带立即停机，延时 10s 后 2 号运输带停机。

在设计图 5-12 中的梯形图时，用 LSCR（梯形图中为 SCR）指令和 SCRE 指令表示 SCR 段的开始和结束。在 SCR 段用 SM0.0 的常开触点来驱动只在该步为 ON 的输出点 Q 的线圈，并用转换条件对应的触点或电路来驱动转换到后续步的 SCRT 指令。

如果用编程软件的"程序状态"功能来监视处于运行模式的梯形图（见图 5-12 和配套资源中的例程"使用 SCR 指令的运输带控制程序"），可以看到因为直接接在左侧电源线上，所以每一个 SCR 方框都是蓝色的。

各 SCR 段内所有的线圈和指令实际上受到对应的顺序控制继电器的控制。图 5-12 所示的梯形图程序状态监控中，步 S0.2 为活动步，只执行指令"SCR　S0.2"开始的 SCR 段内的程序，该 SCR 段内控制 Q0.1 的 SM0.0 的常开触点闭合，SCRE 线圈通电。此时，没有被执行的其他 SCR 段内的触点、线圈和定时器方框均为灰色，SCRE 线圈断电。

首次扫描时，SM0.1 的常开触点接通一个扫描周期，将顺序控制继电器 S0.0 置位，初始步变为活动步，只执行 S0.0 对应的 SCR 段，同时将其他步对应的 S0.1～S0.3 复位。按下起动按钮 I0.0，指令"SCRT　S0.1"对应的线圈得电，使 S0.1 变为 ON，操作系统使 S0.0 变为 OFF，系统从初始步转换到第 2 步，只执行 S0.1 对应的 SCR 段。在该段中的 SM0.0 的常开触点闭合，T37 的 IN 输入为 ON，开始定时。在梯形图的最后一个网络中，S0.1 的常开触点闭合，Q0.0 的线圈通电，2 号运输带开始运行。在操作系统没有执行 S0.1 对应的 SCR 段时，T37 不会工作。

T37 的定时时间到时，其常开触点闭合，将转换到步 S0.2。以后将这样一步一步地转换下去，直到返回初始步为止。

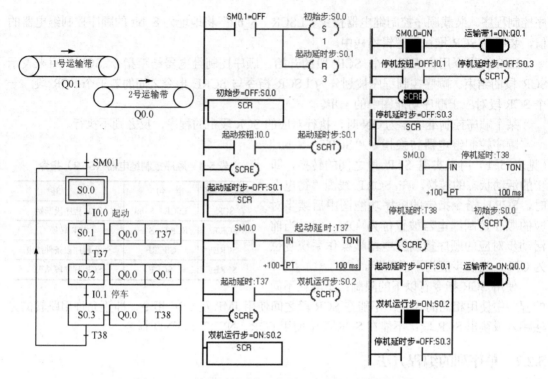

图 5-12　运输带控制系统示意图、顺序功能图和梯形图

视频"使用 SCR 指令的顺控程序"可通过扫描二维码 5-3 播放。

Q0.0 在 S0.1～S0.3 这 3 步中均应工作，不能在这 3 步的 SCR 段内分别设置一个 Q0.0 的线圈，所以用各 SCR 段之外的 S0.1～S0.3 的常开触点组成的并联电路来驱动 Q0.0 的线圈。

二维码 5-3

5.2.3　选择序列与并行序列的编程方法

1. 选择序列的编程方法

在图 5-13 中，步 S0.0 之后有一个选择序列的分支。S0.0 为 ON 时，它对应的 SCR 段被执行，此时若转换条件 I0.0 的常开触点闭合，该程序段中的指令"SCRT　S0.1"被执行，从步 S0.0 转换到步 S0.1。如果步 S0.0 为活动步，并且转换条件 I0.2 的常开触点闭合，将执行指令"SCRT　S0.2"，从步 S0.0 转换到步 S0.2。本节的程序见配套资源中的例程"使用 SCR 指令的复杂的顺控程序"。

在图 5-13 中，步 S0.3 之前有一个选择序列的合并，当步 S0.1 为活动步（S0.1 为 ON），并且转换条件 I0.1 满足时，或者当步 S0.2 为活动步并且转换条件 I0.3 满足时，步 S0.3 都应变为活动步。在步 S0.1 和步 S0.2 对应的 SCR 段中，分别用 I0.1 和 I0.3 的常开触点驱动指令"SCRT　S0.3"就能实现选择系列的合并。

2. 并行序列的编程方法

在图 5-13 中，步 S0.3 之后有一个并行序列的分支，当步 S0.3 是活动步，并且转换条件 I0.4 满足时，步 S0.4 与步 S0.6 应同时变为活动步，这是用图 5-14 中步 S0.3 对应的 SCR 段中 I0.4 的常开触点同时驱动指令"SCRT　S0.4"和"SCRT　S0.6"来实现的。与此同时，

S0.3 被操作系统自动复位，使步 S0.3 变为不活动步。

步 S0.0 之前有一个并行序列的合并，因为转换条件为 1（即转换条件总是满足），所以转换实现的条件是所有前级步（即步 S0.5 和 S0.7）都是活动步。在图 5-14 中，将 S0.5 和 S0.7 的常开触点串联，来控制对 S0.0 的置位和对 S0.5、S0.7 的复位，从而使步 S0.0 变为活动步，步 S0.5 和步 S0.7 变为不活动步。在并行序列的合并处，实际上局部地使用了基于置位/复位指令的编程方法。

图 5-13　顺序功能图　　　　　　　　　图 5-14　梯形图

3．编程实例

图 5-15 是某剪板机的示意图。剪板机控制系统的顺序功能图如图 5-16 所示。开始时压钳和剪刀在上限位置，限位开关 I0.0 和 I0.1 为 ON。按下起动按钮 I1.0，工作过程如下：首先板料右行（Q0.0 为 ON）至限位开关 I0.3 处，然后压钳下行（Q0.1 为 ON）。压紧板料后，压力继电器 I0.4 为 ON，压钳保持压紧，剪刀开始下行（Q0.2 为 ON），计数器 C0 的当前值加 1。剪断板料后，I0.2 变为 ON，压钳和剪刀同时上行（Q0.3 和 Q0.4 为 ON，Q0.2 为 OFF），它们在分别碰到上限位开关 I0.0 和 I0.1 时，分别停止上行，都停止后，又开始下一周期的工作，剪完 3 块料后停止工作，并停在初始状态。

顺序功能图中有选择序列、并行序列的分支与合并。加计数器 C0 用来控制剪料的次数，每经过一次工作循环，C0 的当前值加 1。

步 S0.5 和 S0.7 之后有一个选择序列的分支。在没有剪完 3 块料时，C0 的当前值小于预设值 3，其常闭触点闭合，转换条件 $\overline{C0}$ 满足，将返回步 S0.1，重新开始下一周期的工作。剪完 3 块料后，C0 的当前值等于预设值 3，其常开触点闭合，转换条件 C0 满足，将返回初始步 S0.0，等待下一次起动命令。

步 S0.5 和 S0.7 是等待步，用来同时结束两个并行序列。只要步 S0.5 和 S0.7 都是活动步，就会发生步 S0.5、S0.7 到步 S0.0 或步 S0.1 的转换，使步 S0.5 和 S0.7 同时变为不活动步，而步 S0.0 或 S0.1 变为活动步。

图 5-15 剪板机示意图　　　　图 5-16 剪板机控制系统的顺序功能图

在图 5-16 中，步 S0.3 之后有一个并行序列的分支，当步 S0.3 是活动步且转换条件 I0.2 满足时，步 S0.4 与步 S0.6 应同时变为活动步，这是用 S0.3 对应的 SCR 段中 I0.2 的常开触点同时驱动指令 "SCRT S0.4" 和 "SCRT S0.6" 来实现的（见图 5-17 和例程 "使用 SCR 指令的剪板机控制程序"）。与此同时，S0.3 被操作系统复位，使步 S0.3 变为不活动步。

图 5-17 剪板机控制系统的梯形图

96

步 S0.5 与步 S0.7 之后有一个并行序列的合并，当转换条件 C0 所有的前级步（即步 S0.5 和 S0.7）都是活动步，并且 C0 的位为 ON 时，将会发生从 S0.5、S0.7 到步 S0.0 的转换，所以将 S0.5、S0.7 和 C0 的常开触点串联，来控制对 S0.0 的置位和对 S0.5、S0.7 的复位，使步 S0.0 变为活动步，步 S0.5 和步 S0.7 变为不活动步。用同样的方法设计转换条件 $\overline{C0}$ 对应的置位/复位电路。

对 C0 加 1 的操作可以在工作循环中的任意一步进行，而对 C0 的复位必须在工作循环之外的初始步进行。

5.3 具有多种工作方式的系统的顺序控制梯形图设计方法

5.3.1 系统的硬件结构与工作方式

1. 硬件结构

为了满足生产的需要，很多设备要求设置多种工作方式，例如手动方式和自动方式，后者包括连续、单周期、单步和自动返回原点几种工作方式。手动程序比较简单，一般用经验法设计，复杂的自动程序一般用顺序控制法设计。

图 5-18 为机械手示意图。图中的机械手用来将工件从 A 点搬运到 B 点。操作面板如图 5-19 所示。图 5-20 是 PLC 的外部接线图。夹紧装置用单线圈电磁阀控制，Q0.1 为 ON 时工件被夹紧，为 OFF 时被松开。工作方式选择开关的 5 个位置分别对应于 5 种工作方式，操作面板左下部的 6 个按钮是手动按钮。为了保证在紧急情况下（包括 PLC 发生故障时）能可靠地切断 PLC 的负载电源，设置了交流接触器 KM（见图 5-20）。运行时按下"负载电源"按钮，使 KM 线圈得电并自锁，KM 的主触点接通，给外部负载提供交流电源。出现紧急情况时用"紧急停车"按钮断开负载电源。

图 5-18 机械手示意图

图 5-19 操作面板

2. 工作方式

1）在手动工作方式，用 I0.5～I1.2 对应的 6 个按钮分别独立控制机械手的升、降、左行、右行和松开、夹紧。

2）在单周期工作方式的初始状态按下起动按钮 I2.6，从初始步 M0.0 开始，机械手按

图 5-25 中顺序功能图的规定完成一个周期的工作后，返回并停留在初始步。

图 5-20　PLC 的外部接线图

图 5-21　主程序 OB1

3）在连续工作方式的初始状态按下起动按钮，机械手从初始步开始，工作一个周期后又开始搬运下一个工件，反复连续地工作。按下停止按钮，并不马上停止工作，完成最后一个周期的工作后，系统才返回并停留在初始步。

4）在单步工作方式，从初始步开始，按一下起动按钮，系统转换到下一步，完成该步的任务后，自动停止工作并停留在该步，再按一下起动按钮，才开始执行下一步的操作。单步工作方式用于系统的调试。

5）机械手在最上面和最左边且夹紧装置松开时，称为系统处于原点状态（或称为初始状态）。在进入单周期、连续和单步工作方式之前，系统应处于原点状态。如果不满足这一条件，可以选择回原点工作方式，然后按起动按钮 I2.6，使系统自动返回原点状态。

视频"机械手工作方式的演示"可通过扫描二维码 5-4 播放。

二维码 5-4

3．程序的总体结构

项目的名称为"机械手控制"（见同名例程）。在主程序 OB1 中，用调用子程序的方法来实现各种工作方式的切换（见图 5-21）。公用程序是无条件调用的，供各种工作方式公用。工作方式选择开关是单刀 5 掷开关，同时只能选择一种工作方式。

方式选择开关在手动位置时调用手动程序，选择回原点工作方式时调用回原点程序。可以为连续、单周期和单步工作方式分别设计一个单独的子程序。考虑到这些工作方式使用相同的顺序功能图以及它们的程序有很多共同之处，为了简化程序，减少程序设计的工作量，将单步、单周期和连续这 3 种工作方式的程序合并为自动程序。在自动程序中，应考虑用什么方法区分这 3 种工作方式。符号表见图 5-22。

		符号	地址				符号	地址				符号	地址				符号	地址
1		下限位	I0.1	10			夹紧按钮	I1.2	19			原点条件	M0.5	28			B点升步	M2.6
2		上限位	I0.2	11			手动开关	I2.0	20			转换允许	M0.6	29			左行步	M2.7
3		右限位	I0.3	12			回原点开关	I2.1	21			连续标志	M0.7	30			下降阀	Q0.0
4		左限位	I0.4	13			单步开关	I2.2	22			A点降步	M2.0	31			夹紧阀	Q0.1
5		上升按钮	I0.5	14			单周开关	I2.3	23			夹紧步	M2.1	32			上升阀	Q0.2
6		左行按钮	I0.6	15			连续开关	I2.4	24			A点升步	M2.2	33			右行阀	Q0.3
7		松开按钮	I0.7	16			起动按钮	I2.6	25			右行步	M2.3	34			左行阀	Q0.4
8		下降按钮	I1.0	17			停止按钮	I2.7	26			B点降步	M2.4					
9		右行按钮	I1.1	18			初始步	M0.0	27			松开步	M2.5					

图 5-22　符号表

5.3.2　公用程序与手动程序

1．公用程序

公用程序（见图 5-23）用于处理各种工作方式都要执行的任务，以及对不同的工作方式之间相互切换的处理。

机械手在最上面和最左边的位置且夹紧装置松开时，系统处于规定的初始条件（称为原点条件），此时左限位开关 I0.4、上限位开关 I0.2 的常开触点和表示夹紧装置松开的 Q0.1 常闭触点组成的串联电路接通，原点条件标志 M0.5 为 ON。

刚开始执行用户程序（SM0.1 为 ON）、系统处于手动方式或自动回原点方式（I2.0 或 I2.1 为 ON）时，如果机械手处于原点状态（M0.5 为 ON），初始步对应的 M0.0 将被置位，为进入单步、单周期和连续工作方式做好准备。

如果此时 M0.5 为 OFF，M0.0 将被复位，初始步变为不活动步，按下起动按钮也不能进入步 M2.0，系统不能在单步、单周期和连续工作方式工作。

图 5-23　公用程序

从一种工作方式切换到另一种工作方式时，应将有存储功能的位元件复位。工作方式较多时，应仔细考虑各种可能的情况，分别进行处理。在切换工作方式时应执行下列操作。

1）系统从自动工作方式切换到手动或自动回原点工作方式时，I2.0 和 I2.1 为 ON，将图 5-25 的顺序功能图中除初始步以外各步对应的位存储器 M2.0～M2.7 复位，否则以后返回自动工作方式时，可能会出现同时有两个活动步的异常情况，引起错误的动作。

2）在退出自动回原点工作方式时，回原点开关 I2.1 的常闭触点闭合。此时，将自动回原点的顺序功能图（见图 5-27）中各步对应的位存储器 M1.0～M1.5 复位，以防止下次进入自动回原点方式时，可能会出现同时有两个活动步的异常情况。

3）在非连续工作方式，连续开关 I2.4 的常闭触点闭合，将连续标志位 M0.7 复位。

2．手动程序

图 5-24 是手动程序。手动操作时用 6 个按钮控制机械手的升、降、左行、右行和夹紧、松开。为了保证系统的安全运行，在手动程序中设置了一些必要的联锁。

图 5-24　手动程序

1）用限位开关 I0.1～I0.4 的常闭触点限制机械手移动的范围。

2）设置上升与下降之间、左行与右行之间的互锁，用来防止功能相反的两个输出同时为 ON。

3）将上限位开关 I0.2 的常开触点与控制左、右行的 Q0.4 和 Q0.3 的线圈串联，机械手升到最高位置才能左右移动，以防止机械手在较低位置运行时与别的物体碰撞。

4）只有机械手在最左边或最右边（左、右限位开关 I0.4 或 I0.3 为 ON）时，才允许进行松开工件（复位夹紧阀 Q0.1）、上升和下降的操作。

5.3.3　自动程序

图 5-25 是处理单周期、连续和单步工作方式的自动程序的顺序功能图，最上面的转换条件与公用程序有关。图 5-26 是用置位/复位指令设计的梯形图程序。单周期、连续和单步这 3 种工作方式主要是用"连续标志" M0.7 和"转换允许"标志 M0.6 来区分的。

1. 单周期与连续的区分

PLC 上电后，如果原点条件不满足，应首先进入手动或回原点方式，通过相应的操作使原点条件满足，公用程序使初始步 M0.0 为 ON，然后切换到自动方式。

系统工作在连续和单周期（非单步）工作方式时，单步开关 I2.2 的常闭触点接通，转换允许标志 M0.6 为 ON，控制置位复位的电路中 M0.6 的常开触点接通，允许步与步之间的正常转换。

在连续工作方式，连续开关 I2.4 和"转换允许"标志 M0.6 为 ON。设初始步时系统处于原点状态，原点条件标志 M0.5 和初始步 M0.0 为 ON，按下起动按钮 I2.6，转换到"A 点

图 5-25　顺序功能图

降"步，下降阀 Q0.0 的线圈通电，机械手下降。与此同时，连续标志 M0.7 的线圈通电并自保持（见图 5-26 左上角的网络）。

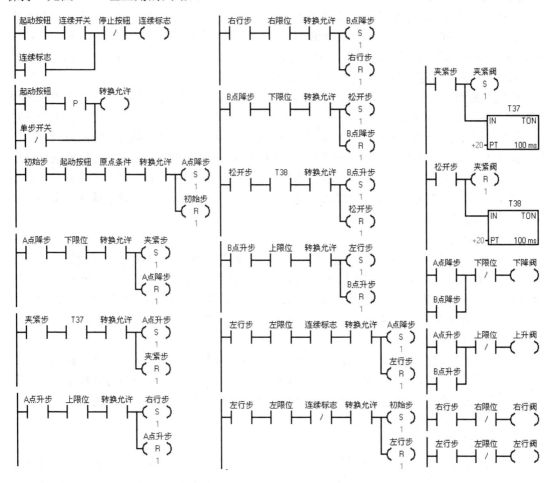

图 5-26　自动程序的梯形图

　　机械手碰到下限位开关 I0.1 时，转换到"夹紧"步 M2.1，夹紧阀 Q0.1 被置位，工件被夹紧。同时接通延时定时器 T37 开始定时，2s 后定时时间到，夹紧操作完成，定时器 T37 的常开触点闭合，"A 点升"步 M2.2 被置位为 1，机械手开始上升。以后系统将这样一步一步地工作下去。

　　机械手在"左行"步 M2.7 返回最左边时，左限位开关 I0.4 变为 ON，因为"连续"标志位 M0.7 为 ON，转换条件 M0.7·I0.4 满足，系统将返回"A 点降"步 M2.0，反复连续地工作下去。

　　按下停止按钮 I2.7 后，连续标志 M0.7 变为 OFF（见图 5-26 左上角的网络），但是系统不会立即停止工作，在完成当前工作周期的全部操作后，机械手返回最左边，左限位开关 I0.4 为 ON，转换条件 $\overline{M0.7}$·I0.4 满足时，系统才返回并停留在初始步。

　　在单周期工作方式，连续标志 M0.7 一直为 OFF。机械手在最后一步 M2.7 返回最左边时，左限位开关 I0.4 为 ON，因为连续标志 M0.7 为 OFF，所以转换条件 $\overline{M0.7}$·I0.4 满足，系统返回并停留在初始步，机械手停止运动。按一次起动按钮，系统只工作一个周期。

2．单步工作方式

在单步工作方式，单步开关 I2.2 为 ON，它的常闭触点断开，"转换允许"标志 M0.6 在一般情况下为 OFF，不允许步与步之间的转换。设初始步时系统处于原点状态，按下起动按钮 I2.6，"转换允许"标志 M0.6 在一个扫描周期为 ON，"A 点降"步 M2.0 被置位为活动步，机械手下降。在起动按钮上升沿之后，M0.6 变为 OFF。

机械手碰到下限位开关 I0.1 时，与下降阀 Q0.0 的线圈串联的下限位开关 I0.1 的常闭触点断开，使下降阀 Q0.0 的线圈"断电"，机械手停止下降。此时，图 5-26 左边第 4 个网络的下限位开关 I0.1 的常开触点闭合，如果没有按起动按钮，转换允许标志 M0.6 为 OFF，不会转换到下一步。一直要等到按下起动按钮，M0.6 的常开触点接通，才能使转换条件 I0.1（下限位开关）起作用，"夹紧"步对应的 M2.1 被置位，才能转换到夹紧步。以后在完成每一步的操作后，都必须按一次起动按钮，使转换允许标志 M0.6 的常开触点接通一个扫描周期，才能转换到下一步。

3．输出电路

图 5-26 的右边是输出电路，输出电路中 4 个限位开关 I0.1～I0.4 的常闭触点是为单步工作方式设置的。以右行为例，在机械手碰到右限位开关 I0.3 后，与"右行"步对应的位存储器 M2.3 不会马上变为 OFF，如果右行电磁阀 Q0.3 的线圈不与右限位开关 I0.3 的常闭触点串联，机械手不能停在右限位开关处，还会继续右行，可能造成某些设备损坏。

4．自动回原点程序

图 5-27 是自动回原点程序的顺序功能图和用置位/复位电路设计的梯形图。在回原点工作方式，回原点开关 I2.1 为 ON，在 OB1 中调用回原点程序。在回原点方式按下起动按钮 I2.6，机械手可能处于任意状态，根据机械手当时所处的位置和夹紧装置的状态，可以分为以下 3 种情况，分别采用不同的处理方法。

（1）夹紧装置松开

如果 Q0.1 为 OFF，表示夹紧装置松开，没有夹持工件，机械手应上升和左行，直接返回原点位置。按下起动按钮 I2.6，应进入图 5-27 中的"B 点升"步 M1.4，转换条件为 $I2.6 \cdot \overline{Q0.1}$。如果机械手已经在最上面，上限位开关 I0.2 为 ON，进入"B 点升"步后，因为转换条件满足，将马上转换到"左行"步。

自动返回原点的操作结束后，原点条件满足。公用程序中的原点条件标志 M0.5 变为 ON，顺序功能图中的初始步 M0.0 在公用程序中被置位，为进入单周期、连续或单步工作方式做好准备，因此可以认为图 5-25 中的初始步 M0.0 是"左行"步 M1.5 的后续步。

（2）夹紧装置处于夹紧状态，机械手在最右边

此时夹紧电磁阀 Q0.1 和右限位开关 I0.3 均为 ON，应将工件放到 B 点后再返回原点位置。按下起动按钮 I2.6，机械手应进入"B 点降"步 M1.2，转换条件为 $I2.6 \cdot Q0.1 \cdot I0.3$。首先执行下降和松开操作，释放工件后，机械手再上升、左行，返回原点位置。如果机械手已经在最下面，下限位开关 I0.1 为 ON。进入"B 点降"步后，因为转换条件已经满足，所以将马上转换到"松开"步。

（3）夹紧装置处于夹紧状态，机械手不在最右边

此时夹紧电磁阀 Q0.1 为 ON，右限位开关 I0.3 为 OFF。按下起动按钮 I2.6，应进入

"A 点升"步 M1.0,转换条件为 $I2.6 \cdot Q0.1 \cdot \overline{I0.3}$。机械手首先应上升,然后右行、下降和松开工件,将工件放到 B 点后再上升、左行,返回原点位置。如果机械手已经在最上面,上限位开关 I0.2 为 ON,进入"A 点升"步后,因为转换条件已经满足,所以将马上转换到"右行步"。

图 5-27　自动回原点程序的顺序功能图与梯形图

5.4　习题

1. 设计出图 5-28 所示的顺序功能图的梯形图程序。
2. 用 SCR 指令设计图 5-29 所示的顺序功能图的梯形图程序。
3. 设计出图 5-30 所示的顺序功能图的梯形图程序。
4. 设计出第 4 章题 6 中旋转工作台控制系统的梯形图。
5. 设计出第 4 章题 7 中冲床控制系统的梯形图。
6. 设计出第 4 章题 8 中小车控制系统的梯形图。
7. 设计出第 4 章题 9 中动力头控制系统的梯形图。
8. 设计出第 4 章题 10 中信号灯控制系统的梯形图。
9. 设计出第 4 章题 12 中液体混合控制系统的梯形图。
10. 设计出图 5-31 所示的顺序功能图的梯形图程序。
11. 设计出图 5-32 所示的顺序功能图的梯形图程序。

图 5-28　题 1 图　　　　图 5-29　题 2 图　　　　图 5-30　题 3 图

图 5-31　题 10 图　　　　　　　图 5-32　题 11 图

第6章 S7-200的功能指令

6.1 功能指令概述

6.1.1 功能指令的类型及学习方法

第 3 章介绍了用于数字量控制的位逻辑指令和定时器指令、计数器指令，它们属于 PLC 最基本的指令。功能指令是指这些基本指令和第 5 章介绍的顺序控制继电器指令之外的指令。

1. 功能指令的类型

可以将功能指令分为下面几种类型。

（1）较常用的指令

数据的传送与比较、数学运算、跳转和子程序调用等指令为较常用的指令。

（2）与数据的基本操作有关的指令

字逻辑运算、求反码、数据的移位、循环移位和数据类型转换等指令为与数据的基本操作有关的指令。这些指令也很重要，几乎所有计算机语言都有这些指令。它们与计算机的基础知识（例如数制、数据类型等）有关，应通过例子和实验了解这些指令的基本功能。学好某种 PLC 的这类指令，再学别的 PLC 的同类指令就很容易了。

（3）与 PLC 的高级应用有关的指令

例如，与中断、高速计数、高速输出、PID 控制、位置控制和通信有关的指令，有的涉及一些专门知识，可能需要阅读有关的书籍或教材才能正确地理解和使用它们。

（4）用得较少的指令

与字符串有关的指令、表格处理指令、编码、解码指令、看门狗复位指令和读/写实时时钟指令等用得较少。学习时对它们有一般性的了解就可以了。如果在读程序或编程序时遇到它们，单击选中程序中或指令列表中的某条指令，然后按〈F1〉键，就可以通过在线帮助获得有关该指令应用的详细信息。

2. 功能指令的学习方法

初学功能指令时，可以首先按指令的分类浏览所有的指令，知道它们大致用来干什么。S7-200 系统手册的附录 G（快速参考信息）中有各指令的功能简表。除了指令的功能描述外，使用功能指令还涉及到很多细节问题，例如指令中每个操作数的意义、是输入参数还是输出参数、每个操作数的数据类型和可以选用的存储区、受指令执行影响的特殊存储器（SM）、使方框指令的 ENO（使能输出）为 0 的非致命错误条件等。

PLC 的初学者没有必要花大量的时间去熟悉功能指令使用中的细节，更没有必要死记硬背它们。在需要的时候，可以通过系统手册或在线帮助了解指令应用的详细信息。

学习功能指令时应重点了解指令的基本功能和有关的基本概念。与学外语不能只靠背单词，应主要通过阅读和会话来学习一样，要学好 PLC 的功能指令，也离不开实践。一定要通过读程序、编程序和调试程序来学习功能指令，逐渐加深对功能指令的理解，在实践中提高阅读程序和编写程序的能力。仅仅阅读编程手册或教材中指令有关的信息，是永远掌握不了指令的使用方法的。

6.1.2 S7-200 的指令规约

1. 使能输入与使能输出

在梯形图中，用方框表示某些指令，例如定时器和数学运算指令。方框指令的输入端均在左边，输出端均在右边（见图 6-1）。梯形图中有一条提供"能流"的左侧垂直母线，当图中的 I0.4 的常开触点接通时，能流流到整数除法指令 DIV_I 的使能（Enable）输入端 EN，该指令才能被执行。

能流只能从左往右流动，网络中不能有短路、开路和反方向的能流。

图 6-1　ENO 为 ON 的梯形图程序状态

如果方框指令的 EN 输入端有能流且执行时无错误（DIV_I 指令的除数非 0），使能输出 ENO（Enable Output）将能流传递给下一个元件（见图 6-1）。ENO 可以作为下一个方框指令的 EN 输入，即几个方框指令可以串联在同一行中。

如果指令在执行时出错，能流将在出现错误的方框指令终止。图 6-2 中的 I0.4 为 ON 时，有能流流入 DIV_I 指令的 EN 输入端。因为 VW2 中的除数为 0，指令执行失败，DIV_I 指令框和方框外的地址和常数变为红色，所以没有能流从它的 ENO 输出端流出。它右边的"导线"、方框指令和线圈为灰色，表示没有能流流过它们。

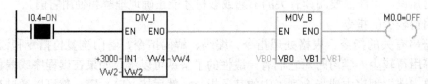

图 6-2　ENO 为 OFF 的梯形图程序状态

只有前一个方框指令被正确执行，后一个方框指令才能被执行。EN 和 ENO 的操作数均为能流，数据类型为 BOOL 型。

语句表（STL）程序没有 EN 输入，堆栈的栈顶值为 1 时，STL 指令才能执行。与梯形图中的 ENO 相对应，语句表设置了一个 ENO 位，可以用 AENO（And ENO）指令访问 ENO 位，AENO 用来产生与方框指令的 ENO 相同的效果。

下面是图 6-1 中的梯形图对应的语句表程序。

```
LD      I0.4
MOVW    +3000, VW4           //3000→VW4
AENO
```

```
/I          VW2, VW4            // VW4/VW2→VW4
AENO
MOVB        VB0, VB1            //VB0 传送给 VB1
AENO
=           M0.0
```

梯形图中除法指令的操作为 IN1 / IN2 = OUT；语句表中除法指令的操作为 OUT / IN1 = OUT，输出参数 OUT 同时又是被除数，所以转换时自动增加了一条字传送指令 MOVW，为除法指令的执行做好准备。如果删除上述程序中的前两条 AENO 指令，将程序转换为梯形图后，可以看到图 6-1 中的两个方框指令由串联变为并联。

2. 梯形图中的指令

必须有能流输入才能执行的方框指令或线圈指令称为条件输入指令，它们不能直接连接到左侧母线上。如果需要无条件地执行这些指令，可以用接在左侧母线上的 SM0.0（该位始终为 ON）的常开触点来驱动它们。有的线圈或方框指令的执行与能流无关，例如标号指令 LBL（见图 6-25）和顺序控制指令 SCR（见图 5-12）等，应将它们直接连接到左侧母线上。比较触点（见图 6-4）没有能流输入时，输出为 0；有能流输入时，输出与比较结果有关。

在输入语句表指令时，注意必须使用英文的标点符号。如果使用中文的标点符号，将会出错。错误的输入用红色标记。

全局符号名被 STEP 7-Micro/WIN 自动地添加英语的双引号，例如 "PUMP1"。符号 "#INPUT1" 中的 "#" 号表示该符号是局部变量，生成新编程元件时出现的红色问号 "??.?" 或 "????" 表示需要输入地址或数值（见图 6-3）。

图 6-3　两种能流指示器

3. 能流指示器

LAD 提供两种能流指示器，它们由编辑器自动添加和移除，并不是用户放置的。

1）→是开路能流指示器（见图 6-3），指示网络中存在开路状况。必须解决开路问题，网络才能成功编译。

2）⇥是可选能流指示器，用于指令的级连，表示可将其他梯形图元件附加到该位置。即使没有在该位置添加元件，网络也能成功编译。该指示器出现在方框元素的 ENO 能流输出端。

6.2　数据处理指令

6.2.1　比较指令与数据传送指令

1. 字节、整数、双整数和实数比较指令

比较指令（梯形图见图 6-4）用来比较两个数据类型相同的数值 IN1 与 IN2 的大小。在梯形图中，满足比较关系式给出的条件时，比较指令

图 6-4　比较指令的程序

的触点接通。触点中间和语句表指令中的 B、I（语句表指令中为 W）、D、R、S 分别表示无符号字节（BYTE）、有符号整数（INT）、有符号双整数（DINT）、有符号实数（REAL，或称为浮点数）和字符串（STRING）比较。表 6-1 中比较指令的字节、整数、双整数和实数比较条件 "x" 分别是==（语句表为=）、<>（不等于）、>=、<=、>和<。以比较条件 ">" 为例，IN1 > IN2 时，梯形图中的比较触点闭合。IN1 在触点的上面，IN2 在触点下面。

表 6-1 比较指令

无符号字节比较		有符号整数比较		有符号双整数比较		有符号实数比较		字符串比较	
LDBx	IN1, IN2	LDWx	IN1, IN2	LDDx	IN1, IN2	LDRx	IN1, IN2	LDSx	IN1, IN2
ABx	IN1, IN2	AWx	IN1, IN2	ADx	IN1, IN2	ARx	IN1, IN2	ASx	IN1, IN2
OBx	IN1, IN2	OWx	IN1, IN2	ODx	IN1, IN2	ORx	IN1, IN2	OSx	IN1, IN2

字符串比较指令的比较条件 "x" 只有==（语句表为=）和<>。

在语句表中，以 LD、A、O 开始的比较指令分别表示开始、串联和并联的比较触点。满足比较条件时，以 LD、A、O 开始的比较指令分别将二进制常数 2#1 装载到逻辑堆栈的栈顶、将 2#1 与栈顶中的值进行 "与" 运算或者 "或" 运算。

字节比较指令用来比较两个无符号数字节 IN1 与 IN2 的大小；整数比较指令用来比较两个有符号字整数 IN1 与 IN2 的大小，最高位为符号位，例如 16#7FFF > 16#8000（后者为负数）；双整数比较指令用来比较两个有符号双整数 IN1 与 IN2 的大小，双整数比较是有符号的，例如 16#7FFFFFFF > 16#80000000（后者为负数）；实数比较指令用来比较两个有符号实数 IN1 与 IN2 的大小。例 6-1 使用了整数比较指令。

本节的程序见配套资源中的例程 "比较指令与传送指令"。

【例 6-1】 用接通延时定时器和比较指令组成占空比可调的脉冲发生器。

M0.2 和 10ms 定时器 T33 组成了一个脉冲发生器，使 T33 的当前值按图 6-5 中的锯齿波变化。比较指令用来产生脉冲宽度可调的方波，Q0.0 为 OFF 的时间取决于比较指令 "LDW>= T33, 80" 的第 2 个操作数的值。

图 6-5 延时定时器和比较指令组成的脉冲发生器及其波形图

2. 字符串比较指令

字符串比较指令比较两个数据类型为 STRING 的 ASCII 码字符串相等或不相等。可以比较两个字符串变量，或比较一个常数字符串和一个字符串变量。如果比较中使用了常数字符串，它必须是梯形图中比较触点上面的参数，或语句表比较指令中的第一个参数。

在程序编辑器中，常数字符串参数赋值必须以双引号字符开始和结束。常数字符串的最大长度为 126 个字符，每个字符占一个字节。

如果字符串变量从 VB100 开始存放，在字符串比较指令中，该字符串对应的输入参数为 VB100。字符串变量的最大长度为 254 个字符（字节），可以在数据块编辑器中初始化字符串。

3．字节、字、双字和实数的传送指令

表 6-2 的传送指令的助记符中最后的 B、W、DW（或 D）和 R 分别表示操作数为字节、字、双字和实数。

表 6-2　传送指令

梯形图符号	语句表指令		描　述	梯形图符号	语句表指令		描　述
MOV_B	MOVB	IN, OUT	传送字节	MOV_BIW	BIW	IN, OUT	字节立即写
MOV_W	MOVW	IN, OUT	传送字	BLKMOV_B	BMB	IN, OUT, N	传送字节块
MOV_DW	MOVD	IN, OUT	传送双字	BLKMOV_W	BMW	IN, OUT, N	传送字块
MOV_R	MOVR	IN, OUT	传送实数	BLKMOV_D	BMD	IN, OUT, N	传送双字块
MOV_BIR	BIR	IN, OUT	字节立即读	SWAP	SWAP	IN	交换字节

传送指令（见图 6-6）将源输入参数 IN 传送到输出参数 OUT 指定的目的地址，传送过程不改变源存储单元的数据值。字传送指令的操作数的数据类型可以是 WORD 和 INT，双字传送指令的操作数的数据类型可以是 DWORD 和 DINT。

图 6-6　传送与交换指令

4．字节、字、双字的块传送指令

块传送指令将起始地址为 IN 的 N 个连续的存储单元中的数据传送到从地址 OUT 开始的 N 个存储单元，字节变量 N 的取值范围为 1～255。图 6-6 中的字节块传送指令 BLKMOV_B 将 VB20～VB22 中的数据传送到 VB23～VB25 中。

视频"比较指令与传送指令"可通过扫描二维码 6-1 播放。

5．字节立即传送指令

字节立即传送（读和写）指令用来在物理 I/O 点和存储器之间立即传送一个字节的数据。

二维码 6-1

1）字节立即读指令 MOV_BIR 读取输入 IN 指定的一个字节的物理输入，并将结果写入 OUT 指定的地址，但是并不更新对应的过程映像输入寄存器。

2）字节立即写指令 MOV_BIW 将输入 IN 指定的一个字节的数值写入 OUT 指定的物理输出，同时更新对应的过程映像输出字节。这两条指令的参数 IN 和 OUT 的数据类型都是 BYTE（字节）。

6．字节交换指令

字节交换指令 SWAP 用来交换数据类型为 WORD 的输入字 IN 的高字节与低字节。该指令应采用脉冲执行方式，否则每个扫描周期都要交换一次。

6.2.2　移位指令与循环移位指令

字节、字、双字移位指令和循环移位指令的操作数 IN 和 OUT 的数据类型分别为

BYTE、WORD 和 DWORD。移位位数 N 的数据类型为 BYTE。本节的程序见配套资源中的例程"移位指令与彩灯控制程序"。

1. 右移位和左移位指令

移位与循环移位指令见表 6-3。移位指令将输入 IN 中的数各位的值向右或向左移动 N 位后，送给输出 OUT 指定的地址。移位指令对移出位自动补 0（见图 6-7），如果移动的位数 N 大于允许值（字节操作为 8，字操作为 16，双字操作为 32），实际移位的位数为最大允许值。字节移位操作是无符号的，对有符号的字和双字移位时，符号位也被移位。

表 6-3 移位与循环移位指令

梯形图	语 句 表		描 述	梯形图	语 句 表		描 述
SHR_B	SRB	OUT, N	字节右移	ROR_B	RRB	OUT, N	字节循环右移
SHL_B	SLB	OUT, N	字节左移	ROL_B	RLB	OUT, N	字节循环左移
SHR_W	SRW	OUT, N	字右移	ROR_W	RRW	OUT, N	字循环右移
SHL_W	SLW	OUT, N	字左移	ROL_W	RLW	OUT, N	字循环左移
SHR_DW	SRD	OUT, N	双字右移	ROR_DW	RRD	OUT, N	双字循环右移
SHL_DW	SLD	OUT, N	双字左移	ROL_DW	RLD	OUT, N	双字循环左移
－				SHRB	SHRB	DATA, S_BIT, N	移位寄存器

如果移位次数非 0，"溢出"标志位 SM1.1 保存最后一次被移出的位的值（见图 6-7）。如果移位操作的结果为 0，零标志位 SM1.0 被置为 ON。

图 6-7 移位与循环移位指令的梯形图和示意图

2. 循环右移位和循环左移位指令

循环移位指令将输入 IN 中各位的值向右或向左循环移动 N 位后，送给输出 OUT 指定的地址。循环移位是环形的，即被移出来的位将返回到另一端空出来的位置（见图 6-7）。移出的最后一位的数值同时被存放在溢出标志位 SM1.1 中。

如果移动的位数 N 大于允许值（字操作为 8，字操作为 16，双字操作为 32），在执行循环移位之前先对 N 进行求模运算。例如字循环移位时，将 N 除以 16 后取余数，从而得到一个有效的移位位数。字节循环移位求模运算的结果为 0～7，字循环移位为 0～15，双字循环移位为 0～31。如果求模运算的结果为 0，不进行循环移位操作。

如果实际移位次数为 0，零标志 SM1.0 被置为 ON。字节操作是无符号的，对有符号的字和双字移位时，符号位也被移位。

视频"移位与循环移位指令"可通过扫描二维码 6-2 播放。

二维码 6-2

3. 移位寄存器指令

移位寄存器指令 SHRB 将 DATA 端输入的位数值移入移位寄存器（见图 6-8）。S_BIT

指定移位寄存器最低位的地址，字节型变量 N 指定移位寄存器的长度和移位方向。

图 6-8 中 N 为正数 14，在使能输入 I0.3 的上升沿，I0.4 的值从移位寄存器的最低位 V30.0 移入，寄存器中的各位由低位向高位移动（左移）一位，被移动的最高位 V31.5 的值被移到溢出标志位 SM1.1 中。N 为−14 时，I0.4 的值从移位寄存器的最高位 V31.5 移入，最低位 V30.0 移到溢出标志位 SM1.1 中。

图 6-8 移位寄存器

6.2.3 数据转换指令

1. 标准转换指令

表 6-4 中的数据转换指令除了解码、编码指令之外的 10 条指令属于标准转换指令，它们是字节（B）与整数（I）之间（数值范围为 0～255）、整数与双整数（DI）之间、BCD 码与整数之间、双整数（DI）与实数（R）之间的转换指令（见表 6-4）和七段译码指令。输入参数 IN 指定的数据转换后保存到输出参数 OUT 指定的地址中。本节的程序见配套资源中的例程"数据转换指令"。

表 6-4 数据转换指令

梯形图符号	语句表指令		描 述	梯形图符号	语句表指令		描 述
B_I	BTI	IN, OUT	字节转换为整数	BCD_I	BCDI	OUT	BCD 码转换为整数
I_B	ITB	IN, OUT	整数转换为字节	ROUND	ROUND	IN, OUT	实数四舍五入为双整数
I_DI	ITD	IN, OUT	整数转换为双整数	TRUNC	TRUNC	IN, OUT	实数截位取整为双整数
DI_I	DTI	IN, OUT	双整数转换为整数	SEG	SEG	IN, OUT	段码
DI_R	DTR	IN,OUT	双整数转换为实数	DECO	DECO	IN, OUT	解码
I_BCD	IBCD	OUT	整数转换为 BCD 码	ENCO	ENCO	IN, OUT	编码

ASCII 字符或字符串与数值的转换指令见 6.8.2 节。

在 BCD 码与整数相互转换的指令中，整数的有效范围为 0～9999。STL 中的 BCDI 和 IBCD 指令的输入、输出参数使用同一个地址。

如果转换后的数值超出输出的允许范围，溢出标志位 SM1.1 将被置为 ON。

将有符号的整数转换为双整数时，符号位被扩展到高位字。字节是无符号的，字节转换为整数时没有扩展符号位的问题（高位字节恒为 0）。

整数转换为字节指令只能转换 0～255 之间的数值，转换其他数值时会产生溢出，并且输出不会改变。

ROUND 指令将 32 位的实数四舍五入后转换为双整数，如果小数部分不小于 0.5，则整数部分加 1。截位取整指令 TRUNC 将 32 位实数转换为 32 位带符号整数，小数部分被舍去。如果转换后的数超出双整数的允许范围，溢出标志位 SM1.1 被置为 ON。

数据转换指令的梯形图和七段显示器示意图如图 6-9 所示。图中 BCD_I 指令将 BCD 码 16#258（600）转换为整数 258，I_BCD 指令将整数 3927 转换为 BCD 码 16#3927。

图 6-9 数据转换指令

2. 段码指令

段（Segment）码指令 SEG 根据输入字节 IN 低 4 位对应的十六进制数（16#0～16#F），产生点亮七段显示器各段的代码，并送到输出字节 OUT 中。图 6-9 中七段显示器的 D0～D6 段分别对应于输出字节的第 0 位（最低位）～第 6 位，某段应亮时输出字节中对应的位为 1，反之为 0。例如在显示数字"2"时，仅 D2 和 D5 段熄灭，其余各段亮，SEG 指令的输出值为二进制数 2#101 1011（见图 6-9），它的第 0 位～第 6 位中仅第 2 位和第 5 位为 0，其余各位为 1。

用 PLC 的 4 个输出点来驱动外接的七段译码驱动芯片，再用它来驱动七段显示器，可以节省 3 个输出点，并且不需要使用段码指令。

3. 计算程序中的数据转换

【例 6-2】 用实数运算求直径为 9876mm 的圆的周长，将结果转换为整数。

LD	I0.0	
ITD	+9876, AC1	//将 9876 装入 AC1 中，整数转换为双整数
DTR	AC1, AC1	//双整数转换为实数 9876.0
*R	3.1416, AC1	//乘以 π 得 31026.44
ROUND	AC1, VD10	//转换为整数 31026 后，送 VD10 中

4. 解码指令与编码指令

解码指令与编码指令如图 6-10 所示。

图 6-10 解码指令与编码指令

解码（Decode，或称为译码）指令 DECO 根据输入字节 IN 的最低 4 位表示的位号，将输出字 OUT 对应的位置位为 1，输出字的其他位均为 0。图 6-10 的 VB14 中是错误代码 4，解码指令 DECO 将输出字 VW16 的第 4 位置 1，VW16 中的二进制数为 2#0000 0000 0001 0000（16#0010）。可以用 VW16 中的各位来控制错误指示灯。

编码（Encode）指令 ENCO 将输入字 IN 中的最低有效位（有效位的值为 1）的位编号写入输出字节 OUT 的最低 4 位中。图 6-10 的 VW18 中的错误信息为 16#0014（2#0000 0000 0001 0100，第 4 位和第 2 位为 1，低位的错误优先），编码指令 ENCO 将错误信息转换为输出字节 VB15 中的错误代码 2。假设 VW18 的各位对应于指示电梯所在楼层的 16 个限位开关，执行编码指令后，VB15 中是轿厢所在的楼层数。

视频"数据转换指令应用"可通过扫描二维码 6-3 播放。

6.2.4 表格指令

二维码 6-3

1. 填表指令

填表指令 ATT（见表 6-5）向表格 TBL 中增加一个参数 DATA 指定的字数值。表格内的第一个数是表格的最大条目数 TL。创建表格时，可以在首次扫描时设置 TL 的初始值（见图 6-11）。第二个数是表格内实际的条目数 EC。新数据被放入表格内上一次填入数的后面。每向表格内填入一个新的数据，EC 自动加 1。除了 TL 和 EC 外，表格最多可以装入 100 个数据。填入表格的数据过多时，SM1.4 将被置 1。本节的程序见配套资源中的例程"表格指令"。表格指令的参数 TBL 和 DATA 的数据类型分别为 WORD 和 INT。

表 6-5　表格指令

梯形图符号	语句表指令		描　述	梯形图符号	语句表指令		描　述
AD_T_TBL	ATT	DATA, TBL	填表	TBL_FIND	FND>	TBL, PTN, INDX	查表
TBL_FIND	FND=	TBL, PTN, INDX	查表	FIFO	FIFO	TBL, DATA	先入先出
TBL_FIND	FND<>	TBL, PTN, INDX	查表	LIFO	LIFO	TBL, DATA	后入先出
TBL_FIND	FND<	TBL, PTN, INDX	查表	FILL_N	FILL	IN, OUT, N	存储器填充

图 6-11　填表指令

2. 先入先出指令

先入先出（First In First Out）指令 FIFO 从 TBL 指定的表格中移走最先放进去的第一个数据（数据 0），并将它送入 DATA 指定的地址（见图 6-12）。表格中剩余的各条目依次向上移动一个位置。每次执行该指令，条目数 EC 减 1。

```
LD    I1.0
EU
FIFO  VW200, VW102
```

图 6-12　先入先出指令

如果 FIFO 和 LIFO 指令试图从空表中移走数据，错误标志 SM1.5 将被置为 ON。

3. 后入先出指令

后入先出（Last In First Out）指令 LIFO 从 TBL 指定的表格中移走最后放进的数据，并将它送入 DATA 指定的地址（见图 6-13）。每执行一次指令，条目数 EC 减 1。

```
LD    I1.1
EU
LIFO  VW200, VW104
```

图 6-13　后入先出指令

4. 查表指令

查表指令 TBL_FIND（见图 6-14）从指针 INDX 所指的地址开始查 TBL 指定的表格，搜索与数据 PTN 的关系满足参数 CMD 定义的条件的数据。参数 CMD 的值为 1～4，分别代表=、<>（不等于）、< 和 >。如果发现了一个符合条件的数据，INDX 指向该数据。再次调用查表指令继续查找下一个符合条件的数据之前，应先将 INDX 加 1。如果没有找到，INDX 的数值等于 EC。一个表格最多有 100 个编号为 0～99 的数据条目。

图 6-14　查表指令

用查表指令查找 ATT、LIFO 和 FIFO 指令生成的表时，实际填表数 EC 和输入的条目数相对应。查表指令并不需要 ATT、LIFO 和 FIFO 指令中的最大填表数 TL。因此，查表指令用参数 TBL 定义的地址（VW202）比 ATT、LIFO 或 FIFO 指令的 TBL 定义的地址（VW200）大两个字节。

5. 存储器填充指令

存储器填充指令 FILL_N 用输入参数 IN 指定的字值填充从地址 OUT 开始的 N 个连续的字，字节型参数 N 的取值范围为 1～255。图 6-15 中的 FILL_N 指令将 5678 填入 VW30～VW36 这 4 个字中。IN 和 OUT 的数据类型为 INT。

图 6-15　填充指令

6.2.5　实时时钟指令

1. 用编程软件读取与设置实时时钟的日期和时间

与 PLC 建立起通信连接后，执行"PLC"菜单的"实时时钟"命令，打开 CPU 时钟操作对话框（见图 6-16），可以看到 CPU 中的日期和时间。单击"读取 PLC"按钮，显示出 CPU 实时时钟的日期和时间的当前值。修改日期和时间的预设值后，单击"设置"按钮，设置的日期和时间被下载到 CPU 中。

图 6-16　读取与设置实时时钟

单击"读取 PC"按钮，显示出动态变化的计算机实时时钟的日期和时间。单击"设置"按钮，显示的日期和时间值被下载到 CPU 中。

2．读取实时时钟指令

读取实时时钟指令 READ_RTC（见图 6-17 和表 6-6）从 CPU 的实时时钟读取当前日期和时间，并把它们装载到从参数 T 指定的字节地址开始的 8 字节时间缓冲区内，依次存放的是年的低 2 位、月、日、时、分、秒、0 和星期的代码，日期和时间的数据类型为字节型 BCD 码。用十六进制数的显示格式输入和显示 BCD 码，例如小时数 16#13 表示 13 点。

表 6-6　时钟指令

梯形图符号	语句表指令	描　　　述	梯形图符号	语句表指令	描　　　述
READ_RTC	TODR　T	读取实时时钟	READ_RTCX	TODRX　T	读取扩展实时时钟
SET_RTC	TODW　T	设置实时时钟	SET_RTCX	TODWX　T	设置扩展实时时钟

星期的取值范围为 0～7，1 表示星期日，2～7 表示星期一～星期六，为 0 时将禁用星期（保持为 0）。S7-200 CPU 不会根据日期核实星期几是否正确，可能接受无效日期，例如输入 2 月 30 日时，应确保输入了正确的日期。本节的程序见配套资源中的例程"实时时钟指令"。

图 6-17 中的程序在 I0.0 的上升沿读取日期时间值，用 VB0 开始的时间缓冲区保存。在状态表中用十六进制格式监控 VD0 和 VD4 读取的 BCD 码日期时间值，图中读取的日期和时间为 2018 年 3 月 15 日 20 时 2 分 1 秒，星期四。

3．设置实时时钟指令

图 6-18 中的设置实时时钟指令 SET_RTC 将 VB10 开始的 8B 时间日期值写入 CPU 的实时时钟。

地址	格式	当前值
VD0	十六进制	16#18031520
VD4	十六进制	16#02010005

图 6-17　读取实时时钟指令

图 6-18　设置实时时钟指令

4．时钟数据的断电保持

断电后，CPU 靠内置超级电容或外插电池卡为实时时钟提供缓冲电源。在缓冲电源放电完毕并再次上电时，时钟值为默认值，并停止运行。CPU 221 和 CPU 222 没有内置的实时时钟，需要外插带电池的实时时钟卡才能获得实时时钟的功能。

长时间掉电或内存丢失后，实时时钟会被初始化为 1990 年 1 月 1 日，00:00:00，星期日。

5．读取和设置扩展实时时钟指令

读取扩展实时时钟指令 TODRX 和设置扩展实时时钟指令 TODWX 用于读、写实时时钟的夏令时时间和日期，我国不使用夏令时。

【例 6-3】　下面的程序通过 Q0.1，用 PLC 的实时时钟控制某个设备的运行。设备起动和停止的时间的 BCD 码预设值（小时和分）分别在 VW30 和 VW32 中。

　　　　LD　　　　SM0.0

TODR	VB20	//读实时时钟，小时值在 VB23 中，分钟值在 VB24 中	
LDW>=	VW23, VW30	//VW30 中是设置的 BCD 码格式的起始时、分值	
AW<	VW23, VW32	//VW32 中是设置的 BCD 码格式的结束时、分值	
=	Q0.1	//在设置的时间范围内，Q0.1 为 ON	

6.3 数学运算指令

6.3.1 整数运算指令

1. 四则运算指令

在梯形图中，整数、双整数与浮点数的加、减、乘、除指令（见表 6-7）分别执行下列运算：

$$IN1 + IN2 = OUT，IN1 - IN2 = OUT，IN1 * IN2 = OUT，IN1 / IN2 = OUT$$

在语句表中，整数、双整数与浮点数的加、减、乘、除指令分别执行下列运算：

$$IN1 + OUT = OUT，OUT - IN1 = OUT，IN1 * OUT = OUT，OUT / IN1 = OUT$$

整数（I）、双整数（DI 或 D）和实数（浮点数，R）运算指令的运算结果分别为整数、双整数和实数，除法不保留余数。如果运算结果超出允许的范围，溢出标志位被置 1。

表 6-7 数学运算指令

梯形图符号	语句表指令		描 述	梯形图符号	语句表指令		描 述
ADD_I	+I	IN1, OUT	整数加法	DIV_DI	/D	IN1, OUT	双整数除法
SUB_I	-I	IN1, OUT	整数减法	ADD_R	+R	IN1, OUT	实数加法
MUL_I	*I	IN1, OUT	整数乘法	SUB_R	-R	IN1, OUT	实数减法
DIV_I	/I	IN1, OUT	整数除法	MUL_R	*R	IN1, OUT	实数乘法
ADD_DI	+D	IN1, OUT	双整数加法	DIV_R	/R	IN1, OUT	实数除法
SUB_DI	-D	IN1, OUT	双整数减法	MUL	MUL	IN1, OUT	整数相乘产生双整数
MUL_DI	*D	IN1, OUT	双整数乘法	DIV	DIV	IN1, OUT	带余数的整数除法

整数乘法产生双整数指令 MUL 将两个 16 位整数相乘，产生一个 32 位乘积。在 STL 的 MUL 指令中，32 位 OUT 的低 16 位被用作乘数。

带余数的整数除法指令 DIV 将两个 16 位整数相除，产生一个 32 位结果，高 16 位为余数，低 16 位为商。在 STL 的 DIV 指令中，32 位 OUT 的低 16 位被用作被除数。本节的程序见配套资源中的例程"数学运算指令"。

这些指令影响 SM1.0（运算结果为零）、SM1.1（有溢出、运算期间生成非法值或非法输入）、SM1.2（运算结果为负）和 SM1.3（除数为 0）。

【例 6-4】 用模拟电位器调节定时器 T37 的预设值为 5～20s，设计数学运算程序。

CPU 221 和 CPU 222 有一个模拟电位器，其他 CPU 有两个模拟电位器。可以用小螺钉旋具来调整电位器的位置。CPU 将电位器 0 和电位器 1 的位置转换为 0～255 的数字值，分别存入 SMB28 和 SMB29 中。

要求在输入信号 I0.3 的上升沿，用电位器 0 来设置定时器 T37 的预设值，设定的时间范围为 5～20s，即从电位器读出的数字 0～255 对应于 5～20s。设读出的数字为 N，以 0.1s 为

单位的 100ms 定时器 T37 的预设值为

$$(200-50)\times N/255+50 =150\times N/255+50 \quad （0.1s）$$

为了保证运算的精度，应先乘后除。N 的最大值为 255，使用整数乘整数得双整数的乘法指令 MUL。由于乘法运算的结果可能大于一个字能表示的最大正数 32767，所以需要使用双字除法指令 DIV_DI，其运算结果为双字。本例中的商不会超过一个字的长度，商在双字的低位字中。图 6-19 是实现上述要求的数学运算梯形图程序。累加器可以存放字节、字和双字，在数学运算时使用累加器来存放操作数和运算的中间结果比较方便。

图 6-19　数学运算程序

2. 递增指令与递减指令

在梯形图中，递增（Increment）与递减（Decrement）指令（见表 6-8）分别执行运算 IN＋1＝OUT 和 IN－1＝OUT。

在语句表中，递增指令和递减指令分别执行运算 OUT＋1＝OUT 和 OUT－1＝OUT。

表 6-8　递增指令与递减指令

梯形图符号	语句表指令	描　述	梯形图符号	语句表指令	描　述
INC_B	INCB　OUT	字节递增	DEC_B	DECB　OUT	字节递减
INC_W	INCW　OUT	字递增	DEC_W	DECW　OUT	字递减
INC_D	INCD　OUT	双字递增	DEC_D	DECD　OUT	双字递减

字节递增、递减操作是无符号的，而整数和双整数的递增、递减操作是有符号的。这些指令影响零标志 SM1.0、溢出标志 SM1.1 和负数标志 SM1.2。

6.3.2　浮点数函数运算指令

浮点数函数运算指令（见表 6-9）的输入参数 IN 与输出参数 OUT 均为实数（即浮点数）。这类指令影响零标志 SM1.0、溢出标志 SM1.1 和负数标志 SM1.2。SM1.1 用于表示溢出错误和非法数值。PID 回路指令将在第 7 章中介绍。

表 6-9　浮点数函数运算指令

梯形图符号	语句表指令	描　述	梯形图符号	语句表指令	描　述
SIN	SIN　IN,OUT	正弦	LN	LN　IN,OUT	自然对数
COS	COS　IN,OUT	余弦	EXP	EXP　IN,OUT	自然指数
TAN	TAN　IN,OUT	正切	SQRT	SQRT　IN,OUT	平方根
－			PID	PID　TBL,LOOP	PID 回路

1. 三角函数指令

正弦（SIN）、余弦（COS）和正切（TAN）指令用于计算输入 IN 提供的角度值的三角函数值，运算结果存放在输出参数 OUT 指定的地址中。输入值是以弧度为单位的浮点数，求三角函数之前应先将以度为单位的角度值乘以π/180（0.01745329），转换为弧度值。

二维码 6-4

【例 6-5】图 6-20 是求正弦值的程序，VD14 中的角度值是以度为单位的浮点数，AC1 中是转换后的弧度值，用 SIN 指令求输入角度的正弦值。

视频"数学运算指令应用"可通过扫描二维码 6-4 播放。

图 6-20 求正弦值的程序

2. 自然对数指令和自然指数指令

自然对数指令 LN 计算输入值 IN 的自然对数，并将结果存放在输出参数 OUT 中，即 ln(IN)= OUT。求以 10 为底的对数时，应将自然对数值除以 2.302585（10 的自然对数值）。

自然指数指令 EXP 计算输入值 IN 的以 e 为底的指数，结果存放在 OUT 指定的地址中。e 约等于 2.718281828。该指令与自然对数指令配合，可以实现以任意实数为底、任意实数为指数的运算。例如，$5^{3/2}$(5 的 3/2 次方)=EXP((3/2)*LN(5))= 11.18034。

3. 平方根指令

平方根指令 SQRT 将 32 位正实数 IN 开平方，得到 32 位实数运算结果 OUT，即 $\sqrt{IN} = OUT$。

6.3.3 逻辑运算指令

字节、字、双字逻辑运算指令各操作数的数据类型分别为 BYTE、WORD 和 DWORD。本节的程序见配套资源中的例程"逻辑运算指令"。

1. 取反指令

梯形图中的取反（求反码）指令（见图 6-21）将输入 IN 中的二进制数逐位取反，即二进制数的各位由 0 变为 1，由 1 变为 0（见图 6-22），并将结果装入参数 OUT 指定的地址中。取反指令影响零标志 SM1.0。语句表中的取反指令（见表 6-10）将 OUT 中的二进制数逐位取反，并将结果装入 OUT 指定的地址中。

地址	格式	当前值
VB22	二进制	2#0011_1011
VB23	二进制	2#1100_0100
VB24	二进制	2#0101_1001
VB25	二进制	2#0100_1011
VB26	二进制	2#0100_1001
VB27	二进制	2#0111_0101
VB28	二进制	2#0100_1001
VB29	二进制	2#0111_1101
VB30	二进制	2#0101_1111
VB31	二进制	2#1000_1001
VB32	二进制	2#1101_0110

图 6-21 取反指令与逻辑运算指令   图 6-22 状态表

表 6-10　逻辑运算指令

梯形图符号	语句表指令	描　述	梯形图符号	语句表指令	描　述
INV_B	INVB　OUT	字节取反	WAND_W	ANDW　IN1, OUT	字与
INV_W	INVW　OUT	字取反	WOR_W	ORW　IN1, OUT	字或
INV_DW	INVD　OUT	双字取反	WXOR_W	XORW　IN1, OUT	字异或
WAND_B	ANDB　IN1, OUT	字节与	WAND_DW	ANDD　IN1, OUT	双字与
WOR_B	ORB　IN1, OUT	字节或	WOR_DW	ORD　IN1, OUT	双字或
WXOR_B	XORB　IN1, OUT	字节异或	WXOR_DW	XORD　IN1, OUT	双字异或

2. 逻辑运算指令

字节、字和双字做"与"运算时（见图 6-21），如果两个操作数 IN1 和 IN2 的同一位均为 1，则运算结果 OUT 的对应位为 1，否则为 0。做"或"运算时，如果两个操作数的同一位均为 0，则运算结果的对应位为 0，否则为 1。做"异或"（Exclusive Or）运算时，如果两个操作数的同一位不同，运算结果的对应位为 1，否则为 0。这些指令影响零标志 SM1.0。

在状态表中生成用二进制格式监控的 VB22 后（见图 6-22），单击选中 VB22，按〈Enter〉键将会自动生成具有相同显示格式的下一个字节 VB23，用这样的方法快速地生成要监控的 VB22～VB32 这 11 个字节。

梯形图中的指令对两个输入参数 IN1 和 IN2 进行逻辑运算，语句表中的指令对变量 IN 和 OUT 进行逻辑运算（见表 6-10），运算结果被存放在 OUT 指定的地址中。

【例 6-6】在 I0.1 的上升沿，求 VW0 中整数的绝对值，仍将结果存放在 VW0 中。

```
LD      I0.1
EU              //在 I0.1 的上升沿
AW<     VW0, 0   //如果 VW0 中为负数
INVW    VW0      //VW0 逐位取反
INCW    VW0      //加 1 得到 VW0 中原来的数的绝对值
```

3. 逻辑运算指令应用举例

要求在 I0.3 的上升沿，用字节逻辑"或"运算将 QB0 的第 2～第 4 位置为 1，其余各位保持不变。图 6-23 中的 WOR_B 指令的输入参数 IN1（16#1C）的第 2～第 4 位为 1，其余各位为 0。QB0 的某一位与 1 进行"或"运算，运算结果为 1，与 0 进行"或"运算，运算结果不变。不管 QB0 的这 3 位为 0 或 1，逻辑"或"运算后 QB0 的这 3 位总是为 1，其他位不变。

图 6-23　与、或运算指令应用举例

要求在 I0.3 的上升沿，用 IW2 的低 12 位读取 3 位拨码开关的 BCD 码，IW2 的高 4 位另做它用。

图 6-23 中的 WAND_W 指令的输入参数 IN2（16#0FFF）的最高 4 位二进制数为 0，低 12 位为 1。IW2 的某一位与 1 进行"与"运算，运算结果不变；与 0 进行"与"运算，运算

结果为 0。WAND_W 指令的运算结果 VW2 的低 12 位与 IW2 的低 12 位（3 位拨码开关输入的 BCD 码）的值相同，VW2 的高 4 位为 0。

两个相同的字节做"异或"运算后，运算结果的各位均为 0。图 6-24 的 VB4 中是上一个扫描周期 IB0 的值。如果 IB0 至少有一位的状态发生了变化，前后两个扫描周期 IB0 的值的异或运算结果 VB5 的值非 0，图中的比较触点被接通，将 M0.0 置位，状态发生了变化的位的异或结果为 1。异或运算后将 IB0 的值保存到 VB4，供下一扫描周期异或运算时使用。

视频"逻辑运算指令应用"可通过扫描二维码 6-5 播放。

二维码 6-5

图 6-24　异或运算指令应用举例

6.4　程序控制指令

6.4.1　跳转指令与标号指令

1. 跳转指令与标号指令的应用

JMP 线圈通电（即栈顶的值为 1）时，满足跳转条件，跳转指令 JMP（Jump）使程序流程跳转到对应的标号 LBL（Label）处，标号指令用来指示跳转指令的目标位置。JMP 与 LBL 指令（见表 6-11）的操作数 n 为常数 0～255，JMP 和对应的 LBL 指令必须在同一个程序块中。多条跳转指令可以跳到同一个标号处。如果用一直为 ON 的 SM0.0 的常开触点驱动 JMP 线圈，相当于无条件跳转。

表 6-11　程序控制指令

梯形图符号	语句表指令	描　述	梯形图符号	语句表指令	描　述
END	END	程序有条件结束	—	CALL SBR_n, x1, x2, …	调用子程序
STOP	STOP	切换到 STOP 模式	RET	CRET	从子程序有条件返回
WDR	WDR	看门狗定时器复位	FOR	FOR　INDX, INIT, FINAL	循环
JMP	JMP　N	跳转到标号	NEXT	NEXT	循环结束
LBL	LBL　N	标号	DIAG_LED	DLED　IN	诊断 LED

将例程"跳转指令"下载到 PLC 后运行程序，启动程序状态监控。图 6-25a 中 I0.4 的常开触点断开，不满足跳转条件，顺序执行下面的网络，可以用 I0.3 控制 Q0.0。图 6-25b 中 I0.4 的常开触点接通，跳转到标号 LBL 0 处。因为没有执行 I0.3 的触点所在的网络，所以用灰色显示其中的触点和线圈，此时不能用 I0.3 控制 Q0.0。Q0.0 保持跳转之前最

图 6-25　跳转与标号指令梯形图
a) 未跳转　b) 已跳转

后一个扫描周期的状态不变。

2．跳转指令对定时器的影响

图 6-26 中的 I0.0 为 OFF 时，不满足跳转条件，用 I0.1～I0.3 起动各定时器开始定时。定时时间未到，令 I0.0 为 ON，满足跳转条件。100ms 定时器停止定时，当前值保持不变。10ms 和 1ms 定时器继续定时，定时时间到时它们在跳转区外的触点也会动作，令 I0.0 变为 OFF，停止跳转，100ms 定时器在保持的当前值的基础上继续定时。

3．跳转对功能指令的影响

未跳转时，图 6-26 中周期为 1s 的时钟脉冲 SM0.5 通过 INC_B 指令使 VB0 每秒加 1。跳转条件满足时，不执行被跳过的 INC_B 指令，VB0 的值保持不变。

视频"跳转指令应用"可通过扫描二维码 6-6 播放。

二维码 6-6

4．跳转指令的应用

【例 6-7】 用跳转指令实现图 6-27 中的流程图的功能。图中标出了跳转（JMP）和标号（LBL）指令中的操作数。下面是满足要求的程序。

图 6-26　跳转与定时器

图 6-27　跳转流程图

```
LD      I0.5
JMP     1           //I0.5 为 ON 时跳转到标号指令 LBL 1 处
LD      SM0.0
MOVW    20, VW4     //I0.5 为 OFF 时，将 20→VW4
JMP     2           //跳转到标号指令 LBL 2 处
LBL     1
MOVW    10, VW4     //I0.5 为 ON 时，将 10→VW4
LBL     2
```

6.4.2 循环指令

在控制系统中，经常遇到需要重复执行若干次相同任务的情况，这时可以使用循环指令。FOR 指令表示循环开始，NEXT 指令表示循环结束，并将堆栈的栈顶值设为 1。驱动 FOR 指令的逻辑条件满足时，反复执行 FOR 与 NEXT 之间的指令。在 FOR 指令中，需要设置 INDX（索引值或当前循环计数器）、初始值 INIT 和结束值 FINAL，它们的数据类型均为 INT。

1. 单重循环

【例 6-8】 图 6-28 是计算异或校验码的单重循环程序。在 I0.5 的上升沿，求 VB10～VB13 这 4 个字节的异或值，用 VB14 保存。首先将保存运算结果的 VB14 清零，用 MOV_DW 指令设置要累加的存储区地址指针 AC1 的初始值。本节的程序见配套资源中的例程"程序控制指令"。

第一次循环时将指针 AC1 所指的 VB10 与 VB14 异或，运算结果用 VB14 保存。然后将地址指针 AC1 的值加 1，指针指向 VB11，为下一次循环的异或运算做好准备。

FOR 指令的 INIT 为 1，FINAL 为 4，每次执行到 NEXT 指令时，INDX 的值加 1，并将运算结果与结束值 FINAL 比较。如果 INDX 的值小于等于结束值，返回去执行 FOR 与 NEXT 之间的指令；如果 INDX 的值大于结束值，则循环终止。本例中 FOR 指令与 NEXT 指令之间的指令将被执行 4 次。如果起始值大于结束值，则不执行循环。

图 6-29 是异或校验的状态表。VB10～VB13 同一位中 1 的个数为奇数时，VB14 对应位的值为 1，反之为 0。

地址	格式	当前值
VB10	二进制	2#0111_1011
VB11	二进制	2#1101_0101
VB12	二进制	2#0110_0001
VB13	二进制	2#1001_1101
VB14	二进制	2#0101_0010

图 6-28 计算异或校验码的单重循环程序 　　图 6-29 异或校验的状态表

2. 多重循环

允许循环嵌套，即在一个 FOR/NEXT 中嵌套另一个 FOR/NEXT 循环，最多可以嵌套 8 层。

在图 6-30 中 I0.1 的上升沿，执行 10 次标有 1 的外层循环，如果此时 I0.2 为 ON，每执行一次外层循环，将执行 8 次标有 2 的内层循环。每次内层循环会将 VW6 的值加 1，执行完后，VW6 的值增加 80（即执行内层循环的次数）。FOR 指令必须与 NEXT 指令配套使用。

图 6-30　双重循环程序

循环程序是在一个扫描周期内执行的，如果循环次数很大，循环程序的执行时间很长，可能使监控定时器（看门狗）动作。循环程序一般在信号的上升沿时调用。

视频"循环程序的编写与调试"可通过扫描二维码 6-7 播放。

6.4.3　其他指令

1. 条件结束指令与停止指令

条件结束指令 END（见表 6-11）根据它前面的逻辑条件终止当前的扫描周期。只能在主程序中使用 END 指令。

停止指令 STOP 使 CPU 从 RUN 模式切换到 STOP 模式，立即终止用户程序的执行。如果在中断程序中执行 STOP 指令，中断程序立即终止，忽略全部等待执行的中断，继续执行主程序的剩余部分，并在主程序执行结束时，完成从 RUN 模式至 STOP 模式的转换。可以在检测到 I/O 错误（SM5.0 为 ON）时执行 STOP 指令，将 PLC 强制切换到 STOP 模式。

2. 监控定时器复位指令

监控定时器又称为看门狗（Watchdog），它的定时时间为 500ms，每次扫描它都被自动复位，然后又开始定时。在正常工作时，扫描周期小于 500ms，它不起作用。如果扫描周期超过 500ms，CPU 将会自动切换到 STOP 模式，并会产生致命错误"扫描看门狗超时"。如果估计扫描周期可能超过 500ms，可以在程序中使用 WDR 指令，重新触发监控定时器，以扩展允许使用的扫描时间。在每次执行 WDR 指令时，看门狗超时时间都会被复位为 500ms。

带数字量输出的扩展模块也有一个监控定时器，每次使用 WDR 指令时，应对每个这样的模块的某一个输出字节使用立即写入指令（BIW），以复位扩展模块的看门狗。

6.5 局部变量与子程序

6.5.1 局部变量

1. 局部变量与全局变量

I、Q、M、SM、AI、AQ、V、S、T、C 和 HC 地址区中的变量称为全局变量。在符号表中定义的上述地址区中的符号称为全局符号。程序中的每个 POU（程序组织单元）均有自己的由 64B（梯形图编程为 60B）局部（Local）存储器组成的局部变量。局部变量用来定义有使用范围限制的变量，它们只能在它被创建的 POU 中使用。与此相反，全局变量在符号表中定义，在各 POU 中均可以使用。全局符号与局部变量名称相同时，在定义局部变量的POU 中，该局部变量的定义优先。该全局变量的定义只能在其他 POU 中使用。

局部变量有以下优点。

1）如果在子程序中只使用局部变量，不使用全局变量，不作任何改动就可以将子程序移植到别的项目中去。

2）同一级子程序的局部变量分时使用同一片物理存储器。

3）局部变量用来在子程序和调用它的程序之间传递输入参数和输出参数。

每个子程序最多可以使用 16 个输入/输出参数。如果下载超出此限制的程序，STEP 7-Micro/WIN 将返回错误。

2. 查看局部变量表

局部变量用局部变量表来定义，局部变量表在程序编辑器的上面，二者用水平分裂条分隔（见图 6-31）。将光标放到分裂条上，光标变为垂直方向的双向箭头 ，按住鼠标左键上、下移动鼠标，可以拖动分裂条，调整局部变量表的高度。将分裂条拖到程序编辑器窗口最上面，局部变量表不再被显示，但是仍然存在。将分裂条下拉可以再次显示局部变量表。

图 6-31 模拟量计算子程序

3．局部变量的类型

（1）临时变量（TEMP）

临时变量是暂时保存在局部数据区中的变量。只有在执行某个 POU 时，它的临时变量才被使用。同一级的 POU 的局部变量使用公用的存储区，类似于公用的布告栏，谁都可以往上面贴布告，后贴的布告将原来的布告覆盖掉。在每次调用 POU 之后，不再保存它的局部变量的值。假设主程序调用子程序 1 和子程序 2，它们属于同一级的子程序。在子程序 1 调用结束后，它的局部变量的值将被后面调用的子程序 2 的局部变量覆盖。每次调用子程序和中断程序时，首先应初始化局部变量（写入数值），然后再使用它，简称为先赋值后使用。

如果要在多个 POU 中使用同一个变量，应使用全局变量，而不是局部变量。

在主程序和中断程序的局部变量表中只有 TEMP 变量。子程序的局部变量表中还有下面3 种局部变量。

（2）输入参数（IN）

输入参数用来将调用它的 POU 提供的数据值传入子程序。如果参数是直接寻址（例如VB10），指定地址的值被传入子程序中；如果参数是间接寻址（例如*AC1），用指针指定的地址的值被传入子程序中；如果参数是常数（例如 16#1234）或地址（例如&VB100），常数或地址的值被传入子程序中。

（3）输出参数（OUT）

输出参数用来将子程序的执行结果返回给调用它的 POU。由于输出参数并不保留子程序上次执行时分配给它的值，因此每次调用子程序时必须给输出参数分配值。

（4）输入_输出参数（IN_OUT）

其初始值由调用它的 POU 传送给子程序，并用同一个参数将子程序的执行结果返回给调用它的POU。常数和地址值（例如&VB100）不能作为输出参数和输入_输出参数。

4．在局部变量表中增加和删除变量

首先应在变量表中定义局部变量，然后才能在 POU 中使用它们。在程序中使用符号名时，程序编辑器首先检查相应POU 的局部变量表，然后检查符号表。如果符号名在这两个表中均未被定义，程序编辑器将它视为未定义的全局符号；这类符号用绿色波浪下划线指示。

主程序和中断程序只有 TEMP（临时）变量。用右键单击其局部变量表中的某一行，在弹出的快捷菜单中执行"插入"→"行"命令，将在所选行的上面插入新的行。在弹出的快捷菜单中执行"插入"→"下一行"命令，将在所选行的下面插入新的行。

子程序的局部变量表有预先定义为 IN、IN_OUT、OUT 和 TEMP 的一系列行，不能改变它们的顺序。如果要增加新的局部变量，必须用鼠标右键单击已有的行，并使用弹出的快捷菜单命令在所选行的上面或下面插入相同类型的新的行。

选择变量类型与要定义的变量类型相符的空白行，然后在"符号"列输入变量的符号名，符号名最多由 23 个字符组成，第一个字符不能是数字。单击"数据类型"列，用出现的下拉列表设置变量的数据类型。

单击变量表中某一行最左边的变量序号，该行的背景色变为深蓝色，按〈Delete〉键可以删除该行。也可以用快捷菜单中的命令删除选中的行。

5．局部变量的地址分配

在局部变量表中定义变量时，需要指定局部变量的变量类型（TEMP、IN、IN_OUT 或

OUT）和数据类型，不用指定存储器地址。程序编辑器自动地在局部存储器中为所有局部变量指定存储器地址。起始地址为 LB0，1～8 个连续的位参数分配一个字节，字节中的位地址为 Lx.0～Lx.7（x 为字节地址）。字节、字和双字值在局部存储器中按字节顺序分配，例如 LBx、LWx 或 LDx。

6.5.2 子程序的编写与调用

S7-200 的控制程序由主程序 OB1、子程序和中断程序组成。STEP 7-Micro/WIN 在程序编辑器窗口中为每个 POU（程序组织单元）提供一个独立的页（见图 6-31）。主程序总是在第 1 页，后面的是子程序和中断程序。CPU 226 最多可以使用 128 个子程序，其他 CPU 最多可以使用 64 个子程序。

因为各个 POU 在程序编辑器窗口中是分页存放的，子程序或中断程序在执行到末尾时会自动返回，所以不必加返回指令。在子程序或中断程序中可以使用条件返回指令。

1．子程序的作用

子程序常用于需要多次反复执行相同任务的地方，只需要写一次子程序，别的程序在需要它的时候调用它即可，而不需要重写该程序。子程序的调用是有条件的，未调用时不会执行子程序中的指令，因此使用子程序可以减少扫描时间。

在编写复杂的 PLC 程序时，最好把全部控制功能划分为若干个符合工艺控制要求的子功能块，每个子功能块由一个或多个子程序组成。子程序使程序结构简单清晰，易于调试、查错和维护。在子程序中应尽量使用局部变量，避免使用全局变量，因为与其他 POU 几乎没有地址冲突，可以很方便地将这样的子程序移植到其他项目中。

不能使用跳转语句跳入或跳出子程序。

2．子程序的创建

可以用下列方法创建子程序。

1）执行"编辑"菜单中的"插入"→"子程序"命令，程序编辑器将自动生成和打开新的子程序。

2）用鼠标右键单击指令树中的"程序块"文件夹或其中的某个 POU，或在程序编辑器视窗中单击鼠标右键，在弹出的快捷菜单中执行"插入"→"子程序"命令。

3．子程序举例

创建项目时自动生成了一个子程序 SBR0。用鼠标右键单击指令树中的该子程序，在弹出的快捷菜单中执行"重命名"命令，将它的符号名改为"模拟量计算"，该子程序如图 6-31 所示（见配套资源中的例程"模拟量计算子程序调用"）。

单击程序编辑器下面各 POU 的选项卡（见图 6-31），可以选择显示哪一个 POU。

在该子程序的局部变量表中，定义了名为"转换值""系数 1"和"系数 2"的输入（IN）参数，名为"模拟值"的输出（OUT）参数和名为"暂存 1"的临时（TEMP）变量。局部变量表最左边的列是编程软件自动分配的每个变量在局部存储器（L）中的地址。

子程序中变量名称前面的"#"表示局部变量，是 STEP 7-Micro/WIN 自动添加的。在子程序中输入局部变量时不用输入"#"号。

4．子程序的调用

可以在主程序、其他子程序或中断程序中调用子程序，调用子程序时将执行子程序中的指令，直至子程序结束为止，然后返回调用它的程序中该子程序调用指令的下一条指令处。

子程序可以嵌套调用，即在子程序中调用别的子程序，一共可以嵌套 8 层。

在中断程序中调用的子程序不能再调用别的子程序。在子程序的局部变量表中为该子程序定义输入、输出参数后，将生成梯形图中的客户化调用指令块（见图 6-32），方框的左边是子程序的输入参数和输入_输出参数，右边是输出参数。

图 6-32　客户化调用指令块

在主程序中调用子程序时，首先打开程序编辑器视窗的主程序 OB1，显示出需要调用子程序的地方。打开指令树"程序块"文件夹或最下面的"调用子例程"文件夹，用鼠标左键按住需要调用的子程序"模拟量计算"，将它拖到程序编辑器中需要的位置上，放开左键，该子程序便被放置在该位置上了。也可以将矩形光标置于程序编辑器中需要放置该子程序的地方，然后双击指令树中要调用的子程序，子程序方框将会自动出现在光标所在的位置。

用语句表编程时，子程序调用指令的格式为

CALL 子程序名称，参数 1，参数 2，…，参数 n

$n = 1 \sim 16$。图 6-32 的主程序梯形图对应的语句表程序为

```
LD      I0.4
CALL    模拟量计算, AIW2, VW20, 2356, VD40
```

在语句表中调用带参数的子程序时，参数按下述的顺序排列，输入参数在最前面，其次是输入_输出参数，最后是输出参数。梯形图中从上到下的同类参数，在语句表中按从左到右的顺序排列。

子程序调用指令中的有效操作数为存储器地址、常量、全局符号和调用指令所在的POU 中的局部变量，不能指定为被调用子程序中的局部变量。

在调用子程序时，CPU 保存当前的逻辑堆栈，将栈顶值置为 1，堆栈中的其他值清零，控制转移至被调用的子程序。该子程序执行完后，CPU 将堆栈恢复为调用时保存的数值，并将控制权交还给调用子程序的 POU。

子程序和调用程序共用累加器，不会因为使用子程序而自动保存或恢复累加器的值。

调用子程序时，输入参数被复制到子程序的局部存储器，子程序执行完后，从局部存储器复制输出参数到指定的输出参数地址。

子程序在同一个周期内被多次调用时，子程序内部不能使用上升沿、下降沿、定时器和计数器指令。

如果在使用子程序调用指令后修改该子程序中的局部变量表，调用指令将变为无效。此时，必须在删除无效调用后，重新调用修改后的子程序。

5. 用地址指针作输入参数的子程序

【例 6-9】 设计对 V 存储器中连续的若干个字节进行异或运算的子程序，在 I0.5 的上升沿调用它，对 VB10 开始的 4B 数据进行异或运算，并将运算结果存放在 VB14 中。

图 6-33 是例程"异或运算子程序调用"中的"异或运算"子程序的局部变量表，图 6-34是该子程序中的 STL 程序。BTI 指令用于将数据类型为字节的输入参数"字节数 B"转换为数据类型为整数的临时变量"字节数 I"。子程序中的"*#地址指针"是输入参数"地址指针"指定的地址中变量的值。在循环程序执行的过程中，该指针中的地址值是动态变化的。

	符号	变量类型	数据类型
LD0	地址指针	IN	DWORD
LB4	字节数B	IN	BYTE
		IN_OUT	
LB5	异或结果	OUT	BYTE
LW6	循环计数器	TEMP	INT
LW8	字节数I	TEMP	INT

```
网络 1
LD     SM0.0
MOVB   0, #异或结果
BTI    #字节数B, #字节数I
FOR    #循环计数器, 1, #字节数I
网络 2
LD     SM0.0
XORB   *#地址指针, #异或结果
INCD   #地址指针
网络 3
NEXT
```

图 6-33　异或运算子程序的局部变量表　　　　　图 6-34　STL 程序

图 6-35 是主程序中调用"异或运算"子程序的程序。调用时指定输入参数"地址指针"的值&VB10 是源地址的初始值，即表示要异或运算的数据字节从 VB10 开始存放；需要异或运算的数据的字节数为 4，异或运算的结果用 VB14 保存。程序执行的结果见图 6-36。

地址	格式	当前值
VB10	二进制	2#1000_1011
VB11	二进制	2#0100_1011
VB12	二进制	2#1110_0011
VB13	二进制	2#0101_1001
VB14	二进制	2#0111_1000

图 6-35　主程序中调用异或运算子程序的程序　　　　图 6-36　程序执行的结果

6. 子程序中的定时器

图 6-37 是例程"定时器控制子程序调用"中的主程序和"定时器控制"子程序。

停止调用子程序时，子程序内线圈的 ON/OFF 状态保持不变。如果在停止调用子程序"定时器控制"时，该子程序中的定时器正在定时，100ms 定时器 T37 将停止定时，当前值保持不变，重新调用子程序时继续定时。但是 1ms 定时器 T32 和 10ms 定时器 T33 将继续定时，在定时时间到时，它们在子程序之外的触点也会动作。

二维码 6-8

视频"子程序的编写与调用"可通过扫描二维码 6-8 播放。

图 6-37　主程序与子程序 SBR_2
a) 主程序　b)"定时器控制"子程序

7. 子程序的有条件返回

在子程序中用触点电路控制 RET（从子程序有条件返回）线圈指令，触点电路接通时条

件满足，子程序被停止执行，返回调用它的程序。

8．对有保持功能的电路的处理

生成项目"电机控制子程序调用"（见同名例程），在子程序 SBR_0 的局部变量表中生成输入参数"起动""停止"和 IN_OUT 参数"电机"，数据类型均为 BOOL。图 6-38 是子程序 SBR_0 中的梯形图。在主程序 OB1 中两次调用子程序 SBR_0（见图 6-39）。

如果参数"电机"的数据类型为输出（OUT），在运行程序时发现，接通 I0.0 外接的小开关，Q0.0 和 Q0.1 同时变为 ON。这是因为分配给 SBR_0 的输出参数"电机"的地址为 L0.2，第一次调用 SBR_0 之后，L0.2 的值为 ON。第二次调用 SBR_0 时，虽然起动按钮 I0.2 为 OFF，但是因为两次调用 SBR_0 时局部变量区是公用的，此时输出参数"电机"（L0.2）的值是上一次调用 SBR_0 时的运算结果，仍然为 ON，所以第二次调用 SBR_0，执行图 6-38 中的程序时，输出参数"电机"使 Q0.1 为 ON。如果将图 6-38 中的电路改为置位/复位电路，也有同样的问题。

图 6-38　子程序 SBR_0 中的梯形图　　图 6-39　在主程序 OB1 中两次调用子程序 SBR_0

将输出参数"电机"的变量类型改为 IN_OUT 就可以解决上述问题。这是因为两次调用子程序，参数"电机"返回的运算结果分别用 Q0.0 和 Q0.1 保存。在第二次调用子程序 SBR_0，执行指令"O　#电机"时，用 IN_OUT 参数"电机"接收的是前一个扫描周期用 Q0.1 保存的值，与本扫描周期第一次调用子程序后用 Q0.0 保存的参数"电机"的值无关。POU 中的局部变量一定要遵循"先赋值后使用"的原则。

6.6　中断程序与中断指令

6.6.1　中断的基本概念与中断事件

中断功能用中断程序及时处理中断事件，对中断事件的描述见表 6-12。中断事件与用户程序的执行时序无关，不能事先预测某些中断事件何时发生。中断程序不是由用户程序调用的，而是在中断事件发生时由操作系统调用的。中断程序是由用户编写的。

需要由用户程序把中断程序与中断事件连接起来，并且只有在允许系统中断后，才进入等待中断事件触发中断程序执行的状态。可以用指令取消中断程序与中断事件的连接，或者禁止全部中断。

因为不能预知系统何时调用中断程序，所以中断程序不应改写其他程序使用的存储器。为此，中断程序应尽量使用它的局部变量和它调用的子程序的局部变量。中断程序可以调用一级子程序，累加器和逻辑堆栈在中断程序和被调用的子程序中是公用的。

表 6-12　中断事件的描述

优先级分组	中断号	中断描述	组中的优先级	优先级分组	中断号	中断描述	组中的优先级
通信（最高）	8	端口 0：字符接收	0		27	HSC0 输入方向改变	11
	9	端口 0：发送完成	0		28	HSC0 外部复位	12
	23	端口 0：接收消息完成	0		13	HSC1 的当前值等于预设值	13
	24	端口 1：接收消息完成	1		14	HSC1 输入方向改变	14
	25	端口 1：字符接收	1		15	HSC1 外部复位	15
	26	端口 1：发送完成	1	I/O（中等）	16	HSC2 的当前值等于预设值	16
I/O（中等）	19	PTO0 脉冲输出完成	0		17	HSC2 输入方向改变	17
	20	PTO1 脉冲输出完成	1		18	HSC2 外部复位	18
	0	I0.0 的上升沿	2		32	HSC3 的当前值等于预设值	19
	2	I0.1 的上升沿	3		29	HSC4 的当前值等于预设值	20
	4	I0.2 的上升沿	4		30	HSC4 输入方向改变	21
	6	I0.3 的上升沿	5		31	HSC4 外部复位	22
	1	I0.0 的下降沿	6		33	HSC5 的当前值等于预设值	23
	3	I0.1 的下降沿	7	定时（最低）	10	定时中断 0，使用 SMB34	0
	5	I0.2 的下降沿	8		11	定时中断 1，使用 SMB35	1
	7	I0.3 的下降沿	9		21	T32 的当前值等于预设值	2
	12	HSC0 的当前值等于预设值	10		22	T96 的当前值等于预设值	3

中断处理提供对特殊内部事件或外部事件的快速响应。应优化中断程序，执行完某项特定任务后立即返回被中断的程序。应使中断程序尽量短小，以减少中断程序的执行时间，减少对其他处理的延迟，否则可能引起主程序控制的设备的操作异常。中断程序不能嵌套，即中断程序不能再被中断。正在执行中断程序时，如果又有中断事件发生，将按照发生的时间顺序和优先级排队。

新建项目时自动生成中断程序 INT_0，S7-200 CPU 最多可以使用 128 个中断程序。用鼠标右键单击指令树的"程序块"文件夹或其中的某个 POU，在弹出的菜单中执行命令"插入"→"中断程序"，可以创建一个中断程序。创建成功后，程序编辑器将显示新的中断程序，程序编辑器底部出现标有新的中断程序的标签。

6.6.2　中断指令

1．中断允许指令与中断禁止指令

中断允许指令 ENI（见表 6-13）全局性地允许处理所有被连接的中断事件。中断禁止指令 DISI 全局性地禁止处理所有的中断事件，中断事件排队等候，但是不会执行中断程序，直到用中断允许指令 ENI 重新允许中断。禁止中断可能会使中断队列溢出。

表 6-13　中断指令

梯形图符号	语句表指令	描述	梯形图符号	语句表指令	描述
RETI	CRETI	从中断程序有条件返回	ATCH	ATCH　INT, EVNT	连接中断
ENI	ENI	允许中断	DTCH	DTCH　EVNT	分离中断
DISI	DISI	禁止中断	CLR_EVNT	CEVNT　EVNT	清除中断事件

2. 中断连接指令、中断分离指令与清除中断事件指令

1) 中断连接指令（ATCH）用来建立中断事件（EVNT）和处理该事件的中断程序（INT）之间的联系，并允许处理该中断事件。中断事件由中断事件号（见表 6-12）指定，中断程序由中断程序号指定。INT 和 EVNT 的数据类型均为 BYTE。

可以将多个中断事件连接到同一个中断程序，但是一个中断事件不能同时连接到多个中断程序。中断被允许且中断事件发生时，将执行为该事件指定的最后一个中断程序。

2) 中断分离指令（DTCH）用来断开 EVNT 指定的中断事件与所有中断程序之间的连接，从而禁止处理该中断事件，使对应的中断返回未激活或被忽略的状态。

3) 清除中断事件指令（CEVNT）从中断队列中清除所有的中断事件，例如用来清除因为机械震动造成的 A/B 相高速计数器产生的错误的中断事件。如果该指令用于清除假的中断事件，应在从队列中清除事件之前分离事件。否则在执行清除事件指令后，将向队列添加新的事件。

3. 中断程序的执行

进入 RUN 模式时自动禁止中断。CPU 自动调用中断程序需要满足下列条件。

1) 执行了全局中断允许指令 ENI。

2) 执行了中断事件对应的 ATCH 指令。

3) 出现对应的中断事件。

在执行中断程序之前，操作系统保存逻辑堆栈、累加寄存器和指示累加寄存器与指令操作状态的特殊存储器标志位（SM）。从中断程序返回时，恢复上述存储单元的值，这样可以避免中断程序的执行对主程序造成的破坏。

执行完中断程序的最后一条指令之后，将会从中断程序返回，继续执行被中断的操作。用户不用在中断程序中编写无条件返回指令。可以通过执行从中断有条件返回指令（CRETI），在控制它的逻辑条件满足时从中断程序返回。

在中断程序中不能使用 DISI、ENI、HDEF（高速计数器定义）和 END 指令。

4. 中断优先级与中断队列溢出

中断按以下固定的优先级顺序执行，即通信中断（最高优先级）、I/O 中断和定时中断（最低优先级）。在上述 3 个优先级范围内，CPU 按照"先来先服务"的原则处理中断，任何时刻只能执行一个中断程序。一旦某个中断程序开始执行，就要一直执行到完成为止，即使另一中断程序的优先级较高，也不能中断正在执行的中断程序。正在处理其他中断时发生的中断事件则需要排队等待处理。各中断队列的最大中断数和中断队列溢出的 SM 位见表 6-14。3 个中断队列及其能保存的最大中断个数如表 6-14 所示。

如果中断事件的发生过于频繁，使中断产生的速率比可以处理的速率快，或者中断被 DISI 指令禁止，中断队列溢出的 SM 位（见表 6-14）将被置 1。只能在中断程序中使用这些位，这是因为当队列变空或返回主程序时这些位被复位。

表 6-14　各中断队列的最大中断数和中断队列溢出的 SM 位

队　列	CPU 221，CPU 222，CPU 224	CPU 224XP，CPU 226，CPU 226XM	中断队列溢出的 SM 位
通信中断队列	4	8	SM4.0
I/O 中断队列	16	16	SM4.1
定时中断队列	8	8	SM4.2

如果多个中断事件同时发生，则组之间和组内的优先级会确定首先处理哪一个中断事件。处理了优先级最高的中断事件之后，会检查队列，以便在队列中查找当前优先级最高的事件，并会执行连接到该事件的中断程序。CPU 将按此规则继续执行，直至队列为空、且控制权返回到主程序的扫描执行为止。

6.6.3 中断程序举例

1. 通信端口中断

可以通过用户程序控制 PLC 的串行通信端口，通信端口的这种工作模式称为自由端口模式。在该模式下，接收消息完成、发送消息完成和接收一个字符均可以产生中断事件，利用接收完成中断和发送完成中断可以简化程序对通信的控制。

2. I/O 中断

I/O 中断包括上升沿中断、下降沿中断、高速计数器（HSC）中断和脉冲列输出（PTO）中断。输入点 I0.0～I0.3 的上升沿或下降沿都可以产生中断。

高速计数器中断允许响应 HSC 的计数当前值等于预设值、与轴的转动方向对应的计数方向改变和计数器外部复位等中断事件。这些事件均可以触发实时执行的操作，而 PLC 的扫描工作方式不能快速响应这些高速事件。CPU 的脉冲发生器完成指定脉冲数输出时也可以产生中断，脉冲列输出可以用于步进电动机的控制。

【例 6-10】 出现事故时，I0.0 的上升沿产生中断，使 Q0.0 立即置位，同时将事故发生的日期和时间保存在 VB10～VB17 中；事故消失时，I0.0 的下降沿产生中断，使 Q0.0 立即复位，同时将事故消失的日期和时间保存在 VB20～VB27 中。

下面是主程序和中断程序（见例程"I/O 中断程序"）。

```
//主程序 OB1
LD      SM0.1            //第一次扫描时
ATCH    INT_0, 0         //指定在 I0.0 的上升沿执行中断程序 INT_0
ATCH    INT_1,1          //指定在 I0.0 的下降沿执行中断程序 INT_1
ENI                      //允许全局中断

LD      SM5.0            //如果检测到 I/O 错误
DTCH    0                //禁用 I0.0 的上升沿中断
DTCH    1                //禁用 I0.0 的下降沿中断
//中断程序 0（INT_0）
LD      SM0.0            //该位总是为 ON
SI      Q0.0, 1          //立即置位 Q0.0
TODR    VB10             //读实时时钟

//中断程序 1（INT_1）
LD      SM0.0            //该位总是为 ON
RI      Q0.0, 1          //立即复位 Q0.0
TODR    VB20             //读实时时钟
```

3. 定时中断

定时中断和定时器 T32/T96 中断统称为时间基准中断。

定时中断用来执行一个周期性的操作，以 1ms 为增量，周期时间可以取 1～255ms。定时中断 0 和定时中断 1 的时间间隔分别用特殊存储器字节 SMB34 和 SMB35 来设置。每当定时时间到时，将执行指定的定时中断程序，例如可以用定时中断来采集模拟量的值和执行 PID 程序。如果定时中断事件已经被连接到一个定时中断程序，为了改变定时中断的时间间隔，首先必须修改 SMB34 或 SMB35 的值，然后重新把中断程序连接到定时中断事件上。重新连接时，定时中断功能清除前一次连接的累计时间，并用新的定时值重新开始定时。

定时中断一旦被启用，中断就会周期性地不断产生。每当定时时间到，将会执行被连接的中断程序。如果退出 RUN 状态或者定时中断被分离，定时中断被禁止。如果执行了全局中断禁止指令 DISI，定时中断事件仍然会连续出现，但是不会处理它连接的中断程序。每个定时中断事件都会进入中断队列排队等候，直到中断启用或中断队列满为止。

【例 6-11】 用定时中断 0 实现周期为 2s 的高精度定时。

定时中断的定时时间最长为 255ms，为了实现周期为 2s 的高精度周期性操作的定时，将定时中断的定时时间间隔设为 250ms，在定时中断 0 的中断程序中，将 VB0 加 1，然后用比较触点指令 "LDB=" 判断 VB0 是否等于 8。若相等（中断了 8 次，对应的时间间隔为 2s），在中断程序中执行每 2s 一次的操作，例如使 QB0 加 1。下面是语句表程序（见配套资源中的例程 "定时中断程序"）。

```
//主程序 OB1
LD      SM0.1           //第一次扫描时
MOVB    0, VB0          //将中断次数计数器清零
MOVB    250, SMB34      //设置定时中断 0 的中断时间间隔为 250ms
ATCH    INT_0, 10       //指定产生定时中断 0 时执行中断程序 INT_0
ENI                     //允许全局中断

//中断程序 INT_0，每隔 250ms 中断一次
LD      SM0.0           //该位总是为 ON
INCB    VB0             //中断次数计数器加 1
LDB=    8, VB0          //如果中断了 8 次（2s）
MOVB    0, VB0          //将中断次数计数器清零
INCB    QB0             //每 2s 将 QB0 加 1
```

如果有两个定时时间间隔分别为 200ms 和 500ms 的周期性任务，将定时中断的时间间隔设置为 100ms，可以在定时中断程序中用两个 VB 字节分别对中断次数计数，根据它们的计数值来处理这两个任务。

4. 定时器 T32/T96 中断

定时器 T32/T96 中断用于及时地响应一个指定的时间间隔的结束，1ms 分辨率的定时器 T32 和 T96 支持这种中断。中断被启用后，当定时器的当前值等于预设时间值，在 CPU 的 1ms 定时器刷新时，执行被连接的中断程序。定时器 T32/T96 中断的优点是最大定时时间为 32.767s，比定时中断的 255ms 大得多。

【例 6-12】 使用 T32 中断控制 8 位节日彩灯，每 2.5s 循环左移一位。1ms 定时器 T32 定时时间到时产生中断事件，中断号为 21。分辨率为 1ms 的定时器必须使用下面主程序中 LDN 开始的 4 条指令来产生脉冲序列（见配套资源中的例程 "T32 中断程序"）。

视频 "中断程序的编写与调试" 可通过扫描二维码 6-9 播放。　　　　　　　　　二维码 6-9

```
//主程序 OB1
LD       SM0.1              //第一次扫描时
MOVB     16#F, QB0          //设置彩灯的初始状态，最低 4 位的灯被点亮
ATCH     INT_0, 21          //指定 T32 定时时间到时执行中断程序 INT_0
ENI                         //允许全局中断
LDN      M0.0               //T32 和 M0.0 组成脉冲发生器
TON      T32, 2500          //T32 的预设值为 2500ms
LD       T32
=        M0.0

//中断程序 INT_0
LD       SM0.0
RLB      QB0, 1             //彩灯左移 1 位
```

6.7 高速计数器与高速脉冲输出

PLC 的普通计数器的计数过程与扫描工作方式有关，CPU 用通过每一个扫描周期读取一次被测信号的方法来捕捉被测信号的上升沿，被测信号的频率较高时，将会丢失计数脉冲，因此普通计数器的工作频率很低，最多几十赫兹。高速计数器可以对普通计数器无能为力的事件进行计数，S7-200 有 6 个高速计数器 HSC0～HSC5，可以设置多达 13 种工作模式。

6.7.1 高速计数器的工作模式

高速计数器一般与增量式编码器一起使用。编码器每转发出一定数量的计数脉冲和一个复位脉冲，以此作为高速计数器的输入。高速计数器有一组预设值，开始运行时装入第一个预设值，当前计数值小于预设值时，设置的输出为 ON。当前计数值等于预设值或者有外部复位信号时，产生中断。发生当前计数值等于预设值的中断时，装载入新的预设值，并设置下一阶段的输出。出现复位中断事件时，装入第一个预设值和设置第一组输出状态，以重复该循环。

因为中断事件产生的速率远远低于高速计数器的计数速率，所以用高速计数器可以实现高速运动的精确控制，并且与 PLC 的扫描周期关系不大。

编码器分为以下几种类型。

1. 增量式编码器

光电增量式编码器的码盘上有均匀刻制的光栅。码盘旋转时，输出与转角增量成正比的脉冲，需要用高速计数器来计脉冲数。根据输出信号的个数，有 3 种增量式编码器。

1）单通道增量式编码器内部只有 1 对光耦合器，只能产生一个脉冲序列。

2）双通道增量式编码器又称为 A/B 相型编码器，内部有两对光耦合器，能输出相位差为 90°的两路独立的脉冲序列。正转和反转时两路脉冲的超前或滞后关系刚好相反（见图 6-40），如果使用 A/B 相型编码器，PLC 可以识别出转轴旋转的方向。

3）三通道增量式编码器内部除了有双通道增量式编码器的两对光耦合器外，在脉冲码盘的另外一个通道还有一个透光段，每转一圈，输出一个脉冲，该脉冲称为 Z 相零位脉冲，用作系统清零信号，或作为坐标的原点，以减小测量的积累误差。

2．绝对式编码器

N 位绝对式编码器有 N 个码道，最外层的码道对应于编码的最低位。每个码道有一个光耦合器，用来读取该码道的 0、1 数据。绝对式编码器输出的 N 位二进制数反映了运动物体所处的绝对位置，根据位置的变化情况，可以判别出旋转的方向。

3．高速计数器的工作模式

S7-200 的高速计数器有以下 4 类工作模式。

1）无外部方向控制信号的单相加/减计数器（模式 0～2）：用高速计数器控制字节的第 3 位来控制加计数或减计数。该位为 1 时，为加计数；该位为 0 时，为减计数。

2）带外部方向控制信号的单相加/减计数器（模式 3～5）：方向输入信号为 1 时，为加计数，为 0 时，为减计数。

3）有加计数时钟脉冲和减计数时钟脉冲输入的双相计数器（模式 6～8）：若加、减计数脉冲的上升沿出现的时间间隔不到 0.3μs，高速计数器认为这两个事件是同时发生的，当前值不变，也不会有计数方向变化的指示。反之，高速计数器能捕捉到每一个独立事件。

4）A/B 相正交计数器（模式 9～11）：两路计数脉冲的相位互差 90°（见图 6-40），正转时 A 相时钟脉冲比 B 相时钟脉冲超前 90°，反转时 A 相时钟脉冲比 B 相时钟脉冲滞后 90°。利用这一特点，可以实现在正转时加计数，反转时减计数。

A/B 相正交计数器可以选择 4 倍速模式（见图 6-40）和 1 倍速模式（见图 6-41），1 倍速模式在时钟脉冲的每一个周期计 1 次数，4 倍速模式在两个时钟脉冲的上升沿和下降沿都要计数，因此每一个周期要计 4 次数。

图 6-40　4 倍速 A/B 相正交计数器　　　　图 6-41　1 倍速 A/B 相正交计数器

两相计数器的两个时钟脉冲可以同时工作在最大速率，全部计数器可以同时以最大速率运行，互不干扰。

根据有无复位输入和启动输入，上述 4 类工作模式又可以各分为 3 种，因此 HSC1 和 HSC2 有 12 种工作模式。此外，还有一种计高速输出脉冲数的模式 12。因为 HSC0 和 HSC4 没有启动输入，所以只有 8 种工作模式；HSC3 和 HSC5 只有时钟脉冲输入，所以只有一种工作模式。

CPU 221 和 CPU 222 不能使用 HSC1 和 HSC2。

4．高速计数器的外部输入信号

S7-200 的系统手册给出了 HSC1～HSC6 在模式 0～12 时各输入点的意义和地址。有些高速计数器的输入点相互之间或它们与边沿中断（I0.0～I0.3）的输入点有重叠，同一个输入点不能同时用于两种不同的功能。但是高速计数器当前模式未使用的输入点可以用于其他功能。

复位输入信号有效时，将清除计数当前值，并保持清除状态，直至复位信号关闭为止。启动输入有效时，将允许计数器计数。关闭启动输入时，计数器当前值保持恒定，时钟脉冲不起作用。如果在关闭启动输入时使复位输入有效，将忽略复位输入，当前值保持不变。如果激活复位输入后再激活启动输入，则当前值被清除。

6.7.2　高速计数器的程序设计

1. 高速计数器指令

高速计数器指令 HDEF（见表 6-15）用输入参数 HSC 指定高速计数器，用输入参数 MODE 设置工作模式。这两个参数的数据类型为 BYTE。每个高速计数器只能使用一条 HDEF 指令。可以用首次扫描位 SM0.1，在第一个扫描周期用 HDEF 指令来定义高速计数器。高速计数器指令 HSC 用于启动编号为 N 的高速计数器，N 的数据类型为 WORD。

可以用地址 HCx（x = 0～5）来读取高速计数器的当前值。

表 6-15　高速计数器指令与高速输出指令

梯形图符号	语句表指令		描　　述
HDEF	HDEF	HSC, MODE	定义高速计数器的工作模式
HSC	HSC	N	激活高速计数器
PLS	PLS	N	脉冲输出

2. 使用指令向导生成高速计数器的应用程序

在特殊存储器（SM）区，每个高速计数器都有一个状态字节、一个设置参数用的控制字节、一个 32 位预设值寄存器和一个 32 位当前值寄存器。状态字节给出了当前计数方向和当前值是否大于或等于预设值等信息。只有在执行高速计数器的中断程序时，状态位才有效。控制字节中的各位用于设置高速计数器的属性。可以在 S7-200 的系统手册中查阅这些特殊存储器的信息。

使用 STEP 7-Micro/WIN 的指令向导能简化高速计数器的编程过程，既简单方便，又不容易出错。

【例 6-13】计数脉冲的周期为 1ms，用高速计数器指令向导生成 HSC0 的初始化程序和中断程序，HSC0 为无外部方向输入信号的单相加/减计数器（模式 0）。

生成名为"高速输入高速输出"的项目（见同名例程）。双击指令树的"向导"文件夹中的"高速计数器"，打开高速计数器向导，按下面的步骤设置高速计数器的参数。

在第 1 页选中配置"HC0"，计数模式为默认的模式 0。每次操作完成后单击"下一步"按钮。

在第 2 页（初始化选项）采用默认的计数器初始化子程序的符号名 HSC_INIT。设置计数器的预设值 PV 为 8000，当前值 CV 为默认的 0，初始计数方向为加计数。

在第 3 页（中断）设置当前值等于预设值时产生中断，使用默认的中断程序符号名 COUNT_EQ。向导允许高速计数器按多个步进行计数。即在中断程序中修改某些参数，并将另一个中断程序连接至相同的中断事件。本例设置为 1 步。

第 4 页（第 1 步）的"当前 INT"（中断程序）为 COUNT_EQ。因为只有 1 步，不能再连接到新的中断程序上。在 COUNT_EQ 中清除 HSC0 的当前值，计数方向不变。

下一页显示将要自动生成的初始化计数器子程序 HSC_INIT 和中断程序 COUNT_EQ。

单击"完成"按钮，在指令树的"程序块"文件夹中，可以看到自动生成的上述程序。

下面是主程序，在 I0.1 的上升沿时调用 HSC_INIT。主程序还调用了用 PTO/PWM 向导生成的子程序 PWM0_RUN（见图 6-42）。程序中对 Q0.2 的立即置位和立即复位的指令是人工添加的。

```
LD      I0.1
EU                              //在 I0.1 的上升沿
CALL    HSC_INIT                //调用 HSC0 的初始化子程序
......                          //调用图 6-42 中的 PWM 指令
```

下面是计数器初始化子程序 HSC_INIT。

```
LD      SM0.0                   // SM0.0 总是为 ON
MOVB    16#F8, SMB37            //设置控制字节，加计数、允许计数
MOVD    +0, SMD38              //装载当前值 CV
MOVD    +8000, SMD42          //装载预设值 PV
HDEF    0, 0                   //设置 HSC0 为模式 0
ATCH    COUNT_EQ, 12           //当前值等于预设值时调用中断程序 COUNT_EQ
ENI                             //允许全局中断
HSC     0                      //起动 HSC0
SI      Q0.2, 1                //用户添加的立即置位指令
```

下面是中断程序 COUNT_EQ。

```
LD      SM0.0
MOVB    16#C0, SMB37           //允许计数，允许写入当前值，不改变计数方向
MOVD    +0, SMD38             //将当前值 CV 清零
HSC     0                      //起动 HSC0
RI      Q0.2, 1                //用户添加的立即复位指令
```

在启动计数时 Q0.2 被置位，计满 8000 个数时 Q0.2 被复位。高速计数器和高速输出程序的调试方法见附录 A 中的 A.25 节。

调试时可以用状态表中的地址 HC0 来监视高速计数器 HSC0 的当前值的趋势图。

6.7.3　高速脉冲输出

1. PWM 发生器

脉冲宽度与脉冲周期之比称为占空比。脉冲列（PTO）功能提供周期和脉冲数目可以由用户控制的占空比为 50% 的方波脉冲输出。脉冲宽度调制（PWM，简称为脉宽调制）功能提供连续的、周期和宽度可以由用户控制的脉冲列输出（见图 6-42）。

每个 CPU 有两个 PTO/PWM（脉冲列/脉冲宽度调制）发生器，分别通过数字量输出点Q0.0 和 Q0.1 输出高速脉冲列或脉冲宽度可调的脉冲。

图 6-42　PWM 指令和 PWM 输出波形

PTO/PWM 发生器与过程映像输出寄存器共同使用 Q0.0 及 Q0.1。Q0.0 或 Q0.1 被设置为PTO 或 PWM 功能时，禁止使用这两个输出点的数字量输出功能，此时输出波形不受过程映

像输出寄存器状态、输出强制或立即输出指令的影响。不使用 PTO/PWM 发生器时，Q0.0 与 Q0.1 作为普通的数字量输出使用。建议在启动 PTO 或 PWM 操作之前，用 R 指令将 Q0.0 或 Q0.1 的过程映像寄存器复位为 OFF。

PTO/PWM 的输出负载必须至少为额定负载的 10%，才能提供陡直的上升沿和下降沿。

在特殊存储器区，每个 PTO/PWM 发生器有一个 8 位的控制字节、16 位无符号的周期值和脉冲宽度值字，以及一个无符号的 32 位脉冲计数值双字。可以用指令树中的 PTO/PWM 向导，来快速设置 PTO/PWM 发生器的参数。

2．用向导设置脉宽调制的参数

PWM 功能提供可变占空比的脉冲输出，时间基准可以设置为 μs 或 ms。指定的脉冲宽度值大于周期值时，占空比为 100%，输出连续接通。脉冲宽度为 0 时，占空比为 0%，输出断开。PWM 的高频输出波形经滤波后可以得到与占空比基本上成正比的模拟量输出电压。

用鼠标双击指令树的"向导"文件夹中的"PTO/PWM"，打开脉冲输出向导。

在第 1 页指定 Q0.0 作为脉冲发生器，单击"下一步"按钮，进入下一页。

在第 2 页选择组态 PWM，并选择脉冲宽度和周期的时间基准为 μs（可选 ms 或 μs），就完成了对 PWM 的组态。

单击第 3 页的"完成"按钮，向导将生成 PWM 指令 PWMx_RUN，指令名称中的 x 是 Q0.0 或 Q0.1 的位地址（0 或 1）。在指令树的文件夹"\程序块\向导"中，可以看到生成的子程序 PWM0_RUN。

子程序 PWM0_RUN（见图 6-42）的参数 RUN 用来控制是否产生脉冲，周期 Cycle 和脉冲宽度 Pulse 的数据类型为 WORD。周期的有效范围为 10～65535μs 或 2～65535ms，脉冲宽度的有效范围为 0～65535μs 或 0～65535ms。在例程"高速输入高速输出"的主程序中调用 PWM0_RUN（见图 6-42），Q0.0 输出的脉冲周期为 1000μs，脉冲宽度为 500μs。

6.8 数据块应用与字符串指令

6.8.1 数据块概述

1．在数据块中对地址和数据赋值

数据块用来对 V 存储器（变量存储器）的字节、字和双字地址分配常数（赋值）。首次扫描时，CPU 将数据块中的初始值赋值到指定的 V 存储器地址中。

用鼠标双击指令树"数据块"文件夹中的"用户定义 1"，打开数据块。

数据块中的典型行包括起始地址以及一个或多个数据值，双斜线（"//"）之后的注释为可选项。数据块的第一行必须包含明确的地址（包括符号地址），以后的行可以不包含明确的地址。在单地址值后面输入多个数据或输入只包含数据的行时，由编辑器进行地址赋值。编辑器根据前面的地址和数据的长度（字节、字或双字）为数据指定地址。数据块编辑器接受大小写字母，允许用英语的逗号、制表符或空格作为地址和数据的分隔符号。图 6-43 给出了一个数据块的例子。

```
VB1     25, 134              //从VB1开始的两字节数值
VD4     100.5                //地址为VD4的双字实数数值
VW10    -1357, 418, 562      //从VW10开始的3个字数值
        2567, 5328           //数据值的地址为VW16和VW18
```

图 6-43 一个数据块的例子

完成一个赋值行后同时按〈Ctrl〉键和〈Enter〉键，在下一行自动生成下一个可用的地址。对数据块所做的更改在数据块下载后才生效。可以单独下载数据块。

2. 错误处理

如果输入了错误的地址和数据、地址在数据值之后、数值超出允许范围、使用了非法语法或无效值、使用了符号地址或中文的标点符号，将在错误行的左边出现红色的 ✖，出错的地址或数据的下面用波浪线标示。单击工具栏上的编译按钮 ✓，对项目所有的组件进行编译。如果编译器发现地址重叠或对同一地址重复赋值等错误，将在输出窗口显示错误。双击某一条错误信息，将在数据块窗口指出有错误的行。

3. 生成数据页

用鼠标右键单击指令树"数据块"文件夹中的数据页，在快捷菜单中执行"插入"→"数据页"命令，将生成一个数据页。在快捷菜单中执行"属性"命令，在打开的对话框的"保护"选项卡中，可以为数据页设置密码保护。

6.8.2　字符串指令

1. 字符和字符串的表示方法

与字符常量相比，字符串常量的第一个字节是字符串的长度（即字符个数）。

ASCII 常数字符的有效范围是 ASCII 32～ASCII 255，不包括 DEL 字符、单引号和双引号字符。在此范围之外的 ASCII 字符都必须使用特殊字符格式$。例如，字节中的数为 5 时，状态表显示的是'$05'（见图 6-45）。

（1）符号表中字符和字符串的表示方法

字节、字和双字中的 ASCII 字符用英语的单引号表示，例如'A'、'AB'和'12AB'（见图 6-44）。不能定义 3 个或大于 4 个字符的符号。

			符号	地址
1		🖳	字符1	'12AB'
2		🖳	字符串1	"HELLO"

图 6-44　符号表

	地址	格式	当前值
18	VD70	ASCII	'$0bHEL'
19	VD74	ASCII	'LO W'
20	VD78	ASCII	'ORLD'
21	VB82	无符号	11
22	VD83	ASCII	'$05WOR'
23	VW87	ASCII	'LD'
24	VB89	有符号	+7

图 6-45　状态表

指定给符号名的 ASCII 常量字符串用英语的双引号表示，例如"HELLO"。

（2）数据块中字符和字符串的表示方法

在数据块编辑器中，用英语的单引号定义字符常量，可以将 VB 地址分配给任意个字符的常量、将 VW 和 VD 地址分别分配给两个和 4 个字符的常量。对于 3 个或大于 4 个字符的常量，必须使用 V 或 VB 地址。

用英语的双引号定义最多 254 个字符的字符串，只能将 V 或 VB 地址用于字符串分配。下面是一些例子。

VW0	'AB', '1C'	//字符常量
VB10	'ABCDE', 'BCS'	//较长的字符常量和 3 个字符的常量
V20	"ABCD", "morning"	//字符串常量，第一个字节是字符串长度

（3）程序编辑器中字符和字符串的表示方法

在程序编辑器中输入字符常量时，用英语的单引号将字节、字或双字存储器中的 ASCII 字符常量括起来，例如'A'、'AB'和'AB12'。不能使用 3 个或大于 4 个字符的常量。

输入常数字符串参数时，用英语的双引号将最多 126 个 ASCII 字符常量括起来。有效的地址为 VB。

2．字符、字符串与数据的转换指令

字符、字符串与数据的转换指令见表 6-16。详细的使用方法见系统手册或在线帮助。本节的程序见配套资源中的例程"字符串指令"。

表 6-16　字符、字符串与数据的转换指令

梯形图符号	语句表指令	描　述	梯形图符号	语句表指令	描　述
ATH	ATH　IN, OUT, LEN	ASCII 码→十六进制数	I_S	ITS　IN, OUT, FMT	整数→字符串
HTA	HTA　IN, OUT, LEN	十六进制数→ASCII 码	DI_S	DTS　IN, OUT, FMT	双整数→字符串
ITA	ITA　IN, OUT, FMT	整数→ASCII 码	R_S	RTS　IN, OUT, FMT	实数→字符串
DTA	DTA　IN, OUT, FMT	双整数→ASCII 码	S_I	STI　IN, INDX,OUT	子字符串→整数
RTA	RTA　IN, OUT, FMT	实数→ASCII 码	S_DI	STD　IN, INDX,OUT	子字符串→双整数
—			S_R	STR　IN, INDX,OUT	子字符串→实数

3．复制、连接字符串和求字符串长度指令

求字符串长度指令 SLEN（见表 6-17）返回输入参数 IN 指定的字符串的长度值，输出参数 OUT 的数据类型为 BYTE。该指令不能用于中文字符。

表 6-17　字符串指令

梯形图符号	语句表指令	描　述	梯形图符号	语句表指令	描　述
STR_LEN	SLEN　IN, OUT	求字符串长度	SSTR_CPY	SSCPY　IN, INDX, N, OUT	复制子字符串
STR_CPY	SCPY　IN, OUT	复制字符串	STR_FIND	SFND　IN1, IN2, OUT	搜索字符串
STR_CAT	SCAT　IN, OUT	字符串连接	CHR_FIND	CFND　IN1, IN2, OUT	搜索字符

字符串复制指令 SCPY 将参数 IN 指定的字符串复制到 OUT 指定的字符串中。

字符串连接指令（SCAT）将参数 IN 指定的字符串附加到 OUT 指定的字符串的后面。

【例 6-14】 字符串指令应用举例。

```
LD      I0.3
SCPY    "HELLO ", VB70        //将字符串"HELLO "复制到 VB70 开始的存储区中
SCAT    "WORLD", VB70         //将字符串"WORLD"附到 VB70 开始的字符串的后面
SLEN    VB70, VB82            //求 VB70 开始的字符串的长度
```

字符串"HELLO"最后有一个空格字符，执行完 SCAT 指令后，VB70 开始的字符串为 "HELLO WORLD"。VB70 中是字符串的长度 11（十六进制数 16#0b），因为它是特殊字符，所以在状态表中显示的 VB70 中的字符为'$0b'（见图 6-45）。VB82 中是执行 SLEN 指令后得到的字符串长度 11。

4．从字符串中复制子字符串指令

执行完例 6-14 中的程序后，图 6-46 中的 SSTR_CPY 指令从 INDX 指定的第 7 个字符

开始，将 IN 指定的字符串"HELLO WORLD"中的 5 个字符'WORLD'复制到 OUT 指定的 VB83 开始的新字符串中，OUT 的数据类型为字节。

5. 字符串搜索指令

STR_FIND 指令（见图 6-46）在 IN1 指定的字符串"HELLO WORLD"中，搜索 IN2 指定的字符串"WORLD"，如果找到了与字符串 IN2 完全匹配的一段字符，用 OUT 指定的地址 VB89 保存字符'WORLD'的首个字符'W'在字符串 IN1 中的位置（见图 6-45）。VB89 的初始值为 1 表示从第一个字符开始搜索。如果没有找到，OUT 被清零。

图 6-46　字符串指令

6.9　习题

1．填空

1）如果方框指令的 EN 输入端有能流流入且执行时无错误，则 ENO 输出端_____。

2）字符串比较指令的比较条件只有_____和_____。

3）主程序调用的子程序最多嵌套____层，中断程序调用的子程序_____嵌套。

4）VB0 的值为 2#1011 0110，将它循环右移两位，然后左移 4 位后为 2#_____。

5）用读取实时时钟指令 TODR 读取的日期和时间的数制为_____。

6）执行"JMP 2"指令的条件_____时，将不执行该指令和_____指令之间的指令。

7）在主程序和中断程序的变量表中只有_____变量。

8）S7-200 有___个高速计数器，可以设置___种不同的工作模式。

2．在 VW4 小于等于 1247 时，将 M0.1 置位为 ON，反之将 M0.1 复位为 OFF。用比较指令设计出满足要求的程序。

3．编写程序，在 I0.0 的上升沿将 VW10～VW58 清零。

4．字节交换指令 SWAP 为什么必须采用脉冲执行方式？

5．用 I0.0 控制接在 QB0 上的 8 个彩灯是否移位，每 2s 循环移动 1 位。用 I0.1 控制左移或右移，首次扫描时将彩灯的初始值设置为 16#0E（仅 Q0.1～Q0.3 为 ON），设计出梯形图程序。

6．用 I1.0 控制接在 QB0 上的 8 个彩灯是否移位，每 2s 循环左移 1 位。用 IB0 设置彩灯非 0 的初始值，在 I1.1 的上升沿将 IB0 的值传送到 QB0 中，设计出梯形图程序。

7．用实时时钟指令设计控制路灯的程序，20：00 时开灯，06：00 时关灯。

8．用实时时钟指令设计控制路灯的程序，在 5 月 1 日至 10 月 31 日的 20：00 开灯，06：00 关灯；在 11 月 1 日至下一年 4 月 30 号的 19：00 开灯，7：00 关灯。

9. 半径（小于 10000 的整数）在 VW10 中，取圆周率为 3.1416。编写程序，用浮点数运算指令计算圆周长，运算结果四舍五入转换为整数后，存放在 VW20 中。

10. 半径（小于 10000 的整数）在 VW10 中，取圆周率为 3.1416。用整数运算指令编写计算圆周长的程序。

11. 编写语句表程序，实现运算 VW2 - VW4 = VW6。

12. AIW2 中 A/D 转换得到的数值（0～32000）正比于温度值 0～1200℃。在 I0.0 的上升沿，将 AIW2 的值转换为对应的温度值存放在 VW10 中，设计出梯形图程序。

13. 以 0.1° 为单位的整数格式的角度值在 VW0 中，在 I0.0 的上升沿，求出该角度的正弦值，运算结果转换为以 10^{-6} 为单位的双整数，存放在 VD2 中，设计出程序。

14. 编写程序，用 WAND_W 指令将 VW0 的最低 4 位清零，其余各位保持不变，运算结果用 VW2 保存。

15. 编写程序，用 WOR_B 指令将 Q0.2、Q0.5 和 Q0.7 置为 ON，QB0 其余各位保持不变。

16. 编写程序，用字节逻辑运算指令，将 VB0 的高 4 位置为 2#1001，低 4 位不变。

17. 编写程序，如果前后两个扫描周期 VW4 的值变化，则将 M0.2 置位。

18. 设计循环程序，求 VD20 开始连续存放的 5 个浮点数的平均值。

19. 在 I0.0 的上升沿，用循环程序求 VW100～VW108 的累加和。为了防止溢出，将被累加的整数转换为双整数后再累加。用 VD10 保存累加和。

20. 编写程序，求出 VW10～VW28 中最大的数，存放在 VW30 中。

21. 用子程序调用编写图 4-5 中两条运输带的控制程序，分别设置自动程序和手动程序，用 I0.4 作为自动/手动切换开关。两个按钮是自动程序的输入参数，被控的运输带是输出参数。手动时用 I0.0 和 I0.1 对应的按钮分别点动控制两条运输带。

22. 设计程序，用子程序求圆的面积，输入参数为直径（小于 32767 的整数），输出量为圆的面积（双整数）。在 I0.0 的上升沿调用该子程序，直径为 10000mm，运算结果用 VD10 存放。

23. 用定时中断，每 1s 将 VW8 的值加 1，在 I0.0 的上升沿禁止该定时中断，在 I0.2 的上升沿重新启用该定时中断。设计出主程序和中断子程序。

24. 第一次扫描时将 VB0 清零，用定时中断 0，每 100ms 将 VB0 加 1，VB0 等于 100 时关闭定时中断，并将 Q0.0 立即置 1。设计出主程序和中断子程序。

第7章　PLC 的通信与自动化通信网络

7.1　计算机通信概述

7.1.1　串行通信

1. 串行通信与异步通信

工业控制通信中广泛使用的串行数据通信是以二进制的位（bit）为单位的数据传输方式，每次只传送一位。串行通信最少只需要两根线就可以连接多台设备，组成控制网络。串行通信可用于距离较远的场合。通信的传输速率（又称波特率）的单位为波特，即每秒传送的二进制位数，其符号为 bit/s 或 bps。

在串行通信中，接收方和发送方应使用相同的传输速率，但是实际的发送速率与接收速率之间总是有一些微小的差别。在连续传送大量的数据时，将会因为积累误差造成发送和接收的数据错位，使接收方收到错误的信息。为了解决这一问题，需要使发送过程和接收过程同步。按同步方式的不同，串行通信分为异步通信和同步通信。

异步通信采用字符同步方式，其字符信息格式如图 7-1 所示，发送的字符由一个起始位、7 个或 8 个数据位、1 个奇偶校验位（可以没有）、1 个或 2 个停止位组成。通信双方需要对采用的信息格式和数据的传输速率作相同的约定。接收方检测到停止位和起始位之间的下降沿后，将它作为接收的起始点，在每一位的中点接收信息。由于一个字符信息格式仅有十来位，即使发

图 7-1　异步通信的字符信息格式

送方和接收方的收发频率略有不同，也不会因为两台设备之间的时钟周期差异产生的积累误差而导致信息的发送和接收错位。

奇偶校验用来检测接收到的数据是否出错。如果采用偶校验，用硬件保证发送方发送的每一个字符的数据位和奇偶校验位中"1"的个数为偶数。如果数据位包含偶数个"1"，奇偶校验位将为 0；如果数据位包含奇数个"1"，奇偶校验位将为 1。

接收方对接收到的每一个字符的奇偶性进行校验，如果奇偶校验出错，SM3.0 为 ON。如果选择不进行奇偶校验，传输时没有校验位，不进行奇偶校验。

2. 串行通信的端口标准

（1）RS-232

RS-232 是美国电子工业联合会 1969 年公布的通信标准，现在已基本上被 USB 取代。RS-232C 使用单端驱动、单端接收电路（见图 7-2），是一种共地的传输方式，容易受到公共地线上的电位差和外部引入的干扰信号的影响。RS-232 的最大通信距离为 15m，最高传输速率为 20kbit/s，只能进行一对一的通信。

（2）RS-422

RS-422 采用平衡驱动、差分接收电路（见图 7-3），利用两根导线之间的电位差传输信号。这两根导线称为 A 线和 B 线。当 B 线的电压比 A 线高时，一般认为传输的是数字"1"；反之认为传输的是数字"0"。能够有效工作的差动电压从零点几伏到接近十伏。

图 7-2　单端驱动单端接收　　　　　　　　图 7-3　平衡驱动差分接收

平衡驱动器有一个输入信号，两个输出信号互为反相信号，图中的小圆圈表示反相。两根导线相对于通信对象信号地的电位差称为共模电压，外部输入的干扰信号主要以共模方式出现。两根传输线上的共模干扰信号相同，因为接收器是差分输入，两根线上的共模干扰信号互相抵消。只要接收器有足够的抗共模干扰能力，就能从干扰信号中识别出驱动器输出的有用信号，从而克服外部干扰的影响。

在最大传输速率 10Mbit/s 时，RS-422 允许的最大通信距离为 12m。传输速率为 100kbit/s 时，最大通信距离为 1200m，一台驱动器可以连接 10 台接收器。RS-422 是全双工，用 4 根导线传送数据（见图 7-4），通信的双方都能用两对平衡差分信号线在同一时刻同时发送数据和接收数据。

（3）RS-485

RS-485 是 RS-422 的变形，RS-485 为半双工，只有一对平衡差分信号线，通信的某一方在同一时刻只能发送数据或接收数据。使用 RS-485 通信端口和双绞线可以组成串行通信网络（见图 7-5），构成分布式系统，总线上最多可以有 32 个站。

图 7-4　RS-422 通信接线图　　　　　　　　图 7-5　RS-485 网络

7.1.2　IEEE 802 通信标准

IEEE（国际电工与电子工程师学会）于 1982 年颁布了一系列计算机局域网分层通信协议标准草案，总称为 IEEE 802 标准。IEEE 802 的媒体访问控制层对应于 3 种当时已建立的标准，即带冲突检测的载波侦听多路访问通信协议、令牌总线和令牌环。

1. CSMA/CD

CSMA/CD 通信协议的基础是 Xerox 等公司研制的以太网（Ethernet）。CSMA/CD 各站共享一条广播式的传输总线，每个站都是平等的，采用竞争方式发送信息到传输线上，也就是说，任何一个站都可以随时发送广播报文，并被其他各站接收。当某个站识别到报文上的接收站名与本站的站名相同时，便将报文接收下来。由于没有专门的控制站，两个或多个站可能因为同时发送报文而产生冲突，造成报文作废。

为了防止冲突，发送站在发送报文之前，首先监听一下总线是否空闲，如果空闲，则发送报文到总线上，称之为"先听后讲"。但是这样做仍然有产生冲突的可能，这是因为从组织报文到报文在总线上传输需要一段时间，在这段时间内，另一个站通过监听也可能会认为总线空闲，并发送报文到总线上，这样就会因为两个站同时发送而产生冲突。

为了解决这一问题，在发送报文开始的一段时间，继续监听总线，采用边发送边接收的方法，把接收到的数据和本站发送的数据相比较，若相同则继续发送，称之为"边听边讲"；若不相同则说明发生了冲突，立即停止发送报文，并发送一段简短的冲突标志（阻塞码序列），来通知总线上的其他站点。为了避免产生冲突的站同时重发它们的帧，采用专门的算法来计算重发的延迟时间。通常把这种"先听后讲"和"边听边讲"相结合的方法称为CSMA/CD（带冲突检测的载波侦听多路访问技术），其控制策略是竞争发送、广播式传送、载体监听、冲突检测、冲突后退和再试发送。

以太网首先在个人计算机网络系统（例如办公自动化系统和管理信息系统）中得到了极为广泛的应用。在以太网发展的初期，通信速率较低。如果网络中的设备较多，信息交换比较频繁，可能会经常出现竞争和冲突，影响信息传输的实时性。随着以太网传输速率的提高（100Mbit/s 或 1Gbit/s）和采用了相应的措施，这一问题已经解决。以太网在工业控制中得到了广泛的应用，大型工业控制系统最上层的网络几乎全部采用以太网，以太网也越来越多地在底层网络使用。使用以太网很容易实现管理网络和控制网络的一体化。

2．令牌总线

IEEE 802 标准中的工厂媒体访问技术是令牌总线，在令牌总线中，媒体访问控制是通过传递一种称为令牌的控制帧来实现的。按照逻辑顺序，令牌从一个装置传递到另一个装置，传递到最后一个装置后，再传递给第一个装置，如此周而复始，形成一个逻辑环。令牌有"空"和"忙"两种状态，令牌网开始运行时，由指定的站产生一个空令牌沿逻辑环传送。任何一个要发送报文的站都要等到令牌传给自己，判断为空令牌时才能发送报文。发送站首先把令牌置为"忙"，并写入要传送的报文、发送站名和接收站名，然后将载有报文的令牌送入环网传送。令牌沿环网循环一周后返回发送站时，如果报文已被接收站复制，则发送站将令牌置为"空"，送上环网继续传送，以供其他站使用。如果在传送过程中令牌丢失，则由监控站向网内注入一个新的令牌。

令牌传递式总线能在很重的负荷下提供实时同步操作，传输效率高，适于频繁、少量的数据传送，因此它最适合于需要进行实时通信的工业控制网络系统。

3．主从通信方式

主从通信方式是 PLC 常用的一种通信方式，有不少的通讯协议采用主从通信方式。主从通信网络只有一个主站，其他的站都是从站。在主从通信中，主站是主动的。主站首先向某个从站发送请求帧（轮询报文），该从站接收到后才能向主站返回响应帧。主站按事先设置好的轮询表的排列顺序对从站进行周期性的查询，并分配总线的使用权。每个从站在轮询表中至少要出现一次，对实时性要求较高的从站可以在轮询表中出现几次。

7.1.3 现场总线及其国际标准

1．现场总线的概念

IEC（国际电工委员会）对现场总线（Fieldbus）的定义是"安装在制造和过程区域的现场装置与控制室内的自动控制装置之间的数字式、串行、多点通信的数据总线"。现场总线以开放的、独立的、全数字化的双向多变量通信代替 4～20mA 现场模拟量信号。现场总线

I/O 集检测、数据处理、通信为一体，可以代替变送器、调节器和记录仪等模拟仪表，它不需要框架、机柜，可以直接安装在现场导轨槽上。现场总线 I/O 的接线极为简单，只需一根电缆，从主机开始，沿数据链从一个现场总线 I/O 连接到到下一个现场总线 I/O。

使用现场总线后，可以节约配线、安装、调试和维护等方面的费用，现场总线 I/O 与 PLC 可以组成高性能价格比的集散控制系统（DCS）。通过现场总线，操作员可以在中央控制室实现远程监控，对现场设备进行参数调整和故障诊断。

2. 现场总线的国际标准

由于历史的原因，有多种现场总线标准并存。为了满足实时性应用的需要，各大公司和标准化组织纷纷提出了各种提升工业以太网实时性的解决方案，从而产生了实时以太网。2007 年 7 月出版的 IEC 61158 第 4 版采纳了经过市场考验的 20 种现场总线，大约有一半属于实时以太网。其中的类型 3（PROFIBUS）和类型 10（PROFINET）由西门子公司支持。

IEC 62026 是供低压开关设备与控制设备使用的控制器电气接口标准，于 2000 年 6 月通过。西门子公司支持其中的执行器传感器接口（Actuator Sensor Interface，AS-i）。

7.2 西门子的工业自动化通信网络

1. SIMATIC NET

西门子的工业自动化通信网络 SIMATIC NET 的顶层为工业以太网，它是基于国际标准 IEEE 802.3 的开放式网络，可以集成到互联网。S7-200 通过以太网模块 CP 243-1 或互联网模块 CP-243-1 IT 接入以太网。

PROFIBUS 用于少量和中等数量数据的高速传送，AS-i 是底层的低成本网络，底层的通用总线系统 KNX 用于楼宇自动控制，IWLAN 是工业无线局域网。各个网络之间用链接器或有路由器功能的 PLC 连接。

MPI（多点接口）是 SIMATIC 产品使用的内部通信协议，可以用于建立传送少量数据的低成本网络。PPI（点对点接口）是用于 S7-200 和 S7-200 SMART 的通信协议。点对点通信是用于特殊协议的串行通信。

2. PROFINET

PROFINET 是基于工业以太网的开放的现场总线（IEC 61158 的类型 10），可以将分布式 I/O 设备直接连接到工业以太网。

PROFINET 使用以太网和 TCP/UDP/IP 协议作为通信基础，对快速性没有严格要求的数据使用 TCP/IP 协议，响应时间在 100ms 数量级，可以满足工厂控制级的应用。

PROFINET 的实时（Real-Time，RT）通信功能适用于对信号传输时间有严格要求的场合，例如用于传感器和执行器的数据传输。典型的更新循环时间为 1～10ms。

PROFINET 的同步实时功能用于高性能的同步运动控制。响应时间为 0.25～1ms。

使用铜质电缆最多 126 个节点，网络最长 5km。使用光纤多于 1000 个节点，网络最长 150km。无线网络最多 8 个节点，每个网段最长 1000m。

3. PROFIBUS

西门子通信网络的中间层为工业现场总线 PROFIBUS，它已被纳入现场总线的国际标准 IEC 61158。传输速率最高为 12Mbit/s，响应时间的典型值为 1ms，使用屏蔽双绞线电缆最长 9.6km，使用光缆最长 90km，最多可以接 127 个从站。

PROFIBUS 提供了下列 3 种通信协议。

1）PROFIBUS-DP（分布式外部设备）用得最多，特别适用于 PLC 与现场级分布式 I/O 设备之间的通信。S7-200 通过 PROFIBUS-DP 从站模块 EM 277 连接到 DP 网络。

2）PROFIBUS-PA（过程自动化）用于 PLC 与现场传感器和执行器的低速数据传输，可以用于防爆区域。PROFIIBUS-PA 使用屏蔽双绞线电缆，由总线提供电源。

3）PROFIBUS-FMS（现场总线报文规范）已基本上被以太网取代，现在很少使用。

此外还有用于运动控制的总线驱动技术 PROFIdrive 和故障安全通信技术 PROFIsafe。

4．AS-i 网络

AS-i（执行器-传感器接口，Actuator Sensor Interface）是传感器和执行器通信的国际标准（IEC 62026-2）。AS-i 的传输速率为 167kbit/s，对 31 个标准从站的典型轮询时间为 5ms。使用屏蔽的或非屏蔽的双绞线，支持总线供电，即两根电缆同时作信号线和电源线。AS-i 属于主从式网络，每个网段只有一个主站。使用两个中继器和 3 个扩展插件时最多可以扩展到 600m。西门子提供多种多样的 AS-i 产品。

S7-200 可以接两个 AS-i 主站通信处理器 CP 243-2，每个 AS-i 网络最多可以连接 62 个 AS-i 从站，最多 248 点数字量输入和 186 点数字量输出。

可以用 STEP 7-Micro/WIN 中的"AS-i 向导"对 AS-i 网络组态。

7.3 S7-200 通信概述

7.3.1 S7-200 的网络通信协议

S7-200 支持多种通信协议，点对点接口（PPI）、多点接口（MPI）和 PROFIBUS 协议的物理层均为 RS-485。只要波特率相同，这 3 种协议可以在一个网络中同时运行，不会相互干扰。一个网络最多 127 个地址（0～126），最多 32 个主站，网络中各设备的地址不能重叠。运行 STEP 7-Micro/WIN 的计算机、人机界面和 PLC 默认的地址分别为 0、1 和 2。

1．点对点接口（PPI）协议

PPI（Point-to-Point）是主/从协议，网络中的 S7-200 CPU 均为从站，其他 CPU、编程用的计算机或 HMI（人机界面）为主站。PPI 协议用于 S7-200 CPU 与编程计算机之间、S7-200 CPU 之间、S7-200 CPU 与 HMI 之间的通信。

如果在用户程序中激活了 PPI 主站模式，CPU 在 RUN 模式下可以作为主站，用网络读指令 NETR 和网络写指令 NETW 读写其他 CPU 中的数据。S7-200 作为 PPI 主站时，仍然可以作为从站响应来自其他主站的通信请求。

2．多点接口（MPI）协议

MPI（Multipoint Interface）是西门子公司的 PLC、HMI 和编程器通信端口使用的通信协议，用于建立小型通信网络。MPI 网络最多 32 个站，一个网段的最长通信距离为 50m，可以用 RS-485 中继器扩展通信距离。

MPI 的通信速率为 19.2kbit/s～12Mbit/s。连接 S7-200 CPU 集成的通信口时，MPI 网络的最高速率为 187.5kbit/s。

MPI 允许主/主通信和主/从通信，S7-300/400 CPU 作为网络的主站，可以用 XGET/XPUT 指令来读/写 S7-200 的 V 存储区，通信数据包最大 76B。S7-200 作为 MPI 从站，不需要编写通信程序，它通过指定的 V 存储区与 S7-300/400 交换数据。

3．PROFIBUS 协议

PROFIBUS-DP 协议通信主要用于分布式 I/O 设备（远程 I/O）的高速通信。S7-200 CPU 需要通过 EM 277 PROFIBUS-DP 从站模块接入 PROFIBUS 网络。主站初始化网络并核对网络中的从站设备是否与设置的相符。主站周期性地将输出数据写到从站，并读取从站的数据。

4．TCP/IP

S7-200 配备了以太网模块 CP 243-1 或互联网模块 CP-243-1 IT 后，支持 TCP/IP 以太网通信协议，计算机应安装以太网网卡。安装了 STEP 7-Micro/WIN 之后，计算机上会有一个标准的浏览器，可以用它来访问 CP 243-1 IT 模块的主页。

5．用户定义的协议（自由端口模式）

在自由端口模式，由用户自定义与其他设备通信的协议。自由端口模式通过使用接收中断、发送中断、字符中断、发送指令 XMT 和接收指令 RCV，实现 CPU 的通信口与其他设备的通信。Modbus RTU 协议和 USS 协议就是建立在自由端口模式基础上的通信协议。

7.3.2 S7-200 的通信功能与串行通信网络

S7-200 的通信功能示意图如图 7-6 所示。

图 7-6 S7-200 的通信功能示意图

1．西门子 PLC 之间的通信

S7-200 之间可以通过 RS-485 端口，用 PPI 协议和 Modbus RTU 协议通信。S7-200 和其他 S7 系列 PLC 之间可以用 Modbus RTU 协议、PROFIBUS-DP（S7-200 仅作从站）通信。S7-200 可以通过以太网和 S7 协议与其他 S7 系列 PLC 通信，但是以太网模块 EM 241-1 的价格太高。S7-200 作为 MPI 从站，可以与 S7-300/400 通信。通过电话网和无线电的通信很少使用。

2．S7-200 与西门子驱动装置之间的通信

S7-200 与西门子 MicroMaster 系列和 V20 系列变频器之间可以使用指令库中的 USS 通信指令，简单方便地实现通信。S7-200 和 V20 之间还可以使用 Modbus RTU 协议通信。

3．S7-200 与第三方设备和组态软件之间的通信

S7-200 支持 PPI、PROFIBUS-DP、MPI、Modbus RTU 通信协议，如果第三方厂商的设备、HMI（人机界面）和组态软件也支持这些协议，就可以和 S7-200 通信。

有的第三方厂商的组态软件也可以通过 OPC 软件 PC Access，与 S7-200 通信。

S7-200 也可以采用自由端口模式，使用自定义协议与第三方的仪表、条码扫描枪等通信。如果对方是 RS-485 端口，可以直接连接；如果对方是 RS-232 端口，需要用硬件转换。

4. 网络中继器

中继器（见图 7-7）用来将网络分段，使用中继器可以增加接入网络的设备，一个网络段最多有 32 个设备。中继器还可以隔离不同的网络段，延长网络总的距离。网络增加一台中继器可将网络再扩展 50m，如果两台相邻的中继器中间没有其他节点，波特率为 9600bit/s时，一个网络段最长距离为 1000m（见表 7-1）。一个网络最多可以串联 9 个中继器，但是网络的总长度不能超过 9600m。中继器为网络段提供偏置和终端匹配电阻。

图 7-7　带中继器的 PPI 网络

表 7-1　网络电缆的最大长度

波特率 /（bit/s）	非隔离的CPU 端口	有中继器的 CPU端口或 EM277/m	波特率 /（bit/s）	非隔离的CPU 端口	有中继器的 CPU端口或 EM277/m
9.6～187.5k	50m	1000	1～1.5M	不支持	200
500k	不支持	400	3～12M	不支持	100

5. 网络连接器和终端电阻

网络连接器用于把设备连接到网络中。网络连接器的两组螺钉端子分别用来连接网络的输入线和输出线。

除了标准的网络连接器，图 7-8 左边的连接器增加了一个编程器端口。这种连接器可以把编程计算机或 HMI 设备接到网络中，而不用改动现有的网络连接。带编程端口的连接器把从 CPU 来的所有信号传到编程端口，这种连接器对于连接从 CPU 获取电源的设备（例如文本显示器 TD 400C）很有用。

网络连接器有网络偏置和终端匹配的选择开关，该开关在 On 位置时的内部接线图如图 7-9 所示。图中 A、B 线之间是终端电阻，选择开关在 Off 位置时未接终端电阻。根据传输线理论，终端电阻可以吸收网络上的反射波，有效地增强信号强度。390Ω 的偏置电阻用于在电气情况复杂时确保 A、B 信号的相对关系，以保证 0、1 信号的可靠性。

图 7-8　网络连接器

图 7-9　终端连接器接线图

网络终端处的连接器上的开关应放在 On 位置，网络中间的连接器上的开关应放在 Off 位置（见图 7-8）。

7.4　网络读/写指令与自由端口模式通信

7.4.1　使用网络读/写指令的通信

1. 网络读/写指令

网络读/写指令用于 S7-200 PLC 之间的通信。网络读指令 NETR（见表 7-2）初始化通信操作，通过参数 PORT 指定的通信端口，根据参数 TBL 指定的表格中的参数，接收远程设备的数据。网络写指令 NETW 初始化通信操作，通过 PORT 指定的端口，根据参数 TBL 指定的表格中的参数，向远程设备写入数据。

表 7-2　通信指令

梯形图符号	语句表指令	描　述	梯形图符号	语句表指令	描　述
NETR	NETR　TBL, PORT	网络读	RCV	RCV　TBL, PORT	接收
NETW	NETW　TBL, PORT	网络写	GET_ADDR	GPA　ADDR, PORT	读取口地址
XMT	XMT　TBL, PORT	发送	SET_ADDR	SPA　ADDR, PORT	设置口地址

NETR 和 NETW 指令分别可以读、写远程站点最多 16B 的数据。可以在程序中使用任意条数的 NETR/NETW 指令，但是在任意时刻最多只能同时激活 8 条 NETR/NETW 指令。

2. 用网络读/写向导生成网络读/写程序

【例 7-1】要求主站（2 号站）读取从站（3 号站）的 VB204～VB207 的值，存放到本站的 VB104～VB107（见图 7-10）；2 号站将本站的 VB100～VB103 的值写入 3 号站的 VB200～VB203（见图 7-11）。用指令向导实现上述网络的读写功能。

图 7-10　网络读/写向导

生成一个名为"网络读/写指令通信主站"的项目（见同名例程）。用系统块设置其通信端口的 PPI 站地址为 2，波特率为 19.2kbit/s。下面是用网络读/写向导生成网络读/写程序的操作过程。

1）双击指令树的"向导"文件夹中的"NETR/NETW"，打开 NETR/NETW 指令向导，设置网络操作的项数为 2。每一页的操作完成后单击"下一步"按钮。

2）在第 2 页选择使用 PLC 的通信端口 0，采用默认的子程序名称 NET_EXE。

3）在第 3 页（网络读/写操作第 1 项/共 2 项）采用默认的操作"NETR"（见图 7-10），从 3 号站读取 4B 的数据，本地和远程 PLC 的起始地址分别为 VB104 和 VB204。每次最多可以读/写 16B。

4）单击"下一项操作"按钮，在第 4 页（网络读/写操作第 2 项/共 2 项），设置操作为 NETW，将 4B 数据写入 3 号站，本地和远程 PLC 的起始地址分别为 VB100 和 VB200，数据传送示意图如图 7-11 所示。单击"下一步"按钮，进入第 5 页。

5）在第 5 页设置保存组态数据的 V 存储区的起始地址为 VB200。

6）单击第 6 页的"完成"按钮，生成子程序 NET_EXE 以及名为 NET_SYMS 的符号表，它给出了操作 1 和操作 2 状态字节的地址和超时错误标志的地址。程序编译后，可以看到交叉引用表中向导使用的存储器。

3. 程序设计

在 2 号站的主程序中，首次扫描时用指令 FILL_N 将 VB104～VB107 清零。此外，调用指令树的文件夹"\程序块\向导"中的 NET_EXE（见图 7-12），该子程序执行用 NETR/NETW 向导设置的网络读/写功能。INT 型参数"Timeout"（超时）为 0 表示不设置超时定时器，为 1～32767 是以秒为单位的定时器时间。每次完成所有的网络操作时，都会切换 BOOL 变量"Cycle"（周期）的状态。BOOL 变量"Error"（错误）为 0 时，表示没有错误，为 1 时表示有错误，错误代码在 NETR/ NETW 的状态字节中。

图 7-11　数据传送示意图

图 7-12　调用子程序 NET_EXE

生成另一个名为"网络读写指令通信从站"的项目（见同名例程），用系统块设置其通信端口的 PPI 站地址为 3，从站与主站通信的波特率相同。主程序在首次扫描时将主站要写入数据的 VB200～VB203 清零。

两块 CPU 均采用默认的设置，全部 V 区被设置为有断电保持功能。

4. 通信实验

将主站和从站的程序分别下载到各自的 CPU。用状态表监控主站的 VB100～VB107 和从站的 VB200～VB207。将主站要发送到从站的数据写入 VB100～VB103。将数据写入主站要读取的从站的 VB204～VB207。

用 PROFIBUS 电缆连接两块 CPU 的 RS-485 端口。在做实验时，也可以用普通的 9 针连接器来代替网络连接器（见图 7-13），不用接终端电阻。

通电后将两块 CPU 切换到 RUN 模式，主站执行网络读/写指令，读/写从站的地址区。

图 7-13　通信的硬件接线图

将两块 CPU 切换到 STOP 模式后，断开两台 PLC 的电源，拔掉连接它们的通信线。先后用 USB/PPI 电缆连接它们，此时可以观察到主站的 VB104～VB107 和从站的 VB200～VB203 接收到的数据。

7.4.2 自由端口模式通信

自由端口模式为计算机或其他有串行通信端口的设备与 S7-200 CPU 之间的通信提供了一种廉价的和灵活的方法。在自由端口模式，CPU 的串行通信由用户程序控制，用户自定义与其他设备通信的协议。可以用接收完成中断、字符接收中断、发送完成中断、发送指令和接收指令来控制通信过程。

CPU 处于 STOP 模式时，自由端口模式被禁止，CPU 可以通过 PPI 协议与编程设备通信。只有当 CPU 处于 RUN 模式时，才能使用自由端口模式。

发送指令 XMT 启动自由端口模式下参数 TBL 指定的数据缓冲区的数据发送。通过参数 PORT 指定的通信端口，发送存储在数据缓冲区中的信息。最多可以发送 255 个字符，发送结束时可以产生中断事件。

接收指令 RCV 初始化或中止接收信息的服务，最多可以接收 255 个字符。通过参数 PORT 指定的通信端口，接收的信息被存储在参数 TBL 指定的数据缓冲区中。在接收完最后一个字符（或每接收一个字符）时，可以产生一个中断。

为了避免通信中的各方争用通信线，一般采用主从方式，只有主站才有权主动发送请求报文，从站接收到后返回响应报文。

异或校验或求和校验是提高通信可靠性的重要措施之一，用得较多的是异或校验，即对每一帧中的第一个字符（不包括起始字符）到该帧中正文的最后一个字符作异或运算，并将异或运算的结果（异或校验码）作为报文的一部分发送到接收端。接收方计算出接收到的数据的异或校验码，并与发送方传送过来的校验码进行比较，如果不同，可以判定通信有误，要求重发（应限制重发的次数）。

参考文献[7]给出了使用接收完成中断的自由端口模式通信的编程实例。

7.5 Modbus RTU 协议通信

7.5.1 Modbus 通信协议

1. Modbus 通信协议

Modbus 协议在工业控制中得到了广泛的应用，许多工控产品都在使用 Modbus 协议。

Modbus 通信协议分为串行链路上的 Modbus 协议和基于 TCP/IP 协议的 Modbus 协议。Modbus 串行链路协议是一个主-从协议，总线上只有一个主站，可以有 1～247 个从站。Modbus 通信只能由主站发起，从站在没有收到来自主站的请求时，不会发送数据，从站之间也不会互相通信。

Modbus 协议有 ASCII 和 RTU（远程终端单元）这两种消息传输模式，S7-200 采用 RTU 模式。消息以字节为单位进行传输，采用循环冗余校验（CRC）进行错误检查，消息最长为 256B。Modbus 网络上所有的站都必须使用相同的传输速率和串口参数。S7-200 可以通过

Modbus RTU 协议，实现相互之间、与其他品牌的 PLC 或变频器之间的通信。

2．使用 Modbus RTU 协议的要求

使用 Modbus 协议通信需要安装 STEP 7-Micro/WIN V32 指令库，安装后在指令树的"库"文件夹中，可以看到用于 Modbus 主站协议通信的 3 个文件夹，端口 1 只能作 Modbus 主站。在程序中使用 Modbus 指令时，一个或多个相关的子程序将会被自动地添加到项目中。调用 Modbus 指令时，将会占用下列的 CPU 资源：

1）通信端口 0 或端口 1 被 Modbus 通信占用时，不能用于其他用途，包括与 HMI 的通信。为了将 CPU 的端口 0 切换回 PPI 模式，以便与 STEP 7-Micro/WIN 通信，应将 Modbus 的初始化指令的参数 Mode 设置为 0，或将 CPU 的模式开关切换到 STOP 模式。

2）Modbus 指令影响与分配给它的端口和自由端口通信有关的所有特殊存储器 SM。

3）Modbus 主站指令使用 3 个子程序和 1 个中断程序，1620B 的程序空间和 284B 的 V 存储器块。Modbus 从站指令使用 3 个子程序和两个中断程序，1857B 的程序空间和 779B 的 V 存储器块。

7.5.2　Modbus RTU 从站协议通信的编程

1．Modbus 从站协议的初始化和执行时间

Modbus 通信使用 CRC（循环冗余检验）确保通信消息的完整性。Modbus 从站协议使用预先计算数值的表格减少处理消息的时间，初始化该 CRC 表格大约需要 240ms。通常在进入 RUN 模式后首次扫描程序时调用 MBUS_INIT 指令来完成初始化操作（见图 7-14）。如果 MBUS_INIT 指令和其他用户初始化操作需要的时间超过 500ms 的扫描监视时间，应复位监控定时器（见 6.4.3 节）。

当 MBUS_SLAVE 子程序执行请求服务时，扫描时间会延长。由于大多数时间用于计算 Modbus CRC，对于请求和响应中的每个字节，扫描时间会延长约 420μs。最大的请求/响应（读取或写入 120 个字）使扫描时间延长约 100ms。

图 7-14　Modbus 从站通信程序

2．MBUS_INIT 指令

图 7-14 是使用 Modbus 从站协议通信的 PLC 程序（见例程"Modbus 从站协议通信"），主站是 S7 系列 PLC。Modbus 从站指令在指令树的"指令\库\Modbus Slave Port 0"文件夹中。插入 MBUS_INIT 指令时，自动添加了几个隐藏的子程序和中断程序。

MBUS_INIT 指令用于启用、初始化或禁用 Modbus 通信。一般在首次扫描时用 SM0.1 的常开触点调用 MBUS_INIT 指令，对 Modbus 通信初始化。应当在每次改变通信状态时执行一次 MBUS_INIT 指令。

输入参数 Mode（模式）用来选择通信协议，Mode 为 1 时将 Modbus 协议指定给端口 0 并启用该协议；Mode 为 0 时将 PPI 协议指定给端口 0 并禁用 Modbus 协议。

Addr（地址）用于设置从站地址（1～247）。

Baud（波特率）可以设为 1200bit/s、2400bit/s、4800bit/s、9600bit/s、19200bit/s、38400bit/s、57600bit/s 或 115200bit/s。

Parity（奇偶校验）应与 Modbus 主设备的奇偶校验方式相同。数值 0、1、2 分别对应无奇偶校验、奇校验和偶校验。

Delay（延时）是以 ms 为单位（0～32767ms）的 Modbus 消息结束的延迟时间，在有线网络上运行时，该参数的典型值为 0。

MaxIQ 是 Modbus 主设备可以访问的 I 和 Q 的点数（0～128），建议设置为 128。

MaxAI 是 Modbus 主设备可以访问的模拟量输入字（AIW）的个数（0～32）。建议值如下：CPU 221 为 0，CPU 222 为 16，其他 CPU 为 32。

MaxHold 是主设备可以访问的保持寄存器（V 存储器字）的最大个数。

HoldStart 是 V 存储区内保持寄存器的起始地址，Modbus 主设备可以访问 V 存储区内地址从 HoldStart 开始的 MaxHold 个 V 存储器字。

MBUS_INIT 指令如果被成功地执行，输出位 Done（完成）为 ON。

Error（错误）输出字节包含指令执行后的错误代码，为 0 表示没有错误。

图 7-14 中 OB1 的程序在首次扫描时执行一次 MBUS_INIT 指令，初始化 Modbus 从站协议。设置从站地址为 1，端口 0 的波特率为 19200bit/s，无奇偶校验，延迟时间为 0，允许访问所有的 I、Q 和 AI，允许访问从 VB200 开始的 1000 个保持寄存器字（2000B）。

3．MBUS_SLAVE 指令

MBUS_SLAVE 指令用于处理来自 Modbus 主站的请求服务，用 SM0.0 的常开触点调用 MBUS_SLAVE 指令，每次扫描都调用该指令。程序中只能使用一条 MBUS_SLAVE 指令。

当 MBUS_SLAVE 指令响应 Modbus 请求时，输出位 Done（完成）为 ON。如果没有服务请求，Done 为 OFF。输出字节 Error（错误）包含执行该指令的结果，该输出只有在 Done 为 ON 时才有效。

4．分配库存储器

执行"文件"菜单中的"库存储区"命令，打开"库存储区分配"对话框，为 Modbus 指令分配 780B 的 V 存储区地址。为了不与 MBUS_INIT 指令中用 HoldStart 和 MaxHold 参数分配的 V 存储区重叠，库存储区的起始地址应在该 V 存储区之外，本例程设置为 VB2200。如果存储区重叠，MBUS_INIT 指令的输出参数 Error 返回错误代码 5。

7.5.3　Modbus RTU 主站协议通信的编程与调试

1．主站协议的初始化和执行时间

主站协议在每次扫描时都需要用少量的时间来执行初始化主设备指令 MBUS_CTRL。首次扫描时 MBUS_CTRL 指令初始化 Modbus 主站的时间约为 1.11ms，以后每次扫描时需要约 0.41ms 的时间来执行 MBUS_CTRL 指令。

主站向 Modbus 从站发送请求消息（简称为请求），然后处理从站返回的响应消息（简称为响应）。MBUS_MSG 指令执行请求时，扫描时间将会延长。大多数时间用于计算请求和响应的 Modbus CRC。对于请求和响应中的每个字，扫描时间会延长约 1.85ms。最大的请求/响应（读取或写入 120 个字）使扫描时间延长约 222ms。

2．MBUS_CTRL 指令

生成一个名为"Modbus 主站协议通信"的项目（见同名例程），OB1 中的程序如图 7-15 所示。

图 7-15 Modbus 主站的通信程序

MBUS_CTRL 指令用于初始化、监视或禁用 Modbus 通信。每个扫描周期都应执行该指令，否则 Modbus 主站协议将不能正确工作。调用 MBUS_CTRL 指令时，将会自动添加几个受保护的用于 Modbus 通信的子程序和中断程序。

输入参数 Mode（模式）、Baud（波特率）、Parity（奇偶校验）和输出参数 Done（完成）、Error（错误）的意义与 Modbus 从站协议的指令 MBUS_INIT 的同名参数相同。参数 Timeout（超时）是等待从站做出响应的时间（1～32767ms），典型值为 1000ms。

图 7-15 中的 MBUS_CTRL 指令设置端口 0 的波特率为 19200bit/s，无奇偶校验，超时时间为 1s。

3. MBUS_MSG 指令

MBUS_MSG 指令用于向 Modbus 从站发送请求消息，以及处理从站返回的响应消息。

使能输入 EN 和输入参数 First（首次）同时接通时，MBUS_MSG 指令向 Modbus 从站发送主站请求。发送请求、等待响应和处理响应通常需要多个 PLC 扫描周期。EN 输入必须接通才能启用请求的发送，并且应该保持接通状态，直到 Done（完成）位被置位。

参数 Slave 是 Modbus 从站的地址（0～247），地址 0 是广播地址，只能用于写请求。S7-200 Modbus 从站库不支持广播地址。

参数 RW（读写）为 0 时为读取，为 1 时为写入。数字量（或称离散量）输出（线圈）和保持寄存器支持读请求和写请求。数字量输入（触点）和输入寄存器仅支持读请求。

参数 Addr（地址）是起始的 Modbus 地址。Modbus 主站指令支持的 Modbus 地址见表 7-3，地址的最高位是地址区的信息。实际的有效地址范围取决于从站设备支持的地址。

表 7-3 地址映射关系

Modbus 地址	S7-200 的地址	Modbus 地址	S7-200 的地址
00001～00128	Q0.0～Q15.7	30001～30032	AIW0～AIW62
10001～10128	I0.0～I15.7	40001～4xxxx	HoldStart + 2(xxxx -1)

Modbus 同类元件的首地址为 1，而 S7-200 同类元件的首地址为 0。

参数 Count（计数）用于设置请求中要读取或写入的数据元素的个数（位数据类型的位数或字数据类型的字数）。MBUS_ MSG 指令最多读取或写入 120 个字或 1920 个位（240 个字节的数据）。实际的上限与从站有关。

参数 DataPtr 是间接寻址的地址指针，指向主站 CPU 中保存与读/写请求有关的数据的 V 存储区。Modbus 地址表中的保持寄存器对应于 S7-200 的变量存储器（V 存储器），保持寄存器以字为单位寻址。例如要写入 Modbus 从站设备的数据的起始地址为 VW100 时，DataPtr 的值为 &VB100（VB100 的地址）。对于读请求，DataPtr 指向用于存储从 Modbus 从站读取的数据的第一个 CPU 存储单元。对于写请求，DataPtr 指向要发送到 Modbus 从站的数据的第一个 CPU 存储单元。

CPU 在发送请求和接收响应时，Done（完成）输出为 OFF。响应完成或 MBUS_MSG 指令因为错误中止时，Done（完成）输出为 ON。字节 Error 中为错误代码。

程序中可以有多条 MBUS_MSG 指令，但是某一时刻只能有一条 MBUS_MSG 指令处于激活状态。如果同时启用多条 MBUS_MSG 指令，将处理执行的第一条 MBUS_MSG 指令，所有后续的 MBUS_MSG 指令将中止，并返回错误代码 6。

执行"文件"菜单中的"库存储区"命令，打开"库存储器分配"对话框，为 Modbus 指令分配 284B 的 V 存储区地址。可以直接输入 V 存储区的起始地址。

4. 从站的程序

用 S7-200 作 Modbus 从站，其程序如图 7-14 所示（见例程"Modbus 从站协议通信"）。其 V 存储区（保持寄存器）的起始地址 HoldStart 为 VB200，库存储区的起始地址为 VB2200。图 7-15 中 MBUS_MSG 指令的 Modbus 地址 40001 对应于从站的 VW200；40005 对应于 VW208。

5. 程序的执行过程

每一条 MBUS_MSG 指令可以用上一条 MBUS_MSG 指令的 Done 完成位来激活，以保证所有读写指令顺序进行。下面是图 7-15 中程序的工作过程：

1）首次扫描时，用内存填充指令 FILL_N 将保存读取的数据的地址区 VW108～VW114 清零，复位两条 MBUS_MSG 指令的使能标志 M2.0 和 M2.1。

2）在 I0.0 的上升沿置位 M2.0（见图 7-16），开始执行第一条 MBUS_MSG 指令。该指令将主站的 VW100～VW106 的值写入保持寄存器 40001～40004，即从站的 VW200～VW206（见图 7-17）。从站的 MBUS_INIT 指令的输入参数 HoldStart 为&VB200（见图 7-14），保持寄存器 40001 的实际地址为 VW200。

图 7-16　信号波形图　　　　图 7-17　数据传送示意图

3）第一条 MBUS_MSG 指令执行完时，它的输出参数 Done（M0.1）变为 ON（见图 7-16），M2.0 被复位，停止执行第一条 MBUS_MSG 指令。M2.1 被置位，开始执行第二条

MBUS_MSG 指令，读取保持寄存器 40005～40008。保持寄存器 40005 对应于从站的 VW208，即读取从站从 VW208 开始的 4 个字（见图 7-17），保存到主站从 VW108 开始的 4 个字。指令执行出错则置位 Q0.1。

4）第二条 MBUS_MSG 指令执行完时，它的输出参数 Done（M0.2）变为 ON（见图 7-16），M2.1 被复位，停止执行第二条 MBUS_MSG 指令。指令执行出错则置位 Q0.2。

6. 通信实验

用 USB/PPI 电缆将用户程序和组态信息分别下载到作为 Modbus 主站和从站的两台 CPU 224。用状态表为待发送数据的地址区（主站的 VW100～VW106 和从站的 VW208～VW214）赋新值，并将新值写入 CPU。做实验时应采用默认的设置，全部 V 区被设置为有断电保护功能。

断开 PLC 的电源，用 PROFIBUS 电缆连接两块 CPU 的 RS-485 端口。做实验时也可以用普通的 9 针连接器来代替网络连接器，不用接终端电阻。

接通两台 PLC 的电源，令它们运行在 RUN 模式。接通和断开主站的 I0.0 外接的小开关，先后执行图 7-15 中的两条 MBUS_MSG 指令，将主站的 VW100～VW106 的值写入从站的 VW200～VW206。读取从站的 VW208～VW214 的值，保存到主站的 VW108～VW114。

关闭两台 PLC 的电源，断开连接它们之间的通信线。先后用 USB/PPI 电缆连接它们，通过主站和从站的状态表，观察是否接收到了对方发送的数据。

7.6 S7-200 与变频器的 USS 协议通信

7.6.1 硬件接线与 V20 变频器参数设置

西门子的基本型变频器 SINAMICS V20 具有调试快捷、易于操作、稳定可靠、经济高效的特点。输出功率 0.12～15kW，有 PID 参数自整定功能。V20 可以通过 RS-485 通信端口，使用 USS 协议与西门子 PLC 通信。V20 还可以使用 Modbus RTU 协议，与 PLC 和 HMI（例如 SMART 700 IE）通信。

1. 连接宏和应用宏

V20 的功能很强，可以采用多种控制方式。需要用参数来设置接线端子的功能，有的端子可以设置 20 多种功能。初学者面对变频器需要设置的大量的参数，都会感到茫然不知所措。

在 V20 的手册中，变频器常用的控制方式被归纳总结为 12 种连接宏和 5 种应用宏，供用户选用。使用连接宏和应用宏，无需直接面对冗长复杂的参数列表，可以避免因参数设置不当而导致的错误。

连接宏类似于配方，给出了完整的解决方案。《SINAMICS V20 变频器操作说明》的 5.5.1 节提供了每种连接宏的外部接线图，以及每种连接宏所有需要设置的参数的默认设置值。选中某种连接宏后，有关的参数被自动设置为该连接宏的默认值，用户只需按自己的要求修改少量的参数值。

应用宏针对某种特定的应用提供一组相应的参数设置。选择了一个应用宏后，变频器会自动应用该应用宏的参数设置，从而简化调试过程。默认的应用宏为 AP000（采用出厂时默认的全部参数设置）。此外有水泵、风机、压缩机和传送带这 4 个应用宏。用户可以选择与其控制要求最为接近的应用宏，然后根据需要进一步地更改参数。

2. 硬件接线

USS 是用于西门子变频器与 S7 系列 PLC 通信的协议。S7-200 的 CPU 的端口 0 与 V20 变频器的硬件接线见图 7-18。

图 7-18　USS 通信的硬件接线图

接线时应满足下面的要求，否则可能毁坏通信端口。

1）应确保与变频器连接的所有控制设备（例如 S7-200 CPU）的信号公共点均用短粗电缆连接到变频器的接地点或星点。S7-200 侧的 RS-485 连接器的 5 脚（5V 电压的公共端）必须与 V20 的模拟量的 0V 端子相连。

2）两侧的 0V 端子不能就近通过保护接地网络相连，否则可能因为烧电焊烧毁通信设备。

RS-485 电缆应与其他电缆（特别是电动机的主回路电缆）保持一定的距离，并将 RS-485 电缆的屏蔽层接地。总线电缆的长度大于 2m 时，应在网络两端的站点设置总线终端电阻。

3. 设置电动机参数

使用 USS 协议进行通信之前，应使用 V20 内置的基本操作面板（简称为 BOP，见图 7-19）来设置变频器有关的参数。首次上电或变频器被工厂复位后，进入 50/60Hz 选择菜单，显示"50？"（50Hz）。单击 OK 键的时间小于 2s 时（以下简称为单击），进入设置菜单，显示参数编号 P0304（电动机额定电压）。单击 OK 键，显示原来的电压值 400。可以用 ▲、▼ 键增减参数值，长按这两个按钮参数值将会快速变化。单击 OK 键确认参数值后返回参数编号显示，单击 ▲ 键显示下一个参数编号 P0305。用同样的方法分别设置 P0305[0]、P0307[0]、P0310[0] 和 P0311[0]（电动机的额定电流、额定功率、额定频率和额定转速）。

4. 设置连接宏、应用宏和其他参数

单击 M 键，显示"-Cn000"，设置连接宏。单击 ▲ 键，直到显示"Cn010"时单击 OK 键，显示"-Cn010"，表示选中了 USS 连接宏 Cn010。单击 M 键显示"-AP000"，采用默认的应用宏 AP000（出厂默认设置，不更改任何参数设置）。

在设置菜单方式长按 M 键（按键时间大于 2s）或下一次上电时，进入显示菜单方式，显示 0.00Hz。多次单击 OK 键，将循环显示输出频率（Hz）、输出电压（V）、电动机电流（A）、直流母线电压（V）和设定频率值。

图 7-19　V20 变频器的内置基本操作面板

连接宏 Cn010 预设了 USS 通信的参数（见表 7-4），使调试更加便捷。

在显示菜单方式下单击 M 键，进入参数菜单方式，显示 P0003。令参数 P0003 = 3，允许读/写所有的参数。按表 7-4 的要求，用 ok 键和 ▲、▼ 键检查和修改参数值。为了设置参数 P2010[0]，用 ▲、▼ 键增减参数编号直至显示 P2010。单击 ok 键显示"in000"，表示该参数方括号内的索引（Index，或称下标）值为 0，可用 ▲、▼ 键修改索引值。单击 ok 键显示 P2010[0]原有的值，修改为 7（波特率为 19.2kbit/s）以后单击 ok 键确认。将参数 P2014[0]修改为 0ms。

基准频率 P2000[0]采用默认值 50.00Hz，它是串行链路或模拟量输入的满刻度频率设定值。在参数菜单方式长按 M 键，将进入显示菜单方式，显示 0.00Hz。

表 7-4　USS 通信的参数设置

参　数	描　　述	Cn010 默认值	实际设置值	备　注
P0700[0]	选择命令源	5	5	命令来自 RS-485
P1000[0]	选择频率设定源	5	5	频率设定值来自 RS-485
P2023	RS-485 协议选择	1	1	USS 协议
P2010[0]	USS/Modbus 波特率	8	7	波特率为 19.2kbit/s
P2011[0]	USS 从站地址	1	1	变频器的 USS 地址
P2012[0]	USS 协议的过程数据 PZD 长度	2	2	PZD 部分的字数
P2013[0]	USS 协议的参数标示符 PKW 长度	127	127	PKW 部分的字数可变
P2014[0]	USS/Modbus 报文间断时间	500	0	设为 0 看门狗被禁止（ms）

5. 变频器恢复出厂参数

在更改上次的连接宏设置前，应对变频器进行工厂复位，令 P0010 = 30（工厂的设定值），P0970 = 1（参数复位），按 ok 键将变频器恢复到工厂设定值。令参数 P0003 = 3，允许读/写所有的参数。更改连接宏 Cn010 中的参数 P2023 后，变频器应重新上电。在变频器断电后确保 LED 灯熄灭或显示屏空白后方可再次接通电源。

7.6.2　USS 协议通信的编程与实验

1. USS 指令

安装 STEP 7-Micro/WIN V32 指令库后，在指令树的"库"文件夹中可以看到用于 USS

协议通信的文件夹"USS protocol Port 0"和"USS protocol Port 1"。它们分别用于 CPU 的 RS-485 端口 0 和 CPU 224XP、CPU 226 的端口 1。

在 USS 通信中，PLC 作主站，变频器作从站。从站只有在接收到主站的请求消息后才可以立即向主站发送响应消息，从站之间不能直接传输数据。用指令库中的 USS 指令来监控变频器和读/写变频器参数，USS 指令不能在中断程序中使用。调用 USS_INIT 指令时，将会自动添加几个隐藏的子程序和中断程序。

某个端口使用 USS 协议与变频器通信时，不能再作他用，包括与 HMI 进行通信。

USS 指令将用户程序所需的存储器数量增加 2150～3500B。USS 指令还要占用由用户指定的 400B 的 V 存储区。有些 USS 指令还要求 16B 的通信缓存区。

USS 协议是一种中断驱动的应用程序。在最差的情况下，接收消息中断程序的执行最多需要 2.5ms。在此期间，所有其他中断事件都需要排队，等待接收消息中断程序执行完毕后再进行处理。USS 指令会影响与分配的端口的自由端口通信有关的所有 SM 地址。

通信速率为 19200bit/s 时，USS 主站的轮询时间为 35ms 乘以从站数。

在 STEP 7-Micro/WIN 中生成一个名为"USS 通信"的项目（见同名例程）。

2. 调用 USS_INIT 指令

USS_INIT 指令（见图 7-20）用于启用、初始化或禁用与西门子变频器的通信。在使用其他 USS 指令之前，必须成功地执行 USS_INIT 指令。该指令执行完后，Done（完成）输出位被立即置位，然后继续执行下一条指令。端口 1 的 USS 指令附加了"_P1"，例如 USS_INIT_P1。

一般在首次扫描时执行一次 USS_INIT 指令。如果要更改通信参数，需要执行新的 USS_INIT 指令，用边沿检测指令使 EN 输入以脉冲方式接通。

参数 Mode 用来选择通信协议，为 1 时将端口分配给 USS 协议并启用该协议，为 0 时将端口分配给 PPI 协议并禁用 USS 协议。

参数 Baud 用于设置波特率，单位为 bit/s，应与变频器设置的波特率相同。

双字参数 Active 用于设置要激活的变频器。要激活的变频器的地址为 N（N 的取值范围为 0～31）时，令 Active 的第 N 位为 1。同时可以激活多台变频器，未激活的变频器对应的位为 0。例如要激活地址为 0～2 的变频器时，Active 为 16#07（Active 的第 0～2 位为 1）。图 7-20 仅激活了 1 号变频器。

图 7-20　USS_INIT 指令

输出字节 Error 为协议执行的错误代码。

3. 调用 USS_CTRL 指令

USS_CTRL 指令（见图 7-21）用于控制一台激活的西门子变频器。USS_CTRL 指令将它的命令参数放置到通信缓冲区，如果用 Drive 参数定义的变频器已被 USS_INIT 指令的 Active 参数激活，USS_CTRL 指令的命令参数随后将发送给该变频器。每台变频器只能分配一条 USS_CTRL 指令。必须用一直为 ON 的 SM0.0 的常开触点控制该指令的 EN 输入位。

输入参数 RUN 用于控制电动机的起动和转速匀速下降的停车（见下一节）。输入参数 OFF2 和 OFF3 分别用于电动机的惯性自然停车和快速停车。

位参数 Resp_R（接收到响应）确认来自变频器的响应。系统轮询所有被激活的变频器，以获取最新的变频器状态信息。每次 CPU 收到来自变频器的响应时，该位将接通一个扫描周期，以下参数值将被更新。

图 7-21 USS_CTRL 指令

在故障确认位 F_ACK 的上升沿，复位变频器的故障位 Fault，确认变频器发生的故障。

方向控制位 DIR 用于控制电动机的旋转方向。

参数 Drive 用于设置接收 USS_CTRL 命令的变频器的地址（0～31）。

参数 Type 用于设置变频器的类型，V20 系列变频器的类型号为 1。

实数参数 Speed_SP 是用组态的基准频率（P2000）的百分数表示的频率设定值（-200.0%～200.0%）。负的设定值将使电动机反方向旋转。

字节参数 Error 中包含对变频器的最新通信请求的结果。USS 协议的执行错误代码定义了执行该指令产生的错误状况。

字参数 Status 是变频器返回的状态字。V20 变频器的状态字各位的意义见《SINAMICS V20 变频器操作说明》的参数列表中的参数 r0052。

实数参数 Speed 是以组态的基准频率（P2000）的百分数表示的变频器输出频率的实际值。

位参数 Run_EN 为 ON 表示变频器正在运行。

电动机的旋转方向用 Speed 的正负来表示，也可以用正值和 D_Dir（方向）位来表示。

位参数 Inhibit 为 ON 表示变频器已被禁止。为了清除 Inhibit 位，Fault、RUN、OFF2 和 OFF3 应为 OFF。

位参数 Fault 为 ON 表示变频器有故障，故障消失后，可以用 F_ACK 位来清除此位。

4. 设置 USS 通信的 V 存储器区

执行菜单命令"文件"→"库存储区"，设置 USS 库所需的 V 存储器的起始地址为 VB200。

5. PLC 监控变频器的实验

1）用状态表设置 USS_CTRL 指令的参数 Speed_SP（VD10，见图 7-21）为 20.0（%）。因为变频器的基准频率（参数 P2000）为默认的 50.0Hz，频率设定值为 10.0Hz。

连接好变频器和电动机的一次回路接线，将程序下载到 PLC 后，按图 7-18 连接好变频器与 PLC 的 RS-485 端口。做实验时如果通信线很短，可以不接终端电阻。接通变频器的电源，用基本操作面板（BOP）设置好变频器的参数，令 PLC 运行在 RUN 模式，用 BOP 显示变频器的频率。

2）用接在 PLC 输入端的小开关令 USS_CTRL 指令的参数 OFF2（I0.1）和 OFF3（I0.2）为 OFF，参数 RUN（I0.0）为 ON，电动机起动运行。BOP 显示的频率值从 0.00Hz 逐渐增大到 10.00Hz 后不再变化。令参数 RUN 为 OFF，电动机减速停车。BOP 显示的频率值从 10.00Hz 逐渐减少到 0.00Hz。

3）在电动机运行时，用 I0.1（OFF2）外接的小开关发一个脉冲，电动机自然停车。

4）在电动机运行时，用 I0.2（OFF3）外接的小开关发一个脉冲，电动机快速停车。参数 OFF2 和 OFF3 发出的脉冲使电动机停机后，需要将参数 RUN 由 ON 变为 OFF，然后再变为 ON，才能再次起动电动机运行。

5）在电动机运行时，令控制方向的输入参数 DIR（I0.3）变为 ON，电动机减速后反向旋转，反向升速至-10.00Hz 后不再变化，BOP 显示 ⌒ 图标。令 DIR 变为 OFF，电动机减速后返回最初的旋转方向，升速至 10.00Hz 后不再变化，⌒ 图标消失。

6）在电动机停机时，用状态表将图 7-21 中的频率设定值 Speed_SP 修改为-50.0（%），DIR 保持 OFF 不变，然后写入 PLC。令参数 RUN 为 ON，电动机反向起动，频率最后稳定在-25.00Hz。

实际的频率输出值受到参数"最大频率"（P1082）和"最小频率"（P1080）的限制。

7.7　习题

1. 异步通信为什么需要设置起始位和停止位？
2. 什么是奇校验？
3. 简述以太网防止多站争用总线采取的控制策略。
4. 简述令牌总线防止多站争用总线采取的控制策略。
5. 简述主从通信方式防止争用通信线采取的控制策略。
6. 终端电阻有什么作用？怎样设置网络连接器上的终端电阻开关？
7. 网络中继器有什么作用？
8. 用编程软件的指令向导中的 NETR/NETW 生成 2 号站的通信子程序，要求用 2 号站的 I0.0～I0.7 控制 3 号站的 Q0.0～Q0.7，用 3 号站的 I0.0～I0.7 控制 2 号站的 Q0.0～Q0.7。简述设置参数的过程。
9. PLC 与变频器的硬件接线应注意什么问题？
10. 假设 USS 网络有 5 台地址为 1～5 的变频器，确定 USS_INIT 的 Active 参数。
11. USS_CTRL 指令怎样控制变频器的起动、停车和旋转方向？

第8章　PLC 应用中的一些问题

8.1　PLC 控制系统的硬件可靠性措施

PLC 是专门为工业环境设计的控制装置，一般不需要采取什么特殊措施，就可以直接在工业环境使用。但是如果环境过于恶劣，电磁干扰特别强烈，或安装使用不当，不能保证系统的正常安全运行，干扰可能会使 PLC 接收到错误的信号，造成误动作，或使 PLC 内部的数据丢失，严重时甚至会使系统失控。在系统设计时，应采取相应的可靠性措施，以消除或减小干扰的影响，保证系统的正常运行。

1．电源的抗干扰措施

电源是干扰进入 PLC 的主要途径之一，电源干扰主要是通过供电线路的分布电容和分布电感的耦合产生的，各种大功率用电设备是主要的干扰源。

在干扰较强或对可靠性要求很高的场合，可以在 PLC 的交流电源输入端加接带屏蔽层的隔离变压器和低通滤波器。

隔离变压器可以抑制从电源线窜入的外来干扰，提高抗高频共模干扰的能力。高频干扰信号不是通过变压器绕组的耦合，而是通过一次、二次绕组间的分布电容传递的。在一次、二次绕组之间加绕屏蔽层，并将它和铁心一起接地，可以减少绕组间的分布电容，提高抗高频干扰的能力。可以在互联网上搜索"电源滤波器""抗干扰电源"和"净化电源"等关键词，选用相应的抗电源干扰的产品。

2．布线的抗干扰措施

PLC 不能与高压电器安装在同一个开关柜内，在柜内 PLC 应远离动力线，两者之间的距离应大于 200mm。中性线与相线、公共线与信号线应成对布线。I/O 线与电源线应分开走线，数字量、模拟量 I/O 线应分开敷设，交流信号与直流信号应分别使用不同的电缆。不同类型的导线应分别装入不同的电缆管或电缆槽中，并使其有尽可能大的空间距离。距离较长的数字量 I/O 线应采用屏蔽线。应为可能遭雷电冲击的线路安装合适的浪涌抑制设备，干扰较严重时也应设置浪涌抑制设备。

信号线和它的返回线绞合在一起，能减少感性耦合引起的干扰，绞合越靠近端子越好。S7-200 的交流电源线和 I/O 点之间的隔离电压为 AC 1500V，可以作为交流线和低压电路之间的安全隔离。

3．模拟量信号的处理

模拟量信号和高速脉冲信号的传输线应使用双屏蔽的双绞线（每对双绞线和整个电缆都有屏蔽层）。不同的模拟量信号线应独立走线，它们有各自的屏蔽层，以减少线间的耦合。不要把不同的模拟量信号置于同一个公共返回线。

如果模拟量输入/输出信号距离 PLC 较远，应采用 4~20mA 的电流传输方式，而不是易受干扰的电压传输方式。干扰较强的环境应选用有光隔离的模拟量 I/O 模块，使用分布电容小、干扰抑制能力强的配电器为变送器供电，以减少对 PLC 的模拟量输入信号的干扰。应短接未使用的 A-D 通道的输入端，以防止干扰信号进入 PLC，影响系统的正常工作。模拟量输入信号的数字滤波是减轻干扰影响的有效措施。

4. PLC 的接地

（1）控制设备的两种地

1）安全保护地（或称电磁兼容性地）。车间里一般有保护接地网络。为了保证操作人员的安全，应将电动机的外壳和控制屏的金属屏体连接到安全保护地。CPU 模块上的 PE（保护接地）端子应连接到大地或者柜体上。

2）信号地（或称控制地、仪表地）。它是电子设备的电位参考点，例如 CPU 模块的传感器电源输出端子中的 M 端子应接到信号地。PLC 和变频器通信时，应将 PLC 的 RS-485 端口的第 5 脚（5V 电源的负极）与变频器的模拟量输入信号的 0V 端子连接到信号地。

（2）控制地应一点接地

控制系统中所有的控制设备需要接信号地的端子应保证一点接地。首先以控制屏为单位，将屏内各设备需要接信号地的端子用电缆夹连接到等电位母线上，然后用规定面积的等电位连接导线将各个屏的信号地端子连接到接地网络的某一点。西门子推荐的等电位连接导线的截面积为 16mm^2。信号地最好采用单独的接地装置。

连接参考电位不同的设备的通信口，可能导致在连接电缆中产生预想不到的电流。这种电流可能导致通信错误或设备损坏。应确保用通信电缆连接的所有设备都共用一个公共电路参考点或者进行隔离，以防止出现意外电流。S7-200 的 RS-485 通信端口没有绝缘隔离，可以使用有隔离的 RS-485 中继器来连接具有不同地电位的设备。

（3）屏蔽电缆屏蔽层的接地

一般情况下，屏蔽电缆的屏蔽层应两端接金属机壳，并确保大面积接触金属表面，以便能承受高频干扰。为了减少屏蔽层的电流，两端接地的屏蔽层应与等电位连接导线并联。

在少数情况下，模拟量电缆的屏蔽层可以在控制柜一端接地，另一端通过一个高频小电容接地。如果屏蔽层两端的差模电压不高，并且连接到同一地线上时，也可以将屏蔽层的两端直接接地。

不要使用金属箔屏蔽层电缆，它的屏蔽效果仅有编织物屏蔽层电缆的五分之一。

（4）信号地不要通过保护接地网络连接

如果将各控制屏或设备的信号地就近连接到当地的安全保护地网络上，强电设备的接地电流可能在两个接地点之间产生较大的电位差，干扰控制系统的工作，严重时可能烧毁设备。

有不少企业因为在车间烧电焊，烧毁了控制设备的通信端口和通信设备。电焊机的二次侧电压很低，但是焊接电流很大。焊接线的"地线"一般搭在与保护接地网络连接的设备的金属构件上。如果电焊机的接地线的接地点离焊接点较远，焊接电流通过保护接地网络形成回路。如果各设备的信号地不是一点接地，而是就近接到安全保护地网络上，焊接电流有可能窜入通信网络，烧毁设备的通信端口或通信模块。

5. 防止变频器干扰的措施

现在 PLC 越来越多地与变频器一起使用，经常会遇到变频器干扰 PLC 的正常运行的故障，变频器已经成为 PLC 最常见的干扰源。

变频器的主电路为交-直-交变换电路，工频电源被整流为直流电压，输出的是基波频率可变的高频脉冲信号，载波频率可能超过 10kHz。变频器的输入电流为含有丰富的高次谐波的脉冲波，它会通过电力线干扰其他设备。高次谐波电流还通过电缆向空间辐射，干扰邻近的电气设备。

可以在变频器输入侧与输出侧串接电抗器，或安装谐波滤波器（见图 8-1），以吸收谐波，抑制高频谐波电流。

图 8-1　变频器的输入滤波器与输出滤波器

将变频器放在控制柜内，并将其金属外壳接地，对高频谐波有屏蔽作用。变频器的输入/输出电流（特别是输出电流）中含有丰富的谐波，所以主电路也是辐射源。PLC 的信号线和变频器的输出线应分别穿管敷设，变频器的输出线一定要使用屏蔽电缆或穿钢管敷设，以减轻对其他设备的辐射干扰和感应干扰。

变频器应使用专用接地线，并且用粗短线接地，其他邻近的电气设备的接地线必须与变频器的接地线分开。

可以对受干扰的 PLC 采取屏蔽措施，在 PLC 的电源输入端串入滤波电路或安装隔离变压器，以减小谐波电流的影响。

6．强烈干扰环境中的隔离措施

一般情况下，PLC 的输入/输出信号采用内部的隔离措施就可以保证系统的正常运行。因此一般没有必要在 PLC 外部再设置抗干扰隔离器件。

在发电厂等工业环境，空间极强的电磁场和高电压、大电流断路器的通断将会对 PLC 产生强烈的干扰。由于现场条件的限制，有时很长的强电电缆和 PLC 的低压控制电缆只能敷设在同一个电缆沟内，强电干扰在 PLC 的输入线上产生的感应电压和感应电流相当大，可能使 PLC 输入端的光耦合器中的发光二极管发光，使 PLC 产生误动作。可以用小型继电器来隔离用长线引入 PLC 的数字量信号。S7-200 的数字量输入模块的最小逻辑 1 的信号电流为 2.5mA，而小型继电器的线圈吸合电流为数十毫安，强电干扰信号通过电磁感应产生的能量一般不会使隔离用的继电器误动作。来自开关柜内和距离开关柜不远的输入信号一般没有必要用继电器来隔离。

为了提高抗干扰能力，对长距离的串行通信信号，可以考虑用光纤来传输和隔离，或使用带光耦合器的通信端口。

7．PLC 输出的可靠性措施

如果用 PLC 驱动交流接触器，应将额定电压为 AC 380V 的交流接触器的线圈换成 220V 的。在负载要求的输出功率超过 PLC 的允许值时，应设置外部继电器。PLC 输出模块内的小型继电器的触点小，断弧能力差，不能直接用于 DC 220V 的电路，必须通过外部继电器驱动 DC 220V 的负载。

8．感性负载的处理

感性负载（例如继电器、接触器的线圈）具有储能作用，PLC 内控制它的触点或场效应晶体管断开时，电路中的感性负载会产生高于电源电压数倍甚至数十倍的反电势。触点接通时，会因触点的抖动而产生电弧，它们都会对系统产生干扰。对此可以采取下述的措施。

输出端接有直流感性负载时，应在它两端并联一个续流二极管。如果需要更短的断开时间，可以串接一个稳压管（见图 8-2a），二极管可以选 IN4001，场效应晶体管输出可以选 8.2V/5W 的稳压管，继电器输出可以选 36V 的稳压管。

图 8-2　输出电路感性负载的处理
a) 直流输出电路　b) 交流输出电路

输出端接有 AC 220V 感性负载时，应在它两端并联 RC 串联电路（见图 8-2b），可以选 0.1μF 的电容和 100～120Ω 的电阻。电容的额定电压应大于电源峰值电压。要求较高时，还可以在负载两端并联压敏电阻，其压敏电压应大于额定电压有效值的 2.2 倍。

为了减小电动机和电力变压器投切时产生的干扰，可以在 PLC 的电源输入端设置浪涌电流吸收器。

8.2　PLC 在模拟量闭环控制中的应用

8.2.1　模拟量闭环控制系统

1. 模拟量闭环控制系统的组成

PLC 模拟量闭环控制系统的框图如图 8-3 所示。图中的点画线部分在 PLC 内。在模拟量闭环控制系统中，被控量 $c(t)$（即系统的输出量，例如压力、温度、流量和转速等）是连续变化的模拟量，某些执行机构（例如直流调速装置、电动调节阀和变频器等）要求 PLC 输出模拟量信号 $M(t)$，而 PLC 的 CPU 只能处理数字量。$c(t)$ 首先被测量元件和变送器转换为标准量程（例如 DC 4～20mA 和 DC 0～10V）的直流电流信号或直流电压信号 $PV(t)$。

图 8-3　PLC 模拟量闭环控制系统框图

模拟量与数字量之间的相互转换和 PID 程序的执行都是周期性的操作，其间隔时间称为采样周期 T_S。各数字量中的下标 n 表示该变量是第 n 次采样计算时的数字量。

图 8-3 中的 SP_n 是设定值，PV_n 为过程变量，误差 $e_n = SP_n - PV_n$。模拟量输出模块的 D-A 转换器将 PID 控制器的整数输出值 M_n 转换为模拟量（直流电压或直流电流）$M(t)$，再去控制执行机构。

例如，在加热炉温度闭环控制系统中，被控对象为加热炉，被控制的物理量 $c(t)$ 为温度。用热电偶检测炉温，温度变送器将热电偶输出的微弱电压信号转换为标准量程的电流或电压 $PV(t)$，然后送给模拟量输入模块，经 A-D 转换后得到与温度成比例的数字量 PV_n。

CPU 将它与温度设定值 SP_n 比较，以误差值 e_n 为输入量，进行 PID 控制运算。将整数运算结果 M_n 送给模拟量输出模块，经 D-A 转换后变为电流信号或电压信号 $M(t)$，用来控制电动调节阀的开度。通过它控制加热用的天然气的流量，以实现对温度的闭环控制。

2. 闭环控制的工作原理

闭环负反馈控制可以使过程变量（反馈量）PV_n 等于或跟随设定值 SP_n。以炉温控制系统为例，假设被控量温度值 $c(t)$ 低于给定的温度值，过程变量 PV_n 小于设定值 SP_n，误差 e_n 为正，控制器的输出值 $M(t)$ 将增大，使执行机构（电动调节阀）的开度增大，进入加热炉的天然气流量增加，加热炉的温度升高，最终使实际温度接近或等于设定值。

天然气压力的波动、工件进入加热炉这些因素称为扰动，它们会破坏炉温的稳定，有的扰动量很难进行检测和补偿。闭环控制具有自动减小和消除误差的功能，可以有效地抑制闭环中各种扰动量对被控量的影响，使过程变量 PV_n 等于或跟随设定值 SP_n。

闭环控制系统的结构简单，容易实现自动控制，因此在各个领域得到了广泛的应用。

3. 变送器的选择

变送器用来将电量或非电量转换为标准量程的电流或电压，然后送给模拟量输入模块。

变送器分为电流输出型变送器和电压输出型变送器。电压输出型变送器具有恒压源的性质，PLC 的模拟量输入模块的电压输入端的输入阻抗很高，例如电压输入时模拟量输入模块 EM 231 的输入阻抗大于、等于 2MΩ。如果变送器距离 PLC 较远，微小的干扰信号电流将在模块的输入阻抗上产生很高的干扰电压。例如，5μA 干扰电流在 2MΩ 输入阻抗上将产生 10V 的干扰电压信号，所以远程传送的模拟量电压信号的抗干扰能力很差。

电流输出型变送器具有恒流源的性质，恒流源的内阻很大。PLC 模拟量输入模块的输入为电流时，输入阻抗较低，例如电流输入时 EM 231 的输入阻抗为 250Ω。线路上的干扰信号在模块的输入阻抗上产生的干扰电压很低，所以模拟量电流信号适于远程传送。电流信号的传送距离比电压信号的传送距离远得多，使用屏蔽电缆信号线时可达数百米。

电流输出型变送器分为二线制和四线制两种，四线制变送器有两根电源线和两根信号线。二线制变送器只有两根外部接线，它们既是电源线，又是信号线（见图 8-4），输出 DC 4～20mA 的信号电流，直流电源被串接在回路中。有的二线制变送器通过隔离式安全栅供电。通过调试，在被检测信号量程的下限时输出

图 8-4　二线制变送器

电流为 4mA，被检测信号满量程时输出电流为 20mA。二线制变送器的接线少，信号可以远传，在工业中得到了广泛的应用。

4. 闭环控制反馈极性的确定

闭环控制必须保证系统是负反馈（误差＝设定值－过程变量），而不是正反馈（误差＝设定值+过程变量）。如果系统接成了正反馈，将会失控，被控量会往单一方向增大或减小，给系统的安全带来极大的威胁。

闭环控制系统的反馈极性与很多因素有关。例如，因为接线改变了变送器的输出电流或输出电压的极性，或改变了绝对式位置传感器的安装方向，这些因素都会改变反馈的极性。

可以用下述方法来判断反馈的极性：在调试时断开模拟量输出模块与执行机构之间的连线，在开环状态下运行 PID 控制程序。如果控制器有积分环节，因为反馈被断开了，所以不能消除误差，模拟量输出模块的输出电压或电流将会向一个方向变化。这时，如果假设接上

执行机构能减小误差，则为负反馈，反之为正反馈。

以温度控制系统为例，假设开环运行时设定值大于过程变量，若模拟量输出模块的输出值 $M(t)$ 不断增大，形成闭环后，将使电动调节阀的开度增大，闭环后温度测量值将会增大，使误差减小，由此可以判定系统是负反馈。

5. 闭环控制系统主要的性能指标

由于给定输入信号或扰动输入信号的变化使系统的输出量发生变化，在系统输出量达到稳态值之前的过程称为过渡过程或动态过程。系统的动态过程的性能指标用阶跃响应的参数来描述，被控对象的阶跃响应曲线如图 8-5 所示。阶跃响应是指系统的输入信号阶跃变化（例如从 0 突变为某一恒定值）时系统的输出。

图 8-5　被控对象的阶跃响应曲线

一个系统要正常工作，阶跃响应曲线应该是收敛的，最终能趋近于某一个稳态值 $c(\infty)$。系统进入并停留在 $c(\infty)$ 上下 5%（或 2%）的误差带内的时间 t_s 称为调节时间。到达调节时间表示过渡过程已基本结束。

被控量 $c(t)$ 从 0 上升，第一次到达稳态值 $c(\infty)$ 的时间称为上升时间 t_r。

系统的相对稳定性可以用超调量来表示。设动态过程中输出量的最大值为 $c_{max}(t)$，如果它大于输出量的稳态值 $c(\infty)$，定义超调量为

$$\sigma\% = \frac{c_{max}(t) - c(\infty)}{c(\infty)} \times 100\%$$

超调量越小，动态稳定性越好。一般希望超调量小于 10%。通常用稳态误差来描述控制的准确性和控制精度，稳态误差是指响应进入稳态后，输出量的期望值与实际值之差。

6. 闭环控制带来的问题

使用闭环控制并不能保证得到良好的动静态性能，这主要是系统中的滞后因素造成的。闭环中的滞后因素主要来源于被控对象。以调节洗澡水的温度为例，人们用皮肤检测水的温度，人的大脑是闭环控制器。假设水温偏低，往热水增大的方向调节阀门后，因为从阀门到人的皮肤有一段距离，所以需要经过一定的时间延迟，人才能感觉到水温的变化。如果阀门开度调节量过大，将会造成水温忽高忽低，来回震荡。如果没有滞后，调节阀门后马上就能感觉到水温的变化，那就很好控制了。

如果 PID 控制器的参数整定得不好，使 $M(t)$ 的变化幅度过大，调节过头，阶跃响应曲线将会产生很大的超调量，系统甚至会不稳定，响应曲线出现等幅震荡或振幅越来越大的发散震荡。

8.2.2　PID 控制器

1. PID 控制器的数字化

模拟量 PID 控制系统中的各物理量均为模拟量，PID 控制器由运算放大器组成，$SP(t)$ 是设定值，$PV(t)$ 为过程变量，$c(t)$ 为被控量，PID 调节器的输入输出关系式为

$$M(t) = K_C[e(t) + \frac{1}{T_I}\int_0^t e(t)\mathrm{d}t + T_D\frac{\mathrm{d}e(t)}{\mathrm{d}t}] + M_{initial} \qquad (8\text{-}1)$$

式中，误差信号 $e(t) = SP(t) - PV(t)$；$M(t)$ 为 PID 控制器的输出值，K_C 为控制器的增益，T_I 和 T_D 分别为积分时间和微分时间，$M_{initial}$ 是 $M(t)$ 的初始值。PID 控制程序的主要任务就是实现式（8-1）中的运算，因此有人将 PID 控制器称为 PID 控制算法。

式（8-1）中等号右边前 3 项分别是输出量中的比例（P）部分、积分（I）部分和微分（D）部分，它们分别与误差 $e(t)$、误差的积分和误差的一阶导数成正比。如果取其中的一项或两项，可以组成 P、PD 或 PI 调节器。需要较好的动态品质和较高的稳态精度时，可以选用 PI 控制方式；控制对象的惯性滞后较大时，应选择 PID 控制方式。

（1）积分的几何意义与近似计算

式（8-1）中的积分 $\int_0^t e(t)\mathrm{d}t$ 对应于图 8-6 中的误差曲线 $e(t)$ 与坐标轴包围的面积（图中的灰色部分）。PID 程序是周期性执行的，执行 PID 程序的时间间隔为 T_S（即 PID 控制的采样周期）。只能使用连续的误差曲线上间隔时间为 T_S 的一些离散点的值来计算积分，因此不可能计算出准确的积分值，只能对积分进行近似计算。一般用图 8-6 中的矩形面积之和来近似精确积分，每块矩形的面积为 $e_j T_S$。各小块矩形面积累加后的总面积为 $T_S\sum_{j=1}^n e_j$。T_S 较小时，积分的误差不大。

（2）微分部分的几何意义与近似计算

在误差曲线 $e(t)$ 上作一条切线（见图 8-7），该切线与 x 轴正方向的夹角 α 的正切值 $\tan\alpha$ 即为该点处误差的一阶导数 $\mathrm{d}e(t)/\mathrm{d}t$。PID 控制器输出表达式中的导数用下式来近似，即

$$\frac{\mathrm{d}e(t)}{\mathrm{d}t} \approx \frac{\Delta e(t)}{\Delta t} = \frac{e_n - e_{n-1}}{T_S}$$

图 8-6 积分的近似计算

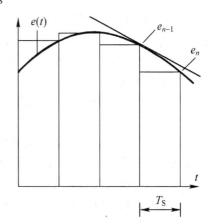

图 8-7 导数的近似计算

式中，e_{n-1} 是第 n–1 次采样时的误差值（见图 8-7）。将积分和导数的近似表达式代入式（8-1）中，第 n 次采样时控制器的输出为

$$M_n = K_C\left[e_n + \frac{T_S}{T_I}\sum_{j=1}^n e_j + \frac{T_D}{T_S}(e_n - e_{n-1})\right] + M_{initial} \qquad (8\text{-}2)$$

改写为

$$M_n = K_C e_n + \left(K_I \sum_{j=1}^{n} e_j + M_{initial} \right) + K_D(e_n - e_{n-1}) \qquad (8\text{-}3)$$

式中，e_n 是第 n 次采样时的误差值，e_{n-1} 是第 $n-1$ 次采样时的误差值。积分项系数 $K_I = K_C \times T_S / T_I$，微分项系数 $K_D = K_C \times T_D / T_S$。

设上一次的积分项为 MX，代入式（8-3），得

$$M_n = K_C e_n + (K_I e_n + MX) + K_D(e_n - e_{n-1}) \qquad (8\text{-}4)$$

每一次计算结束后需要保存 e_n 和积分项，作为下一次计算的 e_{n-1} 和 MX。

微分项与误差的变化率成正比，其计算式为

$$K_D(e_n - e_{n-1}) = K_D[(SP_n - PV_n) - (SP_{n-1} - PV_{n-1})]$$

为了消除设定值变化引起的微分部分的跳变，令设定值不变（$SP_n = SP_{n-1}$），微分项的算式变为 $K_D(PV_{n-1} - PV_n)$。代入式（8-3）中，得

$$M_n = K_C e_n + (K_I e_n + MX) + K_D(PV_{n-1} - PV_n) \qquad (8\text{-}5)$$

2. 反作用调节

正作用与反作用是指 PID 的输出值与过程变量之间的关系。在开环状态下，PID 输出值控制的执行机构的输出增加使被控量增大的是正作用；使被控量减小的是反作用。

如果加热炉温度控制系统的 PID 输出值增大，将使天然气调节阀的开度增大，被控对象的温度将会升高，这就是一个典型的正作用。制冷则恰恰相反，如果 PID 输出值增大，使空调压缩机的输出功率增加，被控对象的温度将会降低，这就是反作用。把 PID 回路的增益 K_C 设为负数，就可以实现 PID 反作用调节。

8.2.3　PID 参数的物理意义

1. 对比例控制作用的理解

控制器输出量中的比例、积分、微分部分都有明确的物理意义。了解它们的物理意义，有助于调整控制器的参数。PID 的控制原理可以用人对炉温的手动控制来理解。

人工控制实际上也是一种闭环控制，操作人员用眼睛读取数字仪表，检测到炉温的测量值，并与炉温的设定值比较，得到温度的误差值。用手操作电位器，调节加热的电流，使炉温保持在设定值附近。有经验的操作人员通过手动操作可以得到很好的控制效果。

操作人员知道使炉温稳定在设定值时电位器的位置（称为位置 L），并根据当时的温度误差值调整电位器的转角。炉温小于设定值时，误差为正，在位置 L 的基础上顺时针增大电位器的转角，以增大加热的电流；炉温大于设定值时，误差为负，在位置 L 的基础上逆时针减小电位器的转角，以减小加热的电流。令调节后的电位器转角与位置 L 的差值与误差成正比，误差绝对值越大，调节的角度越大。上述控制策略就是比例控制，即 PID 控制器输出中的比例部分与误差成正比，增益（即比例系数）为式（8-1）中的 K_C。

闭环中存在着各种各样的延迟作用。例如，调节电位器转角后，到温度上升为新的转角对应的稳态值时有较大的延迟。加热炉的热惯性、温度的检测、模拟量转换为数字量和 PID 的周期性计算都有延迟。由于延迟因素的存在，调节电位器转角后不能马上看到调节的效果，闭环控制系统调节困难的主要原因是系统中的延迟作用。

如果增益太小，即调节后电位器转角与位置 L 的差值太小，调节的力度不够，使温度的

变化缓慢，调节时间过长；如果增益过大，即调节后电位器转角与位置 L 的差值过大，调节力度太强，造成调节过头，可能使温度忽高忽低，来回振荡。

如果闭环系统没有积分作用，由理论分析可知，单纯的比例控制有稳态误差，稳态误差与增益成反比。如果系统的增益小，超调量和振荡次数数少，或者没有超调，但是稳态误差大。增益增大后，起动时被控量的上升速度加快，稳态误差减小，但是超调量增大，振荡次数增加，调节时间加长，动态性能变坏，增益过大甚至会使闭环系统不稳定。因此，单纯的比例控制很难兼顾动态性能和静态性能。

2. 对积分控制作用的理解

（1）积分控制的物理意义

每次 PID 运算时，积分运算是在原来的积分值（矩形面积的累加值）的基础上，增加一个与当前误差值成正比的微小部分（$K_I e_n$）。误差 e_n 为正时，积分项增大；误差 e_n 为负时，积分项减小。

（2）积分控制的作用

在上述的温度控制系统中，积分控制相当于根据当时的误差值，每个采样周期都要微调电位器的角度。温度低于设定值时误差为正，积分项增大，使加热电流增加；反之积分项减小。因此，只要误差不为零，控制器的输出就会因为积分作用而不断变化。积分这种微调的"大方向"是正确的，只要误差不为零，积分项就会向减小误差的方向变化。在误差很小的时候，比例部分和微分部分的作用几乎可以忽略不计，但是积分项仍然不断变化，用"水滴石穿"的力量，使误差趋近于零。

在系统处于稳定状态时，误差恒为零，比例部分和微分部分均为零，积分部分不再变化，并且刚好等于稳态时需要的控制器的输出值，对应于上述温度控制系统中电位器转角的位置 L。因此，积分部分的作用是消除稳态误差，提高控制精度。一般来讲，积分作用是必需的。在纯比例控制的基础上增加积分控制，将使被控量最终等于设定值（见图 8-8），稳态误差被消除。

（3）积分控制的缺点

积分虽然能消除稳态误差，但是如果参数整定得不好，积分也会有负面作用。如果积分作用太强，相当于每次微调电位器的角度值过大，累积为积分项后，其作用与增益过大相同，将会使系统的动态性能变差，超调量增大，甚至使系统不稳定；如果积分作用太弱，则消除误差的速度太慢。

比例控制作用与误差同步，是没有延迟的。只要误差变化，比例部分就会立即跟着变化，使被控制量朝着误差减小的方向变化。积分项则不同，它由当前误差值和过去的历次误差值累加而成。因此，积分运算本身具有严重的滞后特性，对系统的稳定性不利。如果积分时间设置得不好，其负面作用很难通过积分作用本身迅速地修正。

（4）积分控制的应用

具有滞后特性的积分作用很少单独使用，它一般与比例控制和微分控制联合使用，组成 PI 或 PID 控制器。PI 和 PID 控制器既克服了单纯的比例调节有稳态误差的缺点，又避免了单纯的积分调节响应慢、动态性能不好的缺点，因此被广泛使用。如果控制器有积分作用（采用 PI 或 PID 控制），积分能消除阶跃输入的稳态误差，就可以将增益调得小一些。

（5）积分部分的调试

因为积分时间 T_I 在式（8-1）中积分项的分母中，T_I 越小，积分项变化的速度越快，积分作用越强。综上所述，积分作用太强（即 T_I 太小），系统的稳定性变差，超调量增大；而积分作用太弱（即 T_I 太大），系统消除误差的速度太慢，所以应将 T_I 的值取得适中。

3. 对微分控制作用的理解

（1）微分分量的物理意义

PID 输出的微分分量与误差的变化速率（即导数）成正比，误差变化越快，微分项的绝对值越大。微分项的符号反映了误差变化的方向。在图 8-8 的 A 点和 B 点之间、C 点和 D 点之间，误差不断减小，微分项为负；在 B 点和 C 点之间，误差不断增大，微分项为正。控制器输出量的微分部分反映了被控量变化的趋势。

有经验的操作人员在温度上升过快、但是尚未达到设定值时，会根据温度变化的趋势，预感到温度将会超过设定值而导致超调。于是调节电位器的转角，提前减小加热的电流，以减小超调量。这相当于士兵射击远方的移动目标时，考虑到子弹运动的时间，需要一定的提前量一样。

在图 8-8 中启动过程的上升阶段（A 点到 E 点），被控量尚未超过其稳态值，超调还没有出现。但是因为被控量不断增大，误差 $e(t)$ 不断减小，控制器输出量的微分分量为负，使控制器的输出量减小，相当于减小了温度控制系统加热的功率，提前给出了制动作用，以阻止温度上升过快，所以可以减少超调量。因此，微分控制具有超前和预测的特性，在温度尚未超过稳态值之前，根据被控量变化的趋势，微分作用就能提前采取措施，以减小超调量。在图 8-8 中的 E 点和 B 点之间，被控量继续增大，控制器输出量的微分分量仍然为负，继续起制动作用，以减小超调量。

图 8-8　PID 控制器输出中的微分分量

闭环控制系统振荡甚至不稳定的根本原因在于有较大的滞后因素，微分控制的超前作用可以抵消滞后因素的影响。适当的微分控制作用可以使超调量减小，调节时间缩短，增加系统的稳定性。对于有较大惯性或滞后的被控对象，在控制器输出量变化后，要经过较长的时间才能引起过程变量的变化。如果 PI 控制器的控制效果不理想，可以考虑在控制器中增加微分作用，以改善闭环系统的动态特性。编者在使用 PI 控制器调试某转速控制系统时，不管怎样调节参数，超调量总是压不下去。增加了微分控制作用后，超调量很快就降到了期望的范围内。

（2）微分部分的调试

微分时间 T_D 与微分作用的强弱成正比，T_D 越大，微分作用越强。微分作用的本质是阻碍被控量的变化，如果微分作用太强（T_D 太大），将会使响应曲线变化迟缓，超调量反而可能增大（见图 8-16）。综上所述，应适当调节微分控制作用的强度，太弱作用不大，过强则有负面作用。如果将微分时间设置为 0，微分部分将不起作用。

4. 采样周期的确定

PID 控制程序是周期性执行的，执行的周期称为采样周期 T_S。采样周期越小，采样值越能反映模拟量的变化情况。但是，T_S 太小会增加 CPU 的运算工作量，所以也不宜将

T_S 取得过小。

在确定采样周期时，应保证在被控量迅速变化的区段（例如启动过程的上升阶段）能有足够多的采样点。将各采样点的过程变量 PV_n 连接起来，应能基本上复现模拟量过程变量 $PV(t)$ 曲线，以保证不会因为采样点过稀而丢失被采集的模拟量中的重要信息。

表 8-1 给出了过程控制中采样周期的经验数据，表中的数据仅供参考。以温度控制为例，一个很小的恒温箱的热惯性比几十立方米的加热炉的热惯性小得多，它们的采样周期显然也应该有很大的差别。实际的采样周期需要经过现场调试后确定。S7-200 中 PID 采样周期的精度用定时中断来保证。

表 8-1 过程控制中采样周期的经验数据

被 控 制 量	流 量	压 力	温 度	液 位	成 分
采样周期/s	1～5	3～10	15～20	6～8	15～20

8.2.4 PID 参数整定的规则

STEP 7-Micro/WIN 内置了一个"PID 调节控制面板"工具，用于 PID 参数的调试，可以同时显示设定值 SP、过程变量 PV 和调节器输出 Out 的波形，还可以用 PID 调节控制面板实现 PID 参数的手动整定或自动整定（见 8.2.5 节）。

1. PID 参数的整定方法

PID 调节器有 4 个主要的参数（T_S、K_C、T_I、T_D）需要整定。如果使用 PI 控制器，也有 3 个主要的参数需要整定。如果参数整定得不好，系统的动静态性能达不到要求，甚至会使系统不能稳定运行。

可以根据上一节介绍的控制器的参数与系统动静态性能之间的定性关系，用实验方法来调节控制器的参数。在调试中最重要的问题是，在系统性能不能令人满意时，知道应该调节哪一个或哪些参数，参数应该增大还是减小。有经验的调试人员一般可以较快地得到较为满意的调试结果。可以按以下规则来整定 PID 控制器的参数。

1）为了减少需要整定的参数，可以首先采用 PI 控制器。给系统输入阶跃给定信号，观察过程变量 PV 的波形。由此可以获得系统性能的信息，例如超调量和调节时间。

2）如果阶跃响应的超调量太大（见图 8-22），经过多次振荡才能进入稳态或者根本不稳定，应减小控制器的增益 K_C 或增大积分时间 T_I。如果阶跃响应没有超调量，但是被控量上升过于缓慢（见图 8-24），过渡过程时间太长，应按相反的方向调整上述参数。

3）如果消除误差的速度较慢，应适当减小积分时间，以增强积分作用。

4）反复调节增益和积分时间，如果超调量仍然较大，可以加入微分作用，即采用 PID 控制。微分时间 T_D 从 0 逐渐增大，反复调节 K_C、T_I 和 T_D，直到满足要求为止。需要注意的是，在调节增益 K_C 时，同时会影响到积分分量和微分分量的值，而不是仅仅影响到比例分量。

5）如果被控量第一次达到稳态值的上升时间太长（上升缓慢），可以适当增大增益 K_C。如果因此使超调量增大，可以通过增大积分时间和调节微分时间来补偿。

总之，PID 参数的整定是一个综合的、各参数相互影响的过程，在实际调试过程中进行多次尝试是非常重要的，也是必需的。

2. 怎样确定 PID 控制器的初始参数

如果调试人员熟悉被控对象，或者有类似的控制系统的资料可供参考，PID 控制器的初始参数比较容易确定。反之，确定控制器的初始参数相当困难，随意确定的初始参数与最后调试好的参数相比可能相差数十倍甚至数百倍。很多书籍介绍了确定 PID 控制器初始参数的扩充临界比例度法和扩充响应曲线法。前一种方法需要用闭环比例控制使系统出现等幅震荡，但是有的系统不允许这样做。后一种方法需要做被控对象的开环阶跃响应实验，然后根据响应曲线的特征参数，查表得到 PID 控制器的初始参数。

编者建议采用下面的方法来确定 PI 控制器的初始参数。为了保证系统的安全，避免在首次投入运行时出现系统不稳定或超调量过大的异常情况，在第一次试运行时设置尽量保守的参数，即增益不要太大，积分时间不要太小，以保证不会出现较大的超调量。此外，还应制订被控量响应曲线上升过快、可能出现较大超调量的紧急处理预案，例如迅速关闭系统或马上切换到手动方式。试运行后，再根据响应曲线的特征和上述调整 PID 控制器参数的规则来修改控制器的参数。

8.2.5 PID 参数整定的实验

1. PID 指令向导的使用

首先创建一个名为"PID 闭环控制"的项目（见同名例程），双击指令树的"向导"文件夹中的"PID"，打开"PID 指令向导"对话框，完成每一步的操作后，单击"下一步"按钮。在依次出现的对话框中设置以下内容。

1）设置 PID 回路的编号（0～7）为 0。

2）设置回路设定值范围为 0.0～100.0，比例增益为 2.0、采样时间为 0.2s、积分时间为 0.03min、微分时间为 0.01min。

如果设置微分时间为 0，则为 PI 控制器。如果不需要积分作用，可以将积分时间设为无穷大（"INF"）。因为有积分的初值 MX，所以即使没有积分运算，积分项的数值也可能不为零。

3）设置回路输入量（即反馈值 PV）的极性为默认的单极性，范围为默认的 0～32000。根据变送器的量程范围，输入类型可以选择单极性、双极性（默认范围为 –32000～32000）或单极性 20%偏移量（默认范围为 6400～32000，不可修改），后者适用于输入为 4～20mA 的变送器，因为 S7-200 的模拟量输入模块只有 0～20mA 的量程。

设置回路输出量的极性为默认的单极性，范围为默认的 0～32000。

输出类型可以选择模拟量单极性、双极性或单极性 20%偏移量。如果选择输出类型为数字量，需要设置以秒为单位的输出脉冲的占空比周期。

4）在"回路报警选项"页设置启用过程变量 PV 的上限报警功能，上限值为 95%。未启用下限报警和模拟量输入错误报警。

5）在"为配置分配存储区"页设置用来保存 120B 组态数据的起始地址为 VB200。

6）采用默认的初始化子程序和中断程序的名称，选中复选框"增加 PID 手动控制"。

完成了向导中的设置工作后，将会自动生成第 x（0～7）号回路的初始化子程序 PIDx_INIT、中断程序 PID_EXE、符号表 PIDx_SYM 和数据块 PIDx_DATA。应在主程序中用 SM0.0 调用 PIDx_INIT（见图 8-10），它初始化 PID 控制中使用的变量，起动 PID 中断程序。以后 CPU 根据在向导中设置的 PID 采样时间，周期性地调用中断程序 PID_EXE，在 PID_EXE 中执行 PID 运算。

2. 被控对象仿真的 S7-200 PID 控制程序

本节介绍的 PID 闭环实验只需要一块 CPU，广义被控对象（包括检测元件和执行机构）用编者编写的名为"被控对象"的子程序来模拟，被控对象的数学模型为 3 个串联的惯性环节，其增益为 GAIN，3 个惯性环节的时间常数分别为 TIM1～TIM3。其传递函数为

$$\frac{GAIN}{(TIM1s+1)(TIM2s+1)(TIM3s+1)}$$

式中，分母中的"s"为自动控制理论中拉式变换的拉普拉斯算子。将某一时间常数设为 0，可以减少惯性环节的个数。图 8-9 为使用模拟被控对象的 PID 闭环示意图。图中被控对象的输入值 *INV* 是 PID 控制器的输出值，*DISV* 是系统的扰动输入值。被控对象的输出值 *OUTV* 作为 PID 控制器的过程变量（反馈值）*PV*。

图 8-9　使用模拟被控对象的 PID 闭环示意图

图 8-10 和图 8-11 分别是例程"PID 闭环控制"的主程序和中断程序 INT_0。可以用这个例程和 PID 调节控制面板来学习 PID 的参数整定方法。

图 8-10　主程序

图 8-10 中的 T37 和 T38 组成了方波振荡器，用来提供周期为 60s、幅值为浮点数 20.0% 和 70.0%的方波设定值。

PID_EXE 占用了定时中断 0，模拟被控对象的中断程序使用定时中断 1。两个定时中断的时间间隔均为 200ms。首次扫描时将定时中断 1 的时间间隔 200ms 送给 SMB35，用 ATCH 指令连接中断程序 INT_0 和编号为 11 的定时中断 1 的中断事件。

用一直闭合的 SM0.0 的常开触点调用 PID 向导生成的子程序 PID0_INIT，后者初始化

PID 控制使用的变量，CPU 按 PID 向导中组态的采样时间，周期性地调用 PID 中断程序 PID_EXE，在 PID_EXE 中执行 PID 运算。

PIDx_INIT 指令中的 PV_I 是数据类型为 INT 的过程变量（反馈值），Setpoint_R 是以百分比为单位的实数设定值（*SP*）。

BOOL 变量 Auto_Manual 为 ON 时该回路为自动模式（PID 闭环控制），反之为手动模式。ManualOutput 是手动模式时标准化的实数输入值（0.00~1.00）。

Output 是 PID 控制器的 INT 型输出值，HighAlarm 是上限报警。如果组态了启用下限报警和模拟量模块故障报警，方框右边将会出现输出参数 LowAlarm 和 ModuleErr。

在中断程序 INT_0 中，用一直闭合的 SM0.0 的常开触点调用子程序"被控对象"（见图 8-11），被控对象的增益为 3.0，3 个惯性环节的时间常数分别为 5s、2s 和 0s，实际上只用了两个惯性环节。其采样周期 CYCLE 为 200ms，COM_RST 用于初始化操作。

实际的 PID 控制程序不需要调用子程序"被控对象"，在主程序中只需要调用子程序 PID0_CTRL，其输入参数 PV_I 应为实际使用的 AI 模块的通道地址（例如 AIW0），其输出参数 Output 应为实际使用的 AO 模块的通道地址（例如 AQW0）。

图 8-11　中断程序 INT_0

3．PID 调节控制面板

STEP 7-Micro/WIN 的"PID 调节控制面板"对话框（见图 8-12）用图形方式监视 PID 回路的运行情况，该对话框还可以用于 PID 参数自整定或手动调节参数。

图 8-12　"PID 调节控制面板"对话框

将例程"PID 闭环控制"下载到 CPU 中，令 PLC 处于 RUN 模式。双击指令树的"工具"文件夹中的"PID 调节控制面板"，打开控制面板。面板左上角的"远程地址"显示连接的 PLC 的站地址，右上角显示 PLC 的型号和版本号。远程地址下面是过程变量的条形图、实际值和用百分数表示的相对值。

过程变量区右边的"当前值"区显示回路设定值、采样时间、增益、积分时间和微分时间的数值。PID 的输出值用带数字值的水平条形图来表示。

"当前值"区右边的图形显示区用不同的颜色显示过程变量 *PV*、设定值 *SP* 和 PID 输出量 *Out* 相对于时间的曲线。左侧纵轴的刻度是用百分数表示的 *PV* 及 *SP* 的相对值，右侧纵轴的刻度是 PID 输出的实际值。

左下角的"调节参数"区用于显示和修改增益、积分时间和微分时间。通过单选框选择自动调节或手动调节。

在"当前 PID"区中的下拉列表框中可以选择希望在控制面板中监视的 PID 回路。在"采样率（秒/采样）"区中，可以设置图形显示的采样时间间隔（1～480s），用"设置时标"按钮来使修改后的采样速率生效。可以用"暂停"按钮冻结和恢复曲线图的显示。在图形区单击鼠标右键，执行快捷菜单中的"clear"（清除）命令，可以清除图形。

"图例"区标出了过程变量、设定值和输出值曲线的颜色。

4．PID 闭环控制仿真实验结果介绍

图 8-12～图 8-20 是用例程"PID 闭环控制"和 PID 调节控制面板得到的 PID 控制阶跃响应曲线。图中给出的 PID 控制器的主要参数是作者添加的。图 8-12 中的 *PV* 曲线的超调量过大，有多次振荡。

选中"PID 调节控制面板"对话框中的"手动调节"单选框，在"调节参数"区将积分时间由 0.03min 改为 0.06min，单击"更新 PLC"按钮，将输入的参数值下载到 CPU 中。增大积分时间（减弱积分作用）后，图 8-13 中的 *PV* 曲线的超调量和振荡次数明显减小。

将积分时间再增大一倍（0.12min），与图 8-13 中的积分时间为 0.06min 的曲线相比，图 8-14 的超调量变得更小。

图 8-13　PID 控制阶跃响应曲线（T_I=0.06min）

图 8-14　PID 控制阶跃响应曲线（T_I=0.12min）

将图 8-13 中的微分时间由 0.01min 改为 0.0min，其他参数不变，图 8-15 中的响应曲线的超调量和振荡次数增大。可见适当的微分时间对减小超调量有明显的作用。微分时间也不是越大越好，保持图 8-13 中的增益和积分时间不变，微分时间增大一倍（0.02min），超调量略有减小。微分时间增大为 0.08min 时（见图 8-16），超调量反而增大，曲线也变得很迟缓。由此可见，微分时间需要"恰到好处"，才能发挥它的正面作用。改变 PID 调节器的增益时，同时会影响到 PID 输出量中比例、积分、微分这 3 个分量的值。响应曲线的形状是 3 个分量共同作用的结果。

图 8-15　PI 控制阶跃响应曲线（T_I=0.06min）　　　　图 8-16　PID 控制阶跃响应曲线（T_I=0.08min）

图 8-17 和图 8-18 的微分时间均为 0（即采用 PI 控制），积分时间均为 0.10min。增益 K_C 分别为 2.5 和 0.7，减小了增益后，同时减弱了比例作用和积分作用。可以看出，减小增益能降低超调量。但付出的代价是过程变量第一次达到 70%设定值的上升时间增大了一倍。

图 8-17　PI 控制阶跃响应曲线（K_C=2.5）　　　　图 8-18　PI 控制阶跃响应曲线（K_C=0.7）

将增益增大到 1.5，减少了上升时间，但是超调量增大到 16%。将积分时间增大到 0.3min，超调量减小到 13%（见图 8-19）。但是因为积分作用太弱，所以在设定值减小后，过程变量下降的速度（即消除误差的速度）太慢。

为了加快消除误差的速度，只好将积分时间减小到 0.15min，超调量为 12%。为了减小超调量，引入了微分作用。反复调节微分时间，0.01min 时效果较好，超调量为 6%，上升时间和消除误差的速度也比较理想（见图 8-20）。

从上面的例子可以看出，为了兼顾超调量、上升时间和消除误差的速度这些指标，有时需要多次反复地调节控制器的 3 个参数，直到最终获得比较好的控制效果。

图 8-19　PI 控制阶跃响应曲线（T_I=0.30min）　　　图 8-20　PID 控制阶跃响应曲线（T_I=0.15min）

读者可以修改中断程序 INT_0 中被控对象的参数，下载到 CPU 后，调整 PID 控制器的参数，直到得到较好的响应曲线，即超调量较小，过渡过程时间较短。做实验时也可以修改采样周期，了解采样周期与控制效果之间的关系。通过仿真实验，可以较快地掌握 PID 参数的整定方法。

视频"PID 参数手动整定实验"可通过扫描二维码 8-1 播放。

二维码 8-1

5. PID 参数自整定简介

S7-200 具有 PID 参数自整定功能，自整定时应处于自动调节模式，回路的输出由 PID 控制。起动自整定之前，控制过程应处于稳定状态，过程变量 PV 接近设定值 SP。

在下面介绍的实验中，被控对象的增益为 3.0，两个惯性环节的时间常数为 2s 和 5s（见例程"PID 参数自整定"）。PID 向导中设置的采样周期为 0.2s，PID 控制器的增益为 2.0，积分时间为 0.025min，微分时间为 0.005min（见图 8-21 中的"当前值"区）。参数自整定之前的阶跃响应曲线如图 8-22 所示，过程变量 PV 曲线的超调量太大，衰减振荡的时间太长。

图 8-21　自整定过程的波形图

在过程变量曲线 PV 沿设定值 SP 曲线上下小幅波动，这两条曲线几乎重合时，单击"开始自动调节"按钮，启动参数自动整定过程。图 8-21 给出了自整定过程中 PID 控制器的输出 Out、过程变量 PV 和设定值 SP 的曲线。

显示"调节算法正常完成，算法建议的调节参数已经可用"时，"调节参数"区给出了 PID 参数的建议值。单击"更新 PLC"按钮，将图 8-21 的"调节参数"区自整定得到的推荐参数写入 CPU。图 8-23 是使用自整定推荐的参数的阶跃响应曲线，超调量显著减小。如果使用自整定推荐的参数不能完全满足要求，可以手动调节参数。

图 8-22　参数自整定之前的阶跃响应曲线　　　　图 8-23　使用自整定推荐参数的阶跃响应曲线

用单选框选中"手动调节"，修改 PID 参数的初始值，设置增益为 0.5，积分时间为 0.5min，微分时间为 0.1min。参数自整定之前的阶跃响应曲线如图 8-24 所示。虽然没有超调，但是响应过于迟缓。

使用自整定建议的参数后，响应曲线的形状与图 8-23 的基本上相同。由此可见，即使初始参数在较大范围变化，自整定也能提供较好的推荐参数。

视频"PID 参数自整定实验"可通过扫描二维码 8-2 播放。

二维码 8-2

图 8-24　参数自整定之前的阶跃响应曲线

8.3　触摸屏的组态与应用

8.3.1　人机界面与触摸屏

1. 人机界面

人机界面（Human Machine Interface，HMI）是操作人员与控制系统之间相互对话和作用的专用设备。人机界面可以在恶劣的工业环境中长时间连续运行，是 PLC 的最佳搭档。

人机界面用字符、图形和动画动态地显示现场数据和状态，操作员可以通过人机界面来监控现场的被控对象和修改工艺参数。此外，人机界面还有报警、用户管理、数据记录、趋势图、配方管理、显示和打印报表以及通信等功能。

随着技术的发展和应用的普及，近年来人机界面的价格已经大幅下降，西门子公司的 SMART 700 IE V3 触摸屏具有很高的性价比，一个大规模应用人机界面的时代正在到来，人机界面已经成为现代工业控制领域广泛使用的设备之一。

2．触摸屏

触摸屏是人机界面的发展方向，用户可以在触摸屏的屏幕上生成满足自己要求的触摸式按键。触摸屏使用直观方便，易于操作。屏幕画面上的按钮和指示灯可以取代相应的硬件元器件，减少 PLC 需要的 I/O 点数，降低系统的成本，提高设备的性能和附加价值。

3．人机界面的工作原理

人机界面最基本的功能是显示现场设备（通常是 PLC）中位变量的状态和存储器中数字变量的值，用监控画面上的按钮向 PLC 发出各种命令，以及修改 PLC 存储器中的参数。

（1）对监控画面组态

首先需要用计算机上运行的组态软件对人机界面组态，生成满足用户要求的人机界面的画面，实现人机界面的各种功能。画面的生成是可视化的，一般不需要用户编程，组态软件的使用简单方便，很容易掌握。

（2）编译和下载项目文件

编译项目文件是指将用户生成的画面和设置的信息转换成人机界面可以执行的文件。编译成功后，需要将可执行文件下载到人机界面的存储器中。

（3）运行阶段

在控制系统运行时，人机界面与 PLC 之间通过通信来交换信息，从而实现人机界面的各种功能。只需要对通信参数进行简单的组态，就可以实现人机界面与 PLC 的通信。将画面中的图形对象与 PLC 的存储器地址联系起来，就可以实现控制系统运行时 PLC 与人机界面之间的自动数据交换。

人机界面具有很强的通信功能，西门子公司现在的人机界面都有以太网端口，有的还有串行通信端口和 USB 端口。人机界面能与各主要生产厂家的 PLC 通信，也能与运行它的组态软件的计算机通信。

4．精彩系列面板

V3 版的精彩系列面板包括 Smart 700 IE V3 和 Smart 1000 IE V3，它们是专门与 S7-200 和 S7-200 SMART 配套的触摸屏。显示器的对角线分别为 7in 和 10in，其分辨率分别为 800×480 和 1024×600，64K 色真彩色显示。节能的 LED 背光，高速外部总线，数据存储器 128MB，程序存储器 256MB。电源电压为 DC 24V。支持硬件实时时钟、趋势视图、配方管理、报警、数据记录和报警记录等功能。支持 32 种语言，其中 5 种可以在线转换。Smart 700 IE V3 的价格便宜，具有很高的性能价格比。

精彩系列面板用 WinCC flexible 的精简版 WinCC flexible SMART 组态。

集成的以太网端口和串口（RS-422/485）可以自适应切换，用以太网下载项目文件方便快速。串口通信速率最高为 187.5kbit/s，通过串口可以连接 S7-200 和 S7-200 SMART。串口还支持三菱、欧姆龙、Modican 和台达的 PLC。集成的 USB 2.0 host 端口可以连接鼠标、键盘和 Hub,还可以通过 U 盘对人机界面的数据记录和报警记录进行归档。

本节通过一个简单的例子,介绍用 Smart 700 IE V3 控制和显示 PLC 中的变量的方法。西门子人机界面组态和应用更多的内容见作者编写的《西门子人机界面(触摸屏)组态与应用技术(第 3 版)》。

8.3.2　生成项目与组态变量

1. PLC 的程序

图 8-25 是 S7-200 的主程序和符号表(见例程"HMI 例程")。M0.0 和 M0.1 是触摸屏上的按钮产生的起动信号和停止信号。PLC 进入 RUN 模式时,将 T37 的预设值 100(即 10s)传送给 VW2,T37 和它的常闭触点组成了一个锯齿波发生器,T37 的当前值按锯齿波变化(见图 2-22)。用触摸屏显示 VW0 中 T37 的当前值,并修改 VW2 中 T37 的预置值。用画面上的指示灯显示 Q0.0 的状态。

图 8-25　S7-200 的主程序和符号表

2. 创建 WinCC flexible SMART 的项目

安装好 WinCC flexible SMART V3 后,双击桌面上的 ![图标] 图标,打开 WinCC flexible SMART 项目向导,选中其中的"创建一个空项目"选项。在出现的"设备选择"对话框中,双击文件夹"Smart Line"中 7in 的 Smart 700 IE V3,创建一个名为"项目.hmismart"的文件。

在某个指定的位置生成一个名为"HMI 例程"的文件夹。执行菜单命令"项目"→"另存为",打开"将项目另存为"对话框,输入项目名称"HMI 例程"(见同名例程),将生成的项目文件保存到生成的文件夹中。

图 8-26 是 WinCC flexible SMART 的界面,双击项目视图中的某个对象,将会在中间的工作区打开对应的编辑器。单击工作区上面的某个编辑器标签,将会显示对应的编辑器。

单击右边工具箱中的"简单对象""增强对象""图形"和"库",将打开对应的文件夹。工具箱包含组态画面常用的对象。

3. 组态连接

单击项目视图中的"连接",打开连接编辑器,双击连接表的第一行,自动生成的连接默认的名称为"连接_1",默认的通信驱动程序为"SIMATIC S7-200"。连接表的下面是连接属性视图,用"参数"选项卡设置"接口"为"IF1B",波特率为 19.2kbit/s(应与 PLC 系统块设置的通信速率相同)。HMI 和 PLC 的 MPI 站地址分别为默认的 1 和 2,其余的参数使用默认值。设置好后,需要用以太网将项目文件下载到 HMI 中。

图 8-26　WinCC flexible SMART 的界面

4. 画面的生成与组态

生成项目后，自动生成和打开一个名为"画面_1"的空白画面。用鼠标右键单击项目视图中该画面的图标，在弹出的快捷菜单中执行"重命名"命令，将该画面的名称改为"初始画面"。打开画面后，可以使用工具栏上的按钮 🔍 和 🔍 来放大或缩小画面。

选中画面编辑器下面的属性视图左边的"常规"类别（见图 8-26），可以设置画面的名称和编号。在"背景色"下拉列表框中将画面的背景色改为白色。

5. 变量的组态

HMI 的变量分为外部变量和内部变量。外部变量是 PLC 存储单元的映像，其值随 PLC 程序的执行而改变。人机界面和 PLC 都可以访问外部变量。内部变量被存储在人机界面的存储器中，与 PLC 没有连接关系，只有人机界面才能访问内部变量。内部变量用名称来区分，没有地址。

双击项目视图中的"变量"，打开变量编辑器（见图 8-27）。双击变量表的第一行，将会自动生成一个新的变量，然后修改变量的参数。单击变量表的"数据类型"列单元右侧的 ▼ 按钮，在出现的下拉列表中选择变量的数据类型。Int 为有符号的 16 位字，Bool 为用

名称	连接	数据类型	地址	采集周期
当前值	连接_1	Int	VW 0	100 ms
起动按钮	连接_1	Bool	M 0.0	100 ms
停止按钮	连接_1	Bool	M 0.1	100 ms
电动机	连接_1	Bool	Q 0.0	100 ms
预设值	连接_1	Int	VW 2	100 ms

图 8-27　变量编辑器中的变量

于数字量的二进制位。

双击下面的空白行，自动生成一个新的变量，新变量的参数与上一行变量的参数基本上相同，其地址与上面一行按顺序排列。图 8-27 是项目"HMI 例程"的变量编辑器中的变量，与图 8-25 的 PLC 符号表中的变量相同。"连接_1"表示该变量是与 HMI 连接的 S7-200 中的变量。

8.3.3 组态指示灯与按钮

1. 组态指示灯

指示灯用来显示 BOOL 变量"电动机"的状态（见图 8-26）。单击右边工具箱中的"简单对象"，单击选中其中的"圆"，按住鼠标左键并移动鼠标，将它拖到画面上合适的位置。松开鼠标左键，对象被放在光标当前所在的位置。这个操作称为"拖拽"。

在画面编辑器下面的属性视图中设置其边框为黑色（见图 8-28 上面的图），边框宽度为 6 像素（与指示灯的大小有关），填充色为深绿色。通过动画功能（见图 8-28 下面的图），使指示灯在位变量"电动机"的值为 0 和 1 时的颜色分别为深绿色和浅绿色。

图 8-28 组态指示灯

2. 用鼠标改变对象的位置和大小

单击图 8-29a 中的按钮，它的四周出现 8 个小正方形。将光标放到按钮上，光标变为图中的十字箭头图形。按住鼠标左键并移动鼠标，将选中的对象拖到合适的位置后松开左键，对象就被放在光标当前所在的位置上。

单击选中某个角的小正方形，鼠标的光标变为 45°的双向箭头（见图 8-29b），按住左键并移动鼠标，可以同时改变对象的长度和宽度，长宽的比例不变。

单击选中 4 条边中点的某个小正方形，鼠标的光标变为水平或垂直方向的双向箭头（见图 8-29c），按

图 8-29 对象的移动与缩放

a) 移动指示灯 b) 同时改变长宽 c) 只改变宽度

住左键并移动鼠标，可以将选中的对象沿水平方向或垂直方向放大或缩小。可以用类似的方法放大或缩小窗口。

3．生成按钮

画面上的按钮与接在 PLC 输入端的物理按钮的功能相同，用来将操作命令发送给 PLC，通过 PLC 的用户程序来控制生产过程。

单击工具箱中的"简单对象"，将其中的"按钮"拖拽到画面上。用前面介绍的方法调整按钮的位置和大小。

4．设置按钮的属性

单击选中生成的按钮，选中属性视图左边的"常规"类别，选中"按钮模式"区和"文本"区的"文本"单选框（见图 8-30）。将"'OFF'状态文本"文本框中的"Text"修改为"起动"。

如果选中"'ON'状态文本"复选框，可以分别设置按下和释放按钮时按钮上面的文本。一般不选中该复选框，按下和释放按钮时显示的文本相同。

选中属性视图左边的"属性"类别的"外观"子类别，可以在右边修改它的前景（文本）色和背景色。还可以用复选框设置按钮是否有三维效果。

选中属性视图左边的"属性"类别中的"文本"子类别，设置按钮上文本的字体为宋体、24 个像素，字体大小与按钮的大小有关，水平对齐方式为"居中"，垂直对齐方式为"中间"。

图 8-30　组态按钮的常规属性

5．按钮功能的设置

选中属性视图左边的"事件"类别中的"按下"子类别（见图 8-31），单击右边最上面一行右侧的▼按钮，再单击出现的系统函数列表的"编辑位"文件夹中的函数"SetBit"（置位）。

图 8-31　组态按钮按下时执行的函数

直接单击表中第 2 行右侧隐藏的▼按钮，打开变量表，单击其中的变量"起动按钮"

（M0.0）。在运行时按下该按钮，将变量"起动按钮"置位为 ON。

用同样的方法，设置在释放该按钮时调用系统函数"ResetBit"，将变量"起动按钮"复位为 OFF。该按钮具有点动按钮的功能，按下按钮时，PLC 中的变量"起动按钮"被置位；放开按钮时，它被复位。

单击画面上组态好的起动按钮，先后执行"编辑"菜单中的"复制"和"粘贴"命令，生成一个相同的按钮。用鼠标调节它在画面上的位置，选中属性视图的"常规"类别，将按钮上的文本修改为"停止"。打开"事件"类别，组态在按下和释放按钮时分别将变量"停止按钮"置位和复位。

8.3.4 组态文本域与 IO 域

1. 生成与组态文本域

将工具箱中的"文本域"（见图 8-26）拖拽到画面上，默认的文本为"Text"。单击生成的文本域，选中属性视图的"常规"类别，在右边窗口的文本框中输入"T37 当前值"。选中属性视图"属性"类别中的"外观"子类别（见图 8-32 上面的图），可以在右边修改文本的颜色、背景色和填充样式。可以在"边框"区中的"样式"下拉列表中，选择"无"（没有边框）或"实心"（有边框），还可以设置边框以像素点为单位的宽度和颜色，用复选框设置是否有三维效果。

单击"属性"类别中的"布局"子类别（见图 8-32 下面的图），选中右边中的"自动调整大小"复选框。如果设置了边框，或者设置的文本的背景色与画面背景色不同，建议设置以像素点为单位的四周的"边距"相等。

图 8-32 组态文本域的外观和布局

选中"属性"类别中的"文本"子类别，设置文字的大小和对齐方式。

选中画面上生成的文本域，执行复制和粘贴操作，生成文本域"T37 预设值"和"电动机"（见图 8-26），然后修改它们的边框和背景色。

2. 生成与组态 IO 域

IO 域有以下 3 种模式。

1）输出域：用于显示变量的数值。

2）输入域：用于操作员输入数字或字母，并将它们保存到指定的 PLC 变量中。

3）输入/输出域：同时具有输入域和输出域的功能，操作员可以用它来修改 PLC 中变量的数值，并将修改后 PLC 中的数值显示出来。

将工具箱中的"IO 域"（见图 8-26）拖放到画面上，选中生成的 IO 域。单击属性视图的"常规"类别（见图 8-33），在"模式"下拉列表框中设置 IO 域为输出域，连接的过程变量为"当前值"。采用默认的格式类型"十进制"，设置"格式样式"为 99999（5 位整数）。

图 8-33　组态 IO 域

IO 域属性视图的"外观""布局"和"文本"子类别的参数设置与文本域的基本上相同，将外观设置为有边框，背景色为白色。

选中画面上生成的 IO 域，执行复制和粘贴操作。放置好新生成的 IO 域后选中它，单击属性视图的"常规"类别，设置该 IO 域连接的变量为"预设值"，模式为"输入/输出"，其余的参数不变。

8.3.5　用控制面板设置触摸屏的参数

1. 启动触摸屏

接通电源后，Smart 700 IE V3 的屏幕点亮，几秒后显示进度条。启动后出现 Loader（装载程序）对话框（见图 8-34）。"Transfer"（传送）按钮用于将触摸屏切换到传输模式。"Start"（启动）按钮用于打开保存在触摸屏中的项目，显示初始画面。如果触摸屏已经装载了项目，出现 Loader 对话框后经过设置的延时时间，将自动打开项目。

2. 控制面板

Smart 700 IE V3 用控制面板设置触摸屏的各种参数。按下图 8-34 的装载对话框中的"Control Panel"（控制面板）按钮，打开控制面板（见图 8-35）。

图 8-34　Loader 对话框

图 8-35　触摸屏的控制面板

3．设置以太网端口的通信参数

下面组态 Smart 700 IE V3 用以太网下载项目文件。按下控制面板的"Ethernet"图标，打开"Ethernet Settings"（以太网设置）对话框（见图 8-36）。用单选框选中"Specify an IP address"（指定 IP 地址）。用屏幕键盘在"IP address"文本框中输入 IP 地址 192.168.1.3，在"Subnet Mask"（子网掩码）文本框中输入 255.255.255.0。如果没有使用网关，则不用输入"Def. Gateway"（网关）。

打开"Mode"（模式）选项卡，采用"Speed"文本框默认的以太网的传输速率（10Mbit/s）和默认的通信连接"Half-Duplex"（半双工）。选中"Auto Negotiation"复选框（复选框中出现×），将自动检测和设置以太网的连接模式和传输速率。

按下"OK"按钮，关闭对话框并保存设置。

4．启用传输通道

按下控制面板中的"Transfer"图标，打开图 8-37 中的"Transfer Settings"（传输设置）对话框，选中"Ethernet"（以太网）的"Enable Channel"（启用通道）复选框。如果勾选了"Remote Control"（远程控制）复选框，则自动传输被启用，下载时自动关闭正在运行的项目，传送新的项目。传送结束后新项目被自动启动。按下"Advanced"按钮，可以切换到"Ethernet Settings"（以太网设置）对话框。

图 8-36　以太网设置对话框

图 8-37　"Transfer"（传输设置）对话框

完成项目传送后，可以通过锁定数据通道来保护 HMI 设备，以避免无意中覆盖项目数据和 HMI 设备的操作系统。

5．控制面板的其他功能

1）按下图 8-35 中的"Service & Commissioning"（服务与调试）图标，在打开的对话框的"Backup"选项卡，可以将设备数据保存到 USB 存储设备（例如 U 盘）中。在"Restore"选项卡中，可以加载 USB 存储设备中的备份文件。

2）按下"OP"图标，可以更改显示方向，设置启动的延迟时间（0~60s），以及校准触摸屏。

3）按下"Password"图标，可以设置控制面板的密码保护。

4）按下"Screensaver"图标，可以设置屏幕保护程序的等待时间。输入"0"将禁用屏幕保护。屏幕保护程序有助于防止出现残影滞留，建议使用屏幕保护程序。

5）按下"Sound Settings"图标，可以设置在触摸屏幕或显示消息时是否有声音反馈。

8.3.6 PLC 与触摸屏通信的实验

1. 设置计算机的以太网端口参数

如果操作系统是 Windows 7，用以太网电缆连接计算机和 CPU，打开计算机的"控制面板"窗口，单击"查看网络状态和任务"。再单击"本地连接"，打开"本地连接 状态"对话框。单击其中的"属性"按钮，在"本地连接 属性"对话框中（见图 8-38 的左图），双击"此连接使用下列项目"列表框中的"Internet 协议版本 4（TCP/IPv4）"，打开"Internet 协议版本 4（TCP/IPv4）属性"对话框。

图 8-38　设置计算机网卡的 IP 地址

选中"使用下面的 IP 地址"单选框（见图 8-38 的右图），输入计算机以太网端口的 IP 地址 192.168.1.x，IP 地址第 4 个字节 x 是子网内设备的地址，可以取 0~255 中的某个值，但是不能与 HMI 的 IP 地址重叠。单击"子网掩码"输入框，自动出现默认的子网掩码 255.255.255.0。不用设置网关的 IP 地址。设置结束后，单击各对话框中的"确定"按钮，最后关闭"控制面板"窗口。

2. 设置 WinCC flexible SMART 与触摸屏通信的参数

用 WinCC flexible SMART 打开例程"HMI 例程"，单击工具栏上的 ⬇ 按钮，打开"选择设备进行传送"对话框，"通信模式"为默认的"以太网"。设置 Smart 700 IE V3 的 IP 地址为 192.168.1.3，该 IP 地址应与 Smart 700 IE V3 的控制面板中设置的 IP 地址相同。

3. 将项目文件下载到 HMI

用以太网电缆连接计算机和 Smart 700 IE V3 的以太网接口，也可以通过交换机连接它们。单击"选择设备进行传送"对话框中的"传送"按钮，首先自动编译项目，如果没有编译错误和通信错误，该项目将被传送到触摸屏。如果勾选了图 8-37 中的"Remote Control"（远程控制）复选框，Smart 700 IE V3 正在运行时，将会自动切换到传输模式，出现"Transfer"对话框，显示下载的进程。下载成功后，Smart 700 IE V3 自动返回运行状态，显示下载的项目的初始画面。

4．将程序下载到 PLC

打开 STEP 7-Micro/WIN，用系统块设置端口 0 的传输速率为 19.2kbit/s，站地址采用默认的 2 号站（应与 WinCC flexible SMART 的"连接"编辑器中组态的相同）。用 USB/PPI 电缆连接 PLC 和计算机，将程序下载到 S7-200。

5．系统运行实验

关闭 Smart 700 IE V3 和 S7-200 的电源，用 MPI 通信电缆连接它们的 RS-485 通信端口。接通它们的电源，令 S7-200 进入运行模式。

触摸屏显示出初始画面（见图 8-39）后，可以看到 PLC 中 T37 的预设值 100 和不断变化的 T37 的当前值，在达到预设值时又从 0 开始增大。

单击画面上"T37 预设值"右侧的输入/输出域，画面上出现一个数字键盘（见图 8-40）。其中的"ESC"是取消键，单击它以后数字键盘消失，退出输入状态，输入的数字无效。"BSP"是退格键，与计算机键盘上的〈Backspace〉键的功能相同，单击该键，将删除光标左侧的数字。"+/–"键用于改变输入的数字的符号。← 和 → 分别是光标左移键和光标右移键，←─┘ 是确认键（〈Enter〉键），单击它确认输入的数字，并在输入/输出域中显示出来，同时关闭键盘。

图 8-39　运行中的画面

图 8-40　数字键盘

用弹出的数字键盘输入 200（见图 8-40），按确认键后传送给 PLC 中保存 T37 预设值的 VW2。屏幕显示的 T37 的当前值将在 0～200 之间变化。

单击画面上的"起动"按钮，PLC 的 M0.0（起动按钮）变为 ON 以后又变为 OFF，由于图 8-25 中 PLC 程序的运行，变量"电动机"（Q0.0）变为 ON，画面上与该变量连接的指示灯点亮。单击画面上的"停止"按钮，PLC 的 M0.1（停止按钮）变为 ON 后又变为 OFF，其常闭触点断开后又接通，由于 PLC 程序的运行，变量"电动机"变为 OFF，画面上的指示灯熄灭。

8.4　习题

1．在有强烈干扰的环境下，可以采取什么可靠性措施？

2．布线时应采取哪些抗干扰措施？

3．电缆的屏蔽层应怎样接地？

4．为什么在模拟量信号远传时应使用电流信号，而不是电压信号？

5. 怎样判别闭环控制中反馈的极性？

6. 超调量反映了系统的什么特性？

7. 什么是反作用调节？怎样实现反作用调节？

8. 增大增益对 PID 控制系统的动态性能有什么影响？

9. PID 中的积分部分有什么作用？增大积分时间对系统的性能有什么影响？

10. PID 中的微分部分有什么作用？

11. 如果闭环响应的超调量过大，应调节 PID 控制器的哪些参数？怎样调节？

12. 阶跃响应没有超调，但是被控量上升过于缓慢，应调节哪些参数？怎样调节？

13. 消除误差的速度太慢，应调节什么参数？

14. 上升时间过长应调节什么参数？怎样调节？

15. 怎样确定 PID 控制的采样周期？

16. 怎样确定 PID 控制器参数的初始值？

17. 什么是人机界面？它的英文缩写是什么？

18. 人机界面的内部变量和外部变量各有什么特点？

19. 在画面上组态一个指示灯，用来显示 Q0.0 的状态。组态两个按钮，分别用来将 PLC 中的 Q0.0 置位和复位。

20. 在画面上组态一个输出域，用 5 位整数显示 PLC 中 VW10 的当前值。组态一个输入域，用来修改 VW12 中的 5 位整数的设定值。

21. 为了实现 S7-200 CPU 集成的 RS-485 端口与 Smart 700 IE 的通信，需要做哪些操作？

附　　录

附录 A　实验指导书

A.1　编程软件使用练习

1. 实验目的

1）了解 S7-200 的结构和外部接线方法。

2）了解和熟悉 STEP 7-Micro/WIN 编程软件的使用方法。

3）了解输入和编辑用户程序的方法。

4）了解下载和调试用户程序的方法。

2. 实验装置

1）CPU 模块一只。

2）安装了 STEP 7-Micro/WIN 的计算机一台。

3）USB/PPI 编程电缆一根。

4）数字量输入开关板一块，上面的小开关用来产生数字量输入信号，使用 CPU 的 DC 24V 传感器电源作为 PLC 输入回路的电源。PLC 输出点的状态用对应的 LED（发光二极管）来观察，调试程序时一般可以不接实际的外部负载。

如果未加说明，后面的其他实验的实验装置与本实验相同。

3. 实验内容

（1）准备工作

1）在断电的情况下，将数字量输入开关板接到 PLC 的输入端。用编程电缆连接 PLC 的 RS-485 端口和计算机的 USB 端口，接通 PLC 的电源。

2）打开 STEP 7-Micro/WIN，自动生成一个新的项目。

3）执行菜单命令"PLC"→"类型"，设置 PLC 的型号。

4）设置通信参数，建立起计算机与 PLC 的通信连接。

（2）输入和编辑用户程序

1）在主程序 OB1 中分两个网络输入图 2-4 中的梯形图程序，然后编译程序，分别用 3 种编程语言显示程序。用计算机的〈Insert〉键在"插入"（INS）和"覆盖"（OVR）两种模式之间切换（见状态栏上的符号），观察这两种模式对程序输入（例如添加一个触点）的影响。

2）输入图 2-1 中的程序注释和网络 1 的注释。反复单击工具栏上的"切换 POU 注释"按钮 和"切换网络注释"按钮 ，观察这两个按钮的作用。

3）分别单击指令树中的某个文件夹或文件夹中的对象、指令树中的指令列表或程序编辑器中的某条指令，或按住工具栏上的某个按钮，或打开某个窗口，然后按〈F1〉键，查看有关的在线帮助。使用在线帮助中的目录和索引功能，熟悉帮助功能的使用方法。

4）执行"工具"菜单中的"选项"命令，打开"选项"对话框（见图 2-6），设置梯形图编辑器中网格的宽度、字体的类型、字形、字号等属性，观察修改参数后的效果。选中左边窗口的"常规"菜单命令，设置保存文件的默认的文件夹位置。

5）单击工具栏上的"编译"按钮☑或"全部编译"按钮☑，编译输入的程序。故意制造一些语法错误（例如删除某个线圈、在一个网络中放置两块独立电路），观察编译后输出窗口显示的错误信息。双击某一条错误，程序编辑器中的矩形光标将移到该错误所在的网络。改正程序中所有的错误，直到编译成功为止。

6）单击工具栏上的"保存"按钮🖫，在出现的"另存为"对话框中输入项目的名称"电机起动"，设置保存项目的文件夹。单击"保存"按钮，将所有的项目数据保存在扩展名为 mwp 的文件中。

7）编译成功后，双击指令树中的"交叉引用表"，观察出现的交叉引用表。双击交叉引用表中的某一行，观察是否能显示出对应的网络。

（3）下载和调试用户程序

1）断开数字量输入板上的全部输入开关，CPU 模块上输入侧的 LED 全部熄灭。

2）计算机与 PLC 建立连接后，将 CPU 模块上的模式开关切换到 RUN 位置。单击工具栏上的"下载"按钮👱，单击下载对话框中的"选项"按钮，在"选项"区选择要下载的块。单击"下载"按钮，开始下载。

3）下载后，如果 CPU 处于 STOP 模式，单击工具栏上的"运行"按钮▸，开始运行用户程序，此时 CPU 模块上的"RUN"LED 亮。

4）用接在端子 I0.0 上的小开关来模拟起动按钮信号，将开关接通后马上断开。通过 CPU 模块上的 LED 观察 Q0.0 是否变为 ON，延时 10s 后 Q0.1 是否变为 ON；用接在端子 I0.1 或 I0.2 上的小开关来模拟停止按钮信号或过载信号，观察 Q0.0 和 Q0.1 是否变为 OFF。

（4）上载用户程序

生成一个新的项目，上载 CPU 中的用户程序。

A.2 符号表应用实验

1．实验目的

通过实验了解生成符号地址和在程序中使用符号地址的方法。

2．实验内容

（1）生成符号和查看符号表

打开上一个实验生成的项目后，打开符号表，输入图 2-11 中的符号。用各种方式对符号表中的符号进行排序。查看图 2-12 中的 POU 符号表中的符号。

（2）地址显示方式的切换

执行"查看"菜单中的"符号寻址"命令，交替显示绝对地址和符号地址，执行"工具"菜单中的"选项"命令，在"选项"对话框（见图 2-6）的"符号寻址"下拉列表框中切换"仅显示符号"和"显示符号和地址"。观察这两种显示方式的区别。

单击工具栏上的按钮▦，打开和关闭符号信息表。在显示绝对地址时单击工具栏上的"应用项目中的所带符号"按钮▧，将符号表中所有的符号名称应用到项目中。

（3）在程序编辑器中定义、编辑和选择符号

用鼠标右键单击程序编辑器中未定义符号的地址（例如 T37），在弹出的快捷菜单中执行"定义符号"命令，为该地址定义符号。观察程序编辑器和符号表中是否出现该符号。

用鼠标右键单击程序编辑器中的某个符号地址，执行快捷菜单中的"编辑符号"命令，修改该符号的地址和注释。用右键单击程序编辑器中的某个绝对地址，执行快捷菜单中的"选择符号"命令，为该地址选用符号表中的符号。

A.3 用编程软件调试程序的实验

1. 实验目的

通过实验熟悉用程序状态和状态表调试程序的方法。

2. 实验内容

（1）用程序状态调试程序

打开前两个实验的项目，输入图 2-18 中的程序，下载到 CPU 后运行程序，单击工具栏上的"程序状态监控"按钮🔲，启用程序状态监控。用外接的小开关改变程序中各输入点的状态，观察梯形图中有关触点、线圈和定时器状态的变化（见图 2-17）。

关闭程序状态监控后，切换到语句表显示方式，在 RUN 模式启用程序状态监控，用小开关提供输入信号，观察各变量的状态变化。启用程序状态监控时，如果出现"时间戳记不匹配"对话框（见图 2-16），单击"比较"按钮，显示"已通过"后，单击"继续"按钮，开始监控。

（2）用状态表监控变量

打开状态表，输入图 2-21 中的地址。单击工具栏上的"状态表监控"按钮🔲，启动监控功能。用接在 I0.0 和 I0.1 端子上的小开关来产生起动按钮和停止按钮信号，观察状态表中各变量的状态变化。

在 Q0.0 和 Q0.1 的"新值"列分别写入 1 和 0，用工具栏上的"全部写入"按钮🔲将新值写入 CPU。观察写入的值与程序执行的关系。在 T37 的使能输入为 ON 时改写 T37 的当前值。

多次单击工具栏上的"趋势图"按钮🔲，在状态表和趋势图之间切换。观察趋势图中 T38 的当前值和 M10.0 的波形图是否如图 2-22 的趋势图所示。用鼠标右键单击趋势图，修改趋势图的时间基准。

显示趋势图时多次单击工具栏上的"暂停趋势图"按钮🔲，"冻结"和重新显示趋势图。

（3）用状态表强制变量

在状态表中用十六进制格式监视 VW0、VB0 和 VW1（见图 2-23）。在 VW0 的"新值"单元输入一个 4 位十六进制数。单击工具栏上的"强制"按钮🔲，观察出现的显式强制、隐式强制和部分隐式强制图标。尝试是否能直接解除隐式强制和部分隐式强制。

将 PLC 断电，等到 CPU 上的 LED 熄灭后再上电。启动监控，观察强制符号是否消失。

用工具栏上的"取消强制"按钮🔲，解除对 VW0 的强制，观察解除的效果。

（4）在程序状态监控时写入和强制变量

启用程序状态监控，在 I0.0 和 I0.1 为 OFF 时，用鼠标右键单击程序状态中的 Q0.0，在弹出的菜单中执行"写入"命令，分别写入 ON 和 OFF，观察写入的效果。T37 的常开触点断开时，是否能用"写入"命令将 Q0.1 置为 ON？为什么？

用快捷菜单命令将 I0.0 强制为 ON，观察是否能用外接的小开关改变梯形图中 I0.0 的状态。分别对 I0.0 和 I0.1 进行"强制"为 ON、OFF 和"取消强制"的操作，以此代替外接的小开关来调试程序。

A.4 位逻辑指令的功能与应用实验

1. 实验目的

通过实验了解位逻辑指令的功能和使用方法。

2. 实验内容

（1）梯形图和语句表之间的相互转换

打开例程"位逻辑指令"，将程序下载到 CPU 中。用"查看"菜单中的"STL"和"梯形图"命令在梯形图和语句表之间进行转换，观察程序中的梯形图和语句表程序之间的关系。书中的梯形图程序一般没有标出网络号。

写出图 3-31、图 3-32（第 3 章习题 17、18）中的梯形图对应的语句表。生成一个新的项目，将上述梯形图输入到 OB1 中，转换为语句表后，检查写出的语句表是否正确。

画出图 3-34（第 3 章习题 20）中的语句表对应的 3 个梯形图。将图 3-34 中的语句表输入到 OB1（注意需要正确地划分网络）中，转换为梯形图后，检查手工画出的梯形图是否正确。

（2）置位、复位指令

将例程"位逻辑指令"下载到 CPU 中，将 CPU 切换到 RUN 模式，用状态表监视M0.3，用 I0.1 和 I0.2 产生的脉冲分别将 M0.3 置位和复位（见图 3-19），观察置位和复位的效果，是否有保持功能。

（3）RS、SR 双稳态触发器指令

扳动 I0.2～I0.5 对应的小开关，检查图 3-20 中的 SR 和 RS 双稳态触发器指令的基本功能，特别注意置位输入和复位输入同时为 ON 时触发器输出位的状态。

（4）正、负向转换触点指令

用状态表监控 M1.0（见图 A-1），扳动 I0.6 和 I1.1 对应的小开关，接通和断开由它们的常开触点组成的串联电路，观察在正向转换触点能流输入的上升沿和负向转换触点能流输入的下降沿是否能分别将 M1.0 复位和置位？

在状态表中监视 VW10，扳动图 A-2 中 I0.6 对应的小开关，观察 VW10 的值是否在I0.6 的上升沿时加 5。删除（短接）图中的正向转换触点，下载程序后重复上述的操作，解释观察到的现象。

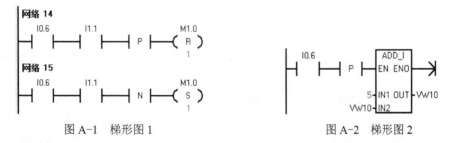

图 A-1　梯形图 1　　　　　　　　　图 A-2　梯形图 2

（5）取反触点指令

扳动图 3-21 中 I0.7 和 I1.0 对应的小开关（见图 3-21），接通和断开由它们的触点组成的串联电路，观察取反触点左边和右边能流的状态是否相反。

（6）间接寻址

生成一个新的项目，将例 3-1 中的查表程序输入 OB1 中。在状态表中监控 VW100～

VW146、VD20 和 VW30，各地址的格式均为"有符号"。首先输入 VW100，选中它后多次按〈Enter〉键，将会自动生成下一个字，用这样的方法快速地生成地址 VW100~VW146。

将程序下载到 PLC 后运行该程序，单击工具栏上"状态表监控"按钮，启动监控功能。在 VW100~VW146 的"新值"列输入任意的值，单击工具栏上的"全部写入"按钮，各行的"新值"均被写入 PLC 中，并在该行的"当前值"列显示出来。

在 VD20 的"新值"列输入表格的偏移量（小时值 0~23），单击按钮，将它写入 PLC 中，观察 VW30 读取到的给定值是否正确。改变 VD20 的值，重复上述的操作。

A.5 定时器应用实验

1. 实验目的

通过实验了解定时器的编程与监控的方法。

2. 实验内容

下载例程"定时器应用"后，运行用户程序，启动程序状态监控功能。该例程已用系统块设置定时器 T0~T31 有断电保持功能。

（1）接通延时定时器

启动程序状态监控功能，按下面的顺序操作，观察图 3-23 中定时器 T37 的当前值和 Q0.0 的状态变化。

1）接通 I0.0 对应的小开关，未到预设值时断开它。

2）接通 I0.0 对应的小开关，到达预设值后断开它。

3）将 T37 的预设值 PT 由常数改为 VW0，下载后运行程序。用状态表将 150 写入 VW0，重复上述的操作。

（2）脉冲定时器

用程序状态监控图 3-24 中的脉冲定时器，令 I0.3 为 ON 的时间分别小于和大于 T38 的预设值 30（即 3s），观察 Q0.2 输出的脉冲宽度是否等于其预设值。

（3）断开延时定时器

监控图 3-25 中的 10ms 断开延时定时器 T33，按下面的顺序进行操作。

1）接通 I0.4 对应的小开关，监视 T33 的当前值和 Q0.3 状态的变化。

2）断开 I0.4 对应的小开关，观察 T33 的当前值和 Q0.3 状态的变化。

（4）有记忆接通延时定时器

图 3-26 中的 T2 是 10ms 有记忆接通延时定时器，按下面的顺序进行操作。

1）令复位输入 I0.2 为 OFF，I0.1 为 ON，观察 T2 当前值的变化情况。未到定时时间时，断开 I0.1 对应的小开关，观察 T2 的当前值是否保持不变。

2）重新接通 I0.1 对应的小开关，观察 T2 当前值和 Q0.1 状态变化的情况。

3）接通复位输入 I0.2 对应的小开关后马上断开，观察 T2 的当前值和 Q0.1 状态的变化。

4）T2 被设置为有断电保持功能。在 T2 的定时时间到之后，断开 I0.1 对应的小开关，观察在 PLC 断电又上电后，T2 的当前值和常开触点状态的变化情况。

A.6 计数器应用实验

1. 实验目的

通过实验了解计数器的编程和监控的方法。

2. 实验内容

下载例程"计数器应用"后，运行用户程序，启动程序状态监控功能。

（1）加计数器

对图 3-28 中的加计数器 C0，按下面的顺序进行操作。

1）断开复位输入 I0.1 对应的小开关，用 I0.0 对应的小开关发出计数脉冲，观察 C0 的当前值和 Q0.0 变化的情况。在 C0 的当前值等于预设值后再发计数脉冲，观察 C0 的当前值是否变化。

2）接通 I0.1 对应的小开关，观察 C0 的当前值是否变为 0，Q0.0 是否变为 OFF。此时用 I0.0 对应的开关发出计数脉冲，观察 C0 的当前值是否变化。

3）已用系统块设置计数器 C0～C31 有断电保持功能。在 C0 的常开触点闭合时，观察 PLC 断电后又上电时，C0 的当前值和常开触点状态的变化情况。将计数器改为 C40，下载后检查它是否有断电保持功能。

（2）减计数器

对图 3-29 中的减计数器 C1，按下面的顺序进行操作。

1）接通装载输入 I0.3 对应的小开关后再断开它，观察 C1 的当前值是否变为预设值 3，Q0.1 是否变为 OFF。

2）用 I0.2 对应的小开关发出计数脉冲，观察 C1 的当前值减至 0 时，Q0.1 是否变为 ON。在当前值为 0 后再发计数脉冲，观察 C1 的当前值是否变化。

（3）加减计数器

对图 3-30 中的加减计数器 C2，按下面的顺序进行操作。

1）断开复位输入 I0.6 对应的小开关，用 I0.4 或 I0.5 对应的小开关发出加计数脉冲或减计数脉冲，观察 C2 的当前值和 Q0.2 状态之间的关系。

2）接通 I0.6 对应的小开关，观察 C2 的当前值和 Q0.2 的变化。此时用 I0.4 或 I0.5 对应的开关发出计数脉冲，观察 C2 的当前值是否变化。

A.7 定时器计数器应用的编程实验

1. 实验目的

通过实验进一步了解定时器和计数器指令的使用方法。

2. 实验内容

（1）长延时电路

打开例程"定时器计数器应用"，下载到 CPU 后运行程序。令图 4-2 中的 I0.1 为 ON，观察 C3 的当前值是否每分钟加 1，I0.1 为 OFF 时 C3 是否被复位。

为了减小等待的时间，减小图 4-3 中 T37 和 C4 的预设值，用 I0.2 启动 T37 定时。观察总的定时时间是否等于 C4 和 T37 预设值乘积的 1/10（单位为 s）。

（2）闪烁电路

闪烁电路如图 4-4 所示。接通 I0.3 对应的小开关，用程序状态观察 T41 和 T42 是否能交替定时，使 Q0.7 控制的指示灯闪烁。Q0.7 为 ON 和 OFF 时间应分别等于 T42 和 T41 的预设值。改变这两个预设值，下载后重复上述的操作。

（3）两条运输带的控制程序

用状态表监视图 4-6 中的 M0.0、Q0.4、Q0.5、T39 和 T40 的当前值，用 I0.5 对应的小开关模拟起动按钮的操作，开关接通后马上断开。观察 M0.0 和 Q0.4 是否变为 ON，T39 是否开始定时。8s 后 Q0.5 是否变为 ON。

用 I0.6 对应的小开关模拟停止按钮的操作，观察 M0.0 和 Q0.5 是否变为 OFF，T40 是否开始定时。8s 后 Q0.4 是否变为 OFF。

A.8　自动往返的小车控制系统的编程实验

1. 实验目的

通过实验了解用经验设计法编写简单的梯形图程序的方法和程序调试的方法。

2. 实验内容

（1）自动往返的小车控制程序实验

打开例程"小车自动往返控制"（见图 4-9），下载后运行程序。用小开关模拟各输入信号，通过观察 Q0.0 和 Q0.1 对应的 LED，检查程序的运行情况。按以下步骤检查程序是否正确。

1）用接在 I0.0 输入端的小开关模拟右行起动按钮信号，将开关接通后马上断开，观察 Q0.0 是否变为 ON。

2）用接在 I0.4 输入端的小开关模拟右限位开关信号，将开关接通后马上断开，观察 Q0.0 是否变为 OFF，Q0.1 是否变为 ON。

3）用接在 I0.3 输入端的小开关模拟左限位开关信号，将开关接通后马上断开，观察 Q0.1 是否变为 OFF，Q0.0 是否变为 ON。

4）重复第 2）步和第 3）步。

5）用接在 I0.2 输入端的小开关模拟停车按钮被按下，或者用接在 I0.5 输入端的小开关模拟过载信号，观察为 ON 的输出点是否变为 OFF，控制制动的 Q0.2 是否变为 ON，8s 后 Q0.2 是否自动变为 OFF。

若发现 PLC 的输入/输出关系不符合要求，则应检查程序，改正错误。

（2）较复杂的自动往返小车控制程序的编程和调试

在图 4-9 的基础上，增加下述功能：①小车碰到右限位开关 I0.4 后停止右行，延时 5s 后自动左行；②小车碰到左限位开关 I0.3 后停止左行，延时 6s 后自动右行。

输入、下载和调试程序，直至满足要求为止。注意，调试时限位开关接通的时间应大于定时器延时的时间。在小车离开某一限位开关后，应将该限位开关对应的小开关断开。

A.9　使用置位/复位指令的顺序控制程序的编程实验

1. 实验目的

通过实验熟悉使用置位/复位指令的顺序控制程序的设计和调试的方法。

2. 实验内容

（1）简单顺序控制程序的调试

将例程"使用 SR 指令的运输带控制程序"（见图 5-3）下载到 PLC 中。在状态表中用二进制格式监视 MB0、QB0 和 IB0，观察步的活动状态的变化和控制两台运输带的 Q0.0 和 Q0.1 的状态变化，看它们是否符合顺序功能图的要求。

将 PLC 切换到 RUN 模式后，用外接的小开关来模拟输入信号提供的转换条件。可以通过 PLC 上各输出点对应的 LED 的状态或状态表来了解系统运行的状况和当前处于哪一步。调试步骤如下。

1）进入 RUN 模式后，用状态表观察初始步对应的 M0.0 是否为 ON，M0.1~M0.3 为 OFF。

2）在初始步接通 I0.2 对应的小开关后马上断开，模拟起动按钮的操作。观察 M0.0 是否变为 OFF，M0.1 和 Q0.0 是否变为 ON，运输带 A 开始运行。

3）步 M0.1 为活动步时，接通 I0.0 对应的小开关（不要马上断开），模拟中限位开关动作。观察 M0.1 是否变为 OFF，M0.2、Q0.0 和 Q0.1 是否同时为 ON，两条运输带是否同时运行。

4）步 M0.2 为活动步时，将 I0.0 对应的小开关断开，模拟被运输的物体后沿离开中限位开关，观察在 I0.0 的下降沿 M0.2 和 Q0.0 是否变为 OFF，M0.3 是否变为 ON。Q0.1 应保持 ON 不变，仅有运输带 B 运行。

5）步 M0.3 为活动步时，接通 I0.1 对应的小开关一段时间后断它，模拟被运输的物体后沿离开右限位开关，观察在 I0.1 的下降沿是否返回初始步，即 M0.3 和 Q0.1 变为 OFF，M0.0 变为 ON。

（2）小车控制程序的调试

将例程"使用 SR 指令的小车控制程序"下载到 PLC 后运行程序。顺序功能图如图 5-4 所示。在状态表中用二进制格式监视 MB0、QB0、IB0 和 T38 的当前值。

1）进入 RUN 模式后，用状态表观察是否初始步 M0.0 为 ON，M0.1~M0.3 为 OFF。

2）在初始步接通 I0.2 对应的小开关，模拟左限位开关动作。接通 I0.0 对应的小开关后马上断开，模拟起动按钮的操作。观察 M0.0 是否变为 OFF，M0.1 和 Q0.0 是否变为 ON，即是否转换到了第 2 步。转换后断开 I0.2 对应的小开关，模拟左限位开关断开。

3）步 M0.1 为活动步时，将 I0.1 对应的小开关接通后马上断开，模拟右限位开关动作，观察 M0.1 和 Q0.0 是否变为 OFF，M0.2 和 Q0.1 是否变为 ON，即是否转换到了步 M0.2。

4）步 M0.2 为活动步时，接通 I0.2 对应的小开关，观察 M0.2 和 Q0.1 是否变为 OFF，小车停止运行；M0.3 和 Q0.2 是否变为 ON，即是否转换到了步 M0.3，电机开始制动。

5）步 M0.3 为活动步时，观察经过 T38 设置的延时时间后，M0.3 和 Q0.2 是否变为 OFF，M0.0 是否变为 ON，即是否返回了初始步。

（3）增加暂停功能的小车控制程序实验

在图 5-4 所示的小车运动控制系统的基础上，要求小车碰到右限位开关 I0.1 时，在最右边暂停 10s。延时时间到时开始左行。画出顺序功能图，根据顺序功能图画出梯形图，输入到 OB1 后下载到 PLC 中。调试的步骤由读者拟定。

A.10 使用置位/复位指令的复杂的顺控程序的编程实验

1. 实验目的

通过实验熟悉使用置位/复位指令的顺序控制程序的设计和调试方法。

2. 实验内容

（1）复杂的顺序控制程序的调试

将例程"使用 SR 指令的复杂的顺控程序"下载到 PLC 后运行程序。顺序功能图如图 5-6 所示。用状态表监控 MB0、QB0 和 IB0。

首先调试经过步 M0.1、最后返回初始步的流程，然后调试跳过步 M0.1、最后返回初始步的流程。应注意并行序列中各子序列的第 1 步（步 M0.3 和步 M0.5）是否同时变为活动步，各子序列的最后一步（步 M0.4 和步 M0.6）是否同时变为不活动步。

（2）液体混合控制系统的调试

将例程"使用 SR 指令的液体混合控制程序"下载到 PLC 后运行程序。

在状态表中，用二进制格式监视 MB0、QB0、IB0 和 M1.0，以及格式为"有符号"的 T37、T38、C0、C1、VW10 和 VW12 的当前值。在 VW10 和 VW12 中写入 C0 和 C1 的预设值。为了节约调试的时间，C0 和 C1 的预设值不要设得太大。

根据图 5-8 中的顺序功能图进行调试，调试步骤简述如下。

1）初始步为活动步时，用 I0.0 对应的小开关模拟起动按钮信号，观察 M0.1、M0.3 和连续标志 M1.0 是否变为 ON。

2）步 M0.1 为活动步时，用 I0.3（见图 5-9）对应的小开关模拟计量泵的计数脉冲信号，在 C0 的当前值等于预设值时，观察是否能转换到步 M0.2，C0 的当前值是否被复位为 0。

3）步 M0.3 为活动步时，用 I0.4（见图 5-9）对应的小开关模拟计量泵的计数脉冲信号，在 C1 的当前值等于预设值时，观察是否能转换到步 M0.4，C1 的当前值是否被复位为 0。

4）M0.2 和 M0.4 均为活动步时，观察是否能转换到步 M0.5。

5）步 M0.5 为活动步时，观察经过 T37 的延时后，是否能自动转换到步 M0.6。

6）步 M0.6 为活动步时，用外接的小开关使下限位信号 I0.1 为 ON，观察是否能转换到步 M0.7。

7）步 M0.7 为活动步，且 T38 的定时时间到时，观察是否能返回步 M0.1 和步 M0.3。

8）在运行过程中，用 I0.2（见图 5-9）对应的小开关模拟停止按钮信号，观察连续标志 M1.0 是否变为 OFF。执行完一个工作周期剩余的操作后，在 T38 的定时时间到时，观察是否能从步 M0.7 返回初始步。

A.11 人行横道交通灯与 3 运输带顺控程序的编程实验

1. 实验目的

通过实验熟悉使用置位/复位指令的顺序控制程序的设计和调试的方法。

2. 实验内容

（1）人行横道交通信号灯控制

将例程"使用 SR 指令的交通灯控制程序"下载到 PLC 后运行程序。根据图 5-10 中的顺序功能图，从初始步开始调试。在状态表中用二进制格式监视 MB0、QB0、IB0、M1.4，以及格式为"有符号"的 T37～T41 的当前值。

调试时注意，在按了起动按钮 I0.0 后，连续标志 M1.4、步 M0.1 和步 M0.5 是否同时变为 ON。Q0.0～Q0.4 是否按波形图所示的顺序变化，T37～T41 提供的各步的定时时间是否正确。T41 的定时时间到时，是否能从步 M0.4 和步 M0.7 转换到步 M0.1 和步 M0.5，按顺序功能图的规定自动循环运行。在按了停止按钮 I0.1 以后，M1.4 是否变为 OFF，在完成最后一次工作循环、T41 的定时时间到时，是否能返回初始步。

（2）3 条运输带控制程序的调试

将例程"使用 SR 指令的 3 运输带顺控程序"下载到 PLC 后运行程序。根据图 4-16 中的顺序功能图调试程序，用状态表监控 MB0、QB0 和 IB0 以及 T37～T40 的当前值。调试步骤简述如下。

1）从初始步开始，按正常起动和停车的顺序调试程序，即从初始步 M0.0 开始，按步 M0.0、M0.1、M0.2、M0.3、M0.4 和 M0.5 的顺序依次转换，最后返回初始步。

2）从初始步开始，模拟调试在起动了一条运输带时停机的过程，即在步 M0.1 为活动步时，接通停止按钮 I0.1 对应的小开关后马上断开，观察是否能返回初始步。

3）从初始步开始，模拟调试在起动了两条运输带时停机的过程，即在步 M0.2 为活动步时，接通停止按钮 I0.1 对应的小开关后马上断开，观察是否能跳过步 M0.3 和步 M0.4，进入步 M0.5，经过 T40 设置的时间后，是否能返回初始步。

A.12 使用 SCR 指令的顺序控制程序的编程实验

1. 实验目的

通过实验熟悉使用顺序控制继电器指令的顺序控制程序的设计和调试的方法。

2. 实验内容

（1）简单的顺序控制程序的调试

1）将例程"使用 SCR 指令的运输带控制程序"下载到 PLC 后运行程序。顺序功能图如图 5-12 所示。用状态表监控二进制格式的 SB0、QB0 和 IB0，以及显示格式为"有符号"的 T37 和 T38 的当前值。

2）用外接的小开关模拟起动信号和停车信号，观察步的活动状态的变化以及控制两台运输带的 Q0.0 和 Q0.1 的状态变化，看它们是否符合顺序功能图的要求，最后是否能返回初始步。

3）用程序状态功能监视程序的执行过程，注意观察是否只有活动步对应的 SCR 段内的 SM0.0 的常开触点闭合，SCRE 线圈通电；其他 SCR 段内的触点、线圈、方框指令是否均为灰色，SCRE 线圈是否断电。

（2）具有选择序列的顺序控制程序的调试

将例程"使用 SCR 指令的复杂的顺控程序"下载到 PLC 后运行程序。用状态表监控程序的运行。顺序功能图如图 5-13 所示。调试步骤如下。

首先调试经过步 S0.1、最后返回初始步的流程，然后调试经过步 S0.2、最后返回初始步的流程。应注意并行序列中各子序列的第 1 步（步 S0.4 和步 S0.6）是否同时变为活动步，各子序列的最后一步（步 S0.5 和步 S0.7）是否同时变为不活动步。

A.13 使用 SCR 指令的剪板机顺控程序的编程实验

1. 实验目的

通过实验熟悉使用顺序控制继电器指令的顺序控制程序的设计和调试的方法。

2. 实验内容

将例程"使用 SCR 指令的剪板机控制程序"下载到 PLC 后运行程序。在状态表中监控二进制的 SB0、QB0、IB0 和 C0 的当前值。根据图 5-16 中的顺序功能图，从初始步开始调试。调试步骤如下。

1）进入初始步 S0.0 后，观察 C0 是否被复位，其当前值是否为 0。

2）在初始步用外接的小开关使两个上限位开关对应的 I0.0 和 I0.1 为 ON（压钳和剪刀均在最上面）。用 I1.0 对应的小开关发出起动信号，观察是否能转换到步 S0.1。

3）步 S0.1 为活动步时，用小开关提供"右行到位"信号 I0.3，观察是否能转换到步 S0.2。

4）步 S0.2 为活动步时，压钳下行，令压钳的上限位开关 I0.0 为 OFF。用小开关提供压力上升信号 I0.4，观察是否能转换到步 S0.3。在步 S0.3，观察 C0 的当前值是否被加 1。

5）步 S0.3 为活动步时，剪刀下行，令剪刀的上限位开关 I0.1 为 OFF。用小开关提供"已剪完"信号 I0.2，观察是否能转换到步 S0.4 和步 S0.6。

6）步 S0.4 为活动步时，用小开关提供"压钳已上升"信号 I0.0，观察是否能转换到步 S0.5。

7）步 S0.6 为活动步时，用小开关提供"剪刀已上升"信号 I0.1，观察是否能转换到步 S0.7。步 S0.5 和步 S0.7 同时为活动步时，观察是否能返回步 S0.1。

8）重复步骤 3）～步骤 7）的操作。观察 C0 的当前值等于 3（剪了 3 块料）时，是否能从步 S0.5 和步 S0.7 返回初始步。

A.14　具有多种工作方式的系统的顺控程序的调试实验

1．实验目的

通过实验熟悉具有多种工作方式的系统的顺序控制程序的设计和调试的方法。

2．实验内容

打开和下载例程"机械手控制"。调试步骤如下。

1）检查公用程序（见图 5-23）的运行是否正常，分别在刚进入 RUN 模式、手动方式或回原点方式，检查在满足原点条件时初始步 M0.0 是否被置位，不满足时 M0.0 是否被复位。

2）令 I2.0 为 ON，在手动工作方式检查各手动按钮是否能控制相应的输出量（见图 5-24），各限位开关是否起作用。

3）在 M0.0 为 ON 时，从手动方式切换到单周期工作方式，按图 5-25 中的顺序功能图的要求，依次提供相应的转换条件，观察步与步之间的转换是否符合顺序功能图的规定，工作完一个周期后是否能返回并停留在初始步。

调试较复杂的顺序控制程序时，应仔细分析系统的运行过程，在每一步各输入信号应该是什么状态，应提供什么转换条件，并列出相应的表格（见表 A-1）。

表 A-1　调试机械手顺控程序的表格

步	M0.0 初始	M2.0 下降	M2.1 夹紧	M2.2 上升	M2.3 右行	M2.4 下降	M2.5 松开	M2.6 上升	M2.7 左行
复位操作		复位 I0.2		复位 I0.1	复位 I0.4	复位 I0.2		复位 I0.1	复位 I0.3
转换条件	M0.5·I2.6	I0.1 置位	T37	I0.2 置位	I0.3 置位	I0.1 置位	T38	I0.2 置位	I0.4 置位
其他输入的状态	I0.2＝1 I0.4＝1	— I0.4＝1	I0.1＝1 I0.4＝1	— I0.4＝1	I0.2＝1 —	— I0.3＝1	I0.1＝1 I0.3＝1	— I0.3＝1	I0.2＝1 —

表 A-1 中的 I0.1～I0.4 分别是下限位、上限位、右限位和左限位开关。I0.1 置位是指调试时用外接的小开关使 I0.1 为 ON 并保持 ON 状态不变，直到它被复位为 OFF（将小开关断开）为止。在下降步对 I0.2 复位，是因为下降后上限位开关 I0.2 会自动断开。

4）在连续工作方式，按顺序功能图的要求提供相应的转换条件，观察步与步之间的转换是否正常，是否能多周期连续运行。按下停止按钮，是否在完成最后一个周期全部的工作后才能停止工作，返回初始步。在运行时的某一步将运行方式由连续改为手动，检查除初始步外，其余各步对应的位存储器和连续标志 M0.7 是否被复位。

5）在单步工作方式，检查是否能从初始步开始，在转换条件满足且按了起动按钮 I2.6 时才能转换到下一步，按顺序功能图的要求工作一个循环后，是否能返回初始步。

6）根据回原点的顺序功能图（见图 5-27），在手动方式设置各种起始状态，然后切换到回原点工作方式。按下起动按钮 I2.6 后，观察是否能按顺序功能图运行，最后使初始步对应的 M0.0 变为 ON。

A.15 比较指令与传送指令的应用实验

1. 实验目的

通过实验了解比较指令和传送指令的编程和调试方法。

2. 实验内容

（1）使能输入与使能输出

将例程"比较指令与传送指令"下载到 CPU 后，运行用户程序，启动程序状态监控功能。接通 I0.4 对应的小开关，执行整数除法指令 DIV_I（见图 6-1），分别令除数 VW2 为 0 和非零，观察指令 DIV_I 的使能输出 ENO 的状态和除法指令框的变化。关闭程序状态监控和状态表监控功能，将程序切换为语句表，观察方框指令 ENO 对应的 AENO 指令。删除前两条 AENO 指令，转换回梯形图后，观察梯形图的变化。

（2）比较指令

启动程序状态监控功能，用鼠标右键单击触点比较指令中的某个地址（见图 6-4），用快捷菜单中的"写入"命令改写该地址的值，观察满足比较条件和不满足比较条件时比较触点的状态。

用状态表监视图 6-5 中 T33 的当前值和 Q0.0 的状态，"格式"分别为"有符号"和"位"。单击工具栏上的"状态表监控"按钮和"趋势图"按钮，启动趋势图监控功能。用外接的小开关令 I0.1 为 ON，观察 T33 的当前值是否按锯齿波变化，比较指令是否能使 Q0.0 输出方波。

修改 T33 的预设值和比较指令中的常数，下载和运行程序，观察是否能按要求改变 Q0.0 输出波形的周期和脉冲宽度。

（3）传送指令与字节交换指令

用状态表写入 VW16、VB20~VB22 和 VW26 的值，VW26 的显示格式为十六进制，其余地址的显示格式为"有符号"。观察在 I0.2 的上升沿（见图 6-6），字传送指令 MOV_W 和字节块传送指令 BLKMOV_B 的功能是否正常，字节交换指令 SWAP 是否能交换 VW26 高、低字节的值。短接正向转换触点，下载后重复上述的操作，观察 SWAP 指令的执行情况，并解释原因。

（4）填充指令

用状态表监视 VW30~VW36 的值，格式为"有符号"。观察在 I0.3 的上升沿（见图 6-15 和 7），常数 5678 是否被写入 VW30~VW36 中。改变写入的常数和要填充的字数，下载后重复上述的操作。

A.16 移位指令与循环移位指令的应用实验

1. 实验目的

通过实验了解移位指令和循环移位指令的使用方法。

2. 实验内容

（1）指令的基本功能

将例程"移位指令与彩灯控制程序"下载到 CPU 中，运行用户程序。

用状态表设置图 6-7 中 VB20 和 VB0 的二进制格式的值，观察在 I0.2 的上升沿，左移指令 SHL_B 是否能将 VB20 的值左移 4 位；循环右移指令 ROR_B 是否能将 VB0 的值循环右移 2 位。分别将移位位数改为 6 位、8 位、10 位，移位前的数据相同，下载程序，重复上述的实验。

（2）8 位彩灯控制程序

图 A-3 是 8 位彩灯控制程序，首次扫描时用 MOV_B 指令给 Q0.0～Q0.7 置初值（最低 3 位彩灯亮）。通过观察 CPU 模块上 Q0.0～Q0.7 对应的 LED 灯，检查彩灯的运行效果。

1）观察 I0.4 为 ON 时，彩灯的循环移位是否正常，初值是否与设置的值相符。

2）改变 I1.0 的状态，观察是否能改变移位的方向。

3）修改 MOV_B 指令中 QB0 的初值，下载后运行程序，观察彩灯的初始状态是否变化。

图 A-3 8 位彩灯控制程序

4）修改 T37 的预设值，下载后观察彩灯移位速度的变化。

5）要求在 I1.1 的上升沿，用接在 I0.0～I0.7 的小开关来改变彩灯的初值，修改程序，下载后检查是否满足要求。

（3）10 位彩灯循环移位控制程序

要求用 Q0.0～Q1.1 来控制 10 位彩灯的循环左移，即从 Q1.1 移出的位要移入 Q0.0 中。为了不影响 Q1.2～Q1.7 的值，用 MW0 来移位，然后将 M0.0～M1.1 的值传送到 Q0.0～Q1.1 中。

值得注意的是在 MW0 中，MB0 在高字节。10 位循环移位的关键是将 M1.1 移到 M1.2 的数传送到 M0.0 中（见图 A-4）。程序见例程"10 位彩灯左移程序"，语句表中有注释。阅读程序后下载和运行程序，观察是否能实现 10 位彩灯循环左移位。

图 A-4 10 位循环左移位

（4）设计 10 位彩灯循环右移程序，即 Q0.0～Q1.1 的各位循环右移，程序设计的关键是将图 A-4 中 M0.0 移到 M1.7 的数传送到 M1.1 中。将程序下载到 PLC 后调试程序。

A.17 数据转换指令的应用实验

1. 实验目的

通过实验了解数据转换指令的使用方法。

2. 实验内容

（1）BCD 码与整数的相互转换指令

将例程"数据转换指令"下载到 CPU 中，运行用户程序。启动程序状态监控功能。令 I0.0 为 ON，用鼠标右键单击图 6-9 的 BCD_I 指令中 VW0 的值，执行快捷菜单中的"写入"命令，写入一个十六进制格式的 BCD 码值，观察转换结果是否正确。写入一个非 BCD

码（十六进制数中包含 A～F），观察程序执行的情况。

用同样的方法，将一个十进制数写入 I_BCD 指令的输入参数 VW4 中，观察转换后得到 BCD 码是否正确。写入一个大于 9999 的数，观察程序执行的情况。

（2）段码指令

将数字 0～9 中的某个数写入 VB40 中，观察 SEG 指令输出的二进制值是否正确。

（3）长度单位转换程序

令 I0.0 为 ON，观察求圆周长的程序（见例 6-2）的中间运算结果和最终运算结果是否正确。

（4）解码指令与编码指令

令 I0.2 为 ON，将 0～15 中的某个值写入 DECO 指令（见图 6-10）的输入参数 VB14 中，观察 VW16 的对应位是否被置 1。将一个十六进制数写入编码指令 ENCO 的输入参数 VW18 中，观察 VB15 的值是否是 VW18 为 1 的最低有效位的位数。

A.18 实时时钟指令的应用实验

1. 实验目的

通过实验熟悉用 STEP 7-Micro/WIN 读取和设置实时时钟的方法，以及实时时钟指令的使用方法。

2. 实验内容

（1）用 STEP 7-Micro/WIN 读、写实时时钟

1）计算机与 PLC 建立通信连接后，执行"PLC"菜单中的"实时时钟"命令，打开"CPU 时钟操作"对话框（见图 6-16）。

2）如果显示"实时时钟未设置"，单击"读取 PC"按钮，显示出计算机实时时钟的时间，用"设置"按钮将它下载到 CPU 中。

3）单击"读取 PLC"按钮，读取 CPU 实时时钟的日期和时间。

4）在修改日期或时间后，用"设置"按钮将修改后的日期时间值下载到 CPU 的实时时钟中。修改后再次单击"读取 PLC"按钮，观察写入的日期时间值是否正确。

（2）读、写实时时钟指令

将例程"实时时钟指令"下载到 CPU 中，运行用户程序。在状态表中用十六进制格式监视 VD0 和 VD4 中的 BCD 码日期时间值，用外接的小开关产生 I0.0 的上升沿（见图 6-17），观察 VD0 和 VD4 中读取的 CPU 实时时钟的日期时间值。

在状态表中将十六进制格式的 BCD 码日期时间值写入 VD10 和 VD14 中，用外接的小开关产生 I0.1 的上升沿（见图 6-18），执行设置实时时钟指令 SET_RTC。打开"CPU 时钟操作"对话框，观察设置的日期时间值是否写入了 CPU。

（3）用实时时钟控制设备

将例 6-3 中的程序写入 OB1 中，下载到 PLC 后运行程序。实验步骤如下。

1）在状态表中监控地址 VW23、VW30 和 VW32，格式均为十六进制。VW23 中的 BCD 码为读取到的小时和分钟的值。VW30 和 VW32 用来设置起动和停止的时、分值。

2）起动状态表监控功能，观察 VW23 中是否为当前的时、分值。

3）在状态表中 VW30 和 VW32 的"新值"列输入"16#"格式的起动和停止的时、分值，将它们写入 CPU 中。为了减少等待的时间，设置启动时间比当前时间稍晚一点。

假设当前时间为 10 点 12 分，可以设置 VW30 和 VW32 的启动、停止时间值分别为 16#1015 和 16#1017，Q0.1 应在 10 点 15 分到 10 点 17 分为 ON。观察是否能按程序中设置的时间段控制 Q0.1。

A.19　数学运算指令的应用实验

1. 实验目的

通过实验了解数学运算指令的使用和编程方法。

2. 实验内容

（1）整数运算指令的应用

将例程"数学运算指令"下载到 CPU 后，运行用户程序。

用状态表监视 SMB28、用来保存 T37 预设值的 VW10（见图 6-19）、T37 的当前值和 T37 的位。用小螺钉旋具反时针旋转电位器 0 到最小位置，使 SMB28 的值为 0。接通 I0.3 对应的外接小开关后马上断开，SMB28 的值被读取，经过程序的运算后 VW10 的值应为 50。

接通 I0.4 对应的小开关，使 T37 的线圈通电，观察 T37 的定时时间是否为 5s。

顺时针将电位器 0 调到最大位置，使 SMB28 的值为 255。接通 I0.3 对应的外接小开关后马上断开，经过程序运算后 VW10 的值应为 200。接通 I0.4 对应的小开关，观察 T37 的定时时间是否为 20s。

将电位器 0 调到中间位置，接通 I0.3 对应的外接小开关后马上断开，观察 SMB28 的值和 VW10 的值是否符合计算公式。

要求在输入信号 I0.6 的上升沿，用电位器 1 来设置定时器 T38 的预设值，设定的时间范围为 0～10s，即从电位器读出的数字 0～255 对应于 0～10s。T38 在 I0.7 为 ON 时开始定时。设计出程序，检查是否能满足要求。

（2）函数运算指令的应用

启动程序状态监控，用外接的小开关令 I0.2 为 ON。用鼠标右键单击 VD14 的值（见图 6-20），写入浮点数格式的角度值。观察指令 SIN 输出的正弦值是否正确。可以输入 60.0、45.0 等特殊的角度值。

根据公式 $5^{3/2}=EXP((3/2)*LN(5))$，编写求 5 的 3/2 次方的程序，下载到 PLC 后运行和调试程序。用计算器检查运算结果是否正确。

A.20　逻辑运算指令的应用实验

1. 实验目的

通过实验了解逻辑运算指令的使用和编程的方法。

2. 实验内容

（1）逻辑运算指令

将例程"逻辑运算指令"下载到 CPU 中，运行用户程序，启动程序状态监控。在状态表中监控 VB22～VB32，显示格式均为二进制（见图 6-22）。

在"新值"列输入图 6-21 中的取反和逻辑运算指令各输入参数的任意值，将它们写入 CPU 中。接通 I0.0 对应的小开关，观察状态表监控的各逻辑运算指令输出参数的值是否正确。

（2）求整数的绝对值

例 6-6 中的程序用于求整数的绝对值（见网络 2）。在程序状态或状态表中分别将正数和负数写入 VW0 中, 扳动外接的小开关, 观察在 I0.1 的上升沿是否能求出 VW0 的绝对值, 结果仍存放在 VW0 中。

（3）将字节中的某些位置为 1

用状态表将二进制格式的数写入 QB0（见图 6-23）中, 观察在 I0.3 的上升沿, QB0 的第 2～4 位是否均被 WOR_B 指令置为 1, 其余各位的状态保持不变。

（4）将字中的某些位清零

用状态表将图 6-23 中 WAND_W 指令的输入参数 IW2 强制为任意的二进制数。观察在 I0.3 的上升沿, VW2 中运算结果的高 4 位是否为 0, 低 12 位的值是否与 IW2 的相同。

（5）用异或运算检测位变量的变化

在状态表中监控 M0.0, 用 I1.0 外接的小开关将 M0.0 复位（见例程中的网络 5）。用外接的小开关改变 IB0 中任意 1 位的状态, 观察异或运算是否使 VB5 为非 0（见图 6-24）, 比较触点接通, 将 M0.0 置位。

A.21 跳转指令的应用实验

1. 实验目的

通过实验了解跳转指令的特点和编程的方法。

2. 实验内容

（1）跳转指令的基本功能

将例程"跳转指令"下载到 PLC 后运行程序, 启动程序状态监控。

分别令图 6-25 中的 I0.4 为 ON 和 OFF, 检查两种情况下 I0.3 是否能控制 Q0.0, 以及跳转对程序状态显示的影响。

（2）跳转指令对定时器的影响

1）用状态表监视图 6-26 中的 T32、T33、T37 的当前值和 Q0.1、Q0.2 的状态。

2）令 I0.0 为 OFF（跳转条件不满足）, 用 I0.1～I0.3 启动各定时器开始定时。

3）定时时间未到时, 令 I0.0 为 ON, 跳转条件满足。观察因为跳转, 哪个定时器停止定时, 当前值保持不变; 哪些定时器继续定时, 当前值继续增大; 在继续定时的定时器的定时时间到时, 它们在跳转区之外的常开触点是否能闭合。

4）在跳转时断开 I0.0 对应的小开关, 观察跳转期间停止定时的定时器是否在保持的当前值的基础上继续定时。

（3）跳转对功能指令的影响

分别观察在跳转和没有跳转时, 是否执行图 6-26 中的 INC_B 指令。

（4）跳转指令的应用

将例 6-7 中的程序写入 OB1 中, 下载到 PLC 后执行程序。在状态表中监视 VW4, 用小开关改变 I0.5 的状态, 观察写入 VW4 的数值是否满足图 6-27 的要求。

（5）用跳转指令实现多分支程序

图 A-5 中的流程图用 I0.6 和 I0.7 来控制程序的流程。参考例 6-7 中的程序, 编写满足要求的程序。将程序写入 OB1 中, 下载后执行程序。用状态表监控 VW6, 用外接的

图 A-5 流程图

小开关改变 I0.6 和 I0.7 的状态，观察写入 VW6 的数值是否满足图 A-5 的要求。

A.22 循环指令的应用实验

1. 实验目的

通过实验了解循环指令的编程方法。

2. 实验内容

（1）用循环程序求多字节的异或值

将例程"程序控制指令"下载到 PLC 后运行程序。图 6-28 是求多字节的异或值的程序。在状态表中监视 VB10～VB14，显示格式均为二进制（见图 6-29）。将任意的二进制数写入 VB10～VB13 中，接通 I0.5 对应的小开关，观察 VB14 中的运算结果是否正确。

（2）双重循环

在状态表中监视图 6-30 中的 VW6。分别接通和断开 I0.2 对应的小开关，观察在 I0.1 的上升沿，反映内层循环次数的 VW6 的值是否被加 80。删除（短接）FOR 指令左边的上升沿检测触点，下载后观察对循环程序执行结果的影响，并解释原因。

（3）用循环指令求多字节的累加和

按习题 6.19 的要求，求 5 个整数的累加和。编写、下载和调试程序，检查程序执行的结果是否正确。

A.23 子程序的编程实验

1. 实验目的

通过实验了解局部变量和子程序的基本概念，熟悉子程序的创建、调用和调试的方法。

2. 实验内容

（1）调用模拟量计算子程序

将例程"模拟量计算子程序调用"下载到 PLC 后运行程序。打开主程序，启动程序状态监控，接通 I0.4 对应的小开关，将 AIW2 强制为某个值，将"系数 1"的值写入 VW20 中，观察子程序"模拟量计算"（见图 6-31）用 VD40 输出的计算结果与计算器计算的结果是否相同。

（2）使用间接寻址的子程序

将例程"异或运算子程序调用"下载到 PLC 后运行程序。在状态表中监视 VB10～VB14，显示格式均为二进制（见图 6-36）。将任意的二进制数写入 VB10～VB13 中，接通 I0.5 对应的小开关，调用子程序"异或运算"，观察 VB14 中的异或运算结果是否正确。

（3）子程序中的定时器的特性

将例程"定时器控制子程序调用"下载到 PLC 后运行程序，实验步骤如下。

1）在状态表中监视 T37、T33 和 T32 的当前值和 Q0.0、Q0.1（见图 6-37）。

2）令 I0.0 为 OFF（调用子程序"定时器控制"的条件不满足），检查是否能用 I0.1～I0.3 启动各定时器开始定时。

3）令 I0.0 为 ON（调用条件满足），用 I0.1～I0.3 启动各定时器开始定时（见图 6-37b）。

4）定时时间未到时，令 I0.0 为 OFF。观察因为停止调用"定时器控制"子程序，哪个定时器停止定时，当前值保持不变；哪些定时器继续定时，当前值继续增大；是否能用 I0.2 对应的小开关停止 T33 的定时。观察继续定时的定时器的定时时间到时，主程序中 T33 和

T32 的触点是否能分别控制 Q0.0 和 Q0.1。

5）令 I0.0 为 ON，观察被停止定时的定时器是否能在保存的当前值的基础上继续定时。

A.24 中断程序的编程实验

1. 实验目的

通过实验了解中断的基本概念，熟悉 I/O 中断和定时中断的中断程序的设计方法。

2. 实验内容

（1）I/O 中断实验

将例程"IO 中断程序"（见例 6-10）下载到 PLC 后，运行程序。观察是否能在 I0.0 的上升沿，通过中断使 Q0.0 立即置位，在 I0.0 的下降沿，通过中断使 Q0.0 立即复位。用状态表监控 VB10～VB17 和 VB20～VB27，观察中断程序读取的日期时间值是否正确。

修改程序，用 I0.2 的上升沿中断和 I0.3 的下降沿中断分别使 Q0.2 置位和复位，运行和调试程序。

（2）定时中断实验

将例程"定时中断程序"（见例 6-11）下载到 PLC 后，运行程序。通过 CPU 输出点的 LED，观察是否能通过中断，使 QB0 的值每 2s 加 1。

修改程序，通过定时中断 1，使 QB0 的值每 3.5s 加 1。

（3）使用定时中断的彩灯控制程序实验

设计程序，首次扫描时设置彩灯的初始值。通过定时中断 0，每 2s 将 QB0 循环移动 1 位。用 I0.1 控制移位的方向。下载和调试程序，直到满足要求为止。

（4）使用 T32 中断的彩灯控制程序实验

将例程"T32 中断程序"（见例 6-12）下载到 PLC 后，运行程序。观察 QB0 是否能每 2.5s 循环左移一位。修改程序，用 T96 的中断每 3.45s 将 QW0 循环右移 1 位。下载和调试程序，直到满足要求为止。

A.25 高速计数器与高速输出的应用实验

1. 实验目的

通过实验了解高速计数器向导和高速输出向导的应用和编程方法。

2. 实验内容

如果使用直流电源型（DC/DC/DC）的 CPU，可以用它本身的 Q0.0 输出的 PWM 信号作为高速计数器（HSC）的计数脉冲信号。PLC 的输入回路和输出回路都采用 CPU 提供的 DC 24V 电源，PLC 的外部接线见图 A-6，有脉冲输出时 Q0.0 与 I0.0 对应的 LED 同时亮。

如果 CPU 模块是继电器输出型的，可以用外接的脉冲信号发生器提供脉冲信号，应注意脉冲发生器的输出电压和输出电路的类型是否与 PLC 的输入电路匹配。

将例程"高速输入高速输出"下载到 PLC 后，运行程序。接通 I0.1 外接的小开关（见例 6-13），用 I0.1 的上升沿将 HSC0 初始化，启动高速计数，同时 Q0.2 被置位为 ON。I0.1 为 ON 时，Q0.0 产生周期为 1ms 的高速计数脉冲（见图 6-42），通过 I0.0 送给 HSC0 计数（见图 A-6）。用状态表监控 HC0，I0.1 为 ON 时，应能看到 HSC0 的

图 A-6　PLC 外部接线图

当前值开始增大。等于预设值 8000 时，CPU 调用中断程序 COUNT_EQ，Q0.2 被复位为 OFF，当前值被清零后继续计数。

A.26 数据块与字符串指令的应用实验

1. 实验目的
通过实验了解数据块与字符串指令的使用方法。

2. 实验内容
（1）数据块的实验

生成一个项目，用数据块给 V 区的单个和连续的若干个字节、字和实数指定地址和数值，给 1 个、两个、4 个字符常量指定地址和赋值，定义一个字符串。下载到 PLC 后切换到 RUN 模式，用状态表检查数据块对 V 存储器赋值的情况。

（2）字符串指令

接通 I0.3 对应的小开关（见例 6-14），用状态表观察执行 SCPY 和 SCAT 指令后，VB70 开始的字符串是否正确。

接通 I0.4 对应的小开关（见图 6-46），用状态表观察执行 SSTR_CPY 指令后，VB83 开始的字符串是否正确；执行 STR_FIND 指令后，VB89 中字符串搜索的结果是否正确。

A.27 使用网络读/写指令的通信实验

1. 实验目的
通过实验熟悉使用网络读/写指令向导的通信程序的生成和调试的方法。

2. 实验内容
（1）主站读/写从站的 V 区

生成一个项目，按例 7-1 的要求，用网络读/写指令向导组态网络读、写操作，在主程序中调用向导生成的子程序 NET_EXE。

生成另一个项目，用系统块设置其通信端口的 PPI 站地址为 3，通信的波特率与主站的相同。将两个项目分别下载到两块 CPU 中，也可以直接下载例程"网络读/写指令通信主站"和"网络读/写指令通信从站"。按 7.4.1 节的要求检查通信是否能实现。

（2）用网络读/写指令读/写 I、Q 区

用网络读/写指令向导实现下述网络读/写功能：要求将主站（2 号站）的 IB0 写入从站（3 号站）的 QB0 中；主站读取 3 号站的 IB0，用 QB0 保存。将程序下载到主站和从站后，用电缆连接两块 CPU 的 RS-485 端口。通电后将两块 CPU 切换到 RUN 模式，检查是否能用本站的 IB0 控制对方的 QB0。

A.28 使用 Modbus RTU 协议的通信实验

1. 实验目的
通过实验熟悉使用 Modbus 主站协议和从站协议的 PLC 之间的通信程序的设计方法。

2. 实验内容
两块 CPU 集成的 RS-485 端口（端口 0）分别作 Modbus RTU 的主站和从站。

1）将例程"Modbus 从站协议通信"下载到作为从站的 S7-200。主站和从站均采用默认的设置，全部 V 区有断电保持功能。执行"文件"菜单中的"库存储区"命令，检查为

Modbus 指令分配的库存储器的地址区。

2）将例程"Modbus 主站协议通信"下载到作为主站的 S7-200。

3）用状态表将要发送的数据写入主站的 VW100～VW106 和从站的 VW208～VW214。

4）连接两台 PLC 的 RS-485 端口。将两台 PLC 切换到 RUN 模式。

5）用主站的 I0.0 外接的小开关产生一个脉冲，读取从站 PLC 从 VW208 开始的 4 个字，保存到主站从 VW108 开始的地址区（见图 7-17）；将 VW100 开始的 4 个字写入从站从 VW200 开始的数据区。

断开两台 PLC 的电源，断开连接它们的通信线。先后用 USB/PPI 电缆连接它们，在 STOP 模式用状态表读取主站和从站的通信数据区，检查通信是否成功。

6）在例程"Modbus 主站协议通信"的基础上修改参数 Addr、Count 和 DataPtr，主站用 IW0 的值改写从站的 QW0，读取从站的 IW0，并用 QW0 保存（见例程"Modbus 主站协议通信 2"）。按上述的操作检查双方是否能用本站的 IW0 控制对方的 QW0。

A.29 PLC 与变频器的 USS 协议通信实验

1．实验目的

通过实验熟悉使用 USS 协议的 PLC 与 V20 变频器的通信程序的设计和调试的方法。

2．实验内容

按图 7-18 所示连接 S7-200 和 V20 的 RS-485 端口，做实验时可以不接终端电阻。连接好变频器的 3 相电源线和与电动机的主接线。用基本操作面板设置变频器的参数（见 7.6.1 节）。下载例程"USS 通信"，将 PLC 切换到 RUN 模式。实验内容和步骤见 7.6.2 节。

A.30 PID 控制器参数手动整定实验

1．实验目的

通过实验熟悉 PID 指令向导、PID 调节控制面板的使用方法，和 PID 参数的整定方法。

2．实验内容

本实验用程序来模拟被控对象，实现 PID 闭环控制。

（1）PID 指令向导的应用

根据 8.2.5 节的要求，用 PID 指令向导生成 PID 初始化指令和中断程序。

（2）手动整定 PID 的参数

下载例程"PID 闭环控制"，将 PLC 切换到 RUN 模式。T37 和 T38 产生周期为 1min、幅值为 20.0% 和 70.0% 的方波设定值。

令 I0.0 为 ON（见图 8-10），启动 PID 控制。打开 PID 调节控制面板，应能看到 3 条动态变化的曲线（见图 8-12）。选中"手动调节"单选框，在"调节参数"区输入新的 PID 参数。单击"更新 PLC"按钮，将输入的参数值传送给 CPU，"当前值"区显示的是 CPU 中的参数。

根据过程变量 PV 响应曲线的形状判断 PID 控制器存在的问题，根据 8.2.4 节所述的规则修改 PID 控制器的参数。下载后观察参数整定的效果，直到得到比较好的 PV 响应曲线为止，即超调量较小，调节时间较短。调试时可以参考图 8-13～图 8-20 中的 PID 参数。

修改中断程序 INT_0 中被控对象的参数（见图 8-11），下载后调节 PID 控制器的参数，直到得到较好的响应曲线为止。

A.31 PID 控制器参数自整定实验

1. 实验目的

通过实验熟悉 PID 调节控制面板的使用方法和 PID 参数的自整定方法。

2. 实验内容

（1）第一次 PID 参数自整定实验

本节的实验用程序来模拟被控对象，实现 PID 闭环控制。下载例程"PID 参数自整定"，将 PLC 切换到 RUN 模式。打开"PID 调节控制面板"对话框，令 I0.0 为 ON，启动 PID 控制。

首先使用 PID 指令向导中预设的 PID 参数，增益为 2.0，采样周期为 0.2s，积分时间为 0.025min，微分时间为 0.005min。令 I0.3 为 ON，产生一个从 0 到 70.0%的给定值的上升沿。观察响应曲线是否与图 8-22 中的一样。选中"自动调节"单选框，在过程变量 *PV* 曲线几乎与设定值 *SP* 曲线重合时，单击"开始自动调节"按钮，启动自动调节过程，面板的右下部出现"调节算法正常完成……"时，表示自整定结束。"调节参数"区给出了 PID 参数的建议值。

单击"更新 PLC"按钮，将自整定得到的建议的 PID 参数写入 CPU 中。令 I0.3 为 OFF，设定值变为 0。待 *PV* 下降为 0 后，用 I0.3 产生一个 0 到 70.0%设定值的上升沿，观察使用自整定参数后的响应曲线。手动调节积分时间，进一步减小超调量。

（2）第二次 PID 参数自整定实验

选中"手动调节"单选框，用手动方式设置增益为 0.5，积分时间为 0.5min，微分时间为 0.1min。用"更新 PLC"按钮写入 CPU 后，观察响应曲线是否与图 8-24 中的一样。

在 *PV* 曲线趋近于 *SP* 水平线时，选中"自动调节"单选框，单击"开始自动调节"按钮，启动参数自整定。观察使用自整定参数后的响应曲线。

（3）第三次 PID 参数自整定实验

修改中断程序 INT_0 中被控对象的参数和 PID 控制器的参数后，下载到 PLC，启动参数自整定过程，观察参数自整定的效果。

A.32 触摸屏的组态与通信实验

1. 实验目的

通过实验熟悉触摸屏的组态方法，以及触摸屏与 PLC 通过 RS-485 端口通信的方法。

2. 实验内容

1）输入图 8-25 中的梯形图，按图 8-25 定义符号，将程序下载到 S7-200 中。

2）生成一个 WinCC flexible SMART 的项目，HMI 的型号为 Smart 700 IE V3 或 Smart 700 IE。按 8.3.2 节的要求组态连接。按 8.3.3 节和 8.3.4 节的要求，组态 HMI 的画面。

3）按 8.3.5 节的要求，用 HMI 的控制面板设置触摸屏的参数。

4）按 8.3.6 节的要求，设置通信的参数，用以太网将组态的项目（或例程"\HMI 例程"）的项目文件下载到触摸屏中。

5）连接 S7-200 和 HMI 的 RS-485 端口，接通它们的电源，令 PLC 运行在 RUN 模式。HMI 显示出画面后，观察是否能用画面上的按钮控制 PLC 的 Q0.0，使画面上的指示灯的状态变化。观察画面上 T37 的当前值是否正常变化，是否能用画面上的 IO 域修改 T37 的预设值。

附录 B 常用特殊存储器位

特殊存储器位提供了大量的状态信息和控制功能，用来在 CPU 和用户程序之间交换信息。在编程软件的帮助窗口的"目录"选项卡的"SM 特殊存储区赋值和功能"文件夹中，列出了所有特殊存储器的帮助信息。对常用的特殊存储器位的描述见表 B-1。

表 B-1 对常用的特殊存储器位的描述

SM 位	描　　述
SM0.0	始终为 ON
SM0.1	仅在首次扫描时为 ON，可以用于初始化
SM0.2	断电保存的数据丢失时，该位将 ON 一个扫描周期
SM0.3	上电进入 RUN 模式时，该位将 ON 一个扫描周期
SM0.4	提供 ON/OFF 各 30s、周期为 1min 的时钟脉冲
SM0.5	提供 ON/OFF 各 0.5s、周期为 1s 的时钟脉冲
SM0.6	扫描周期时钟。本次扫描为 ON，下次扫描为 OFF，可以用作扫描计数器的输入
SM0.7	模式开关在 RUN 位置为 ON，在 TERM 位置为 OFF
SM1.0	零标志，执行某些指令的结果为 0 时，该位为 ON
SM1.1	错误标志，执行某些指令的结果溢出或数值非法时，该位为 ON
SM1.2	负数标志。数学运算的结果为负时，该位为 ON
SM1.3	试图除以 0 时，该位为 ON
SM1.4	执行填表指令 ATT 超出表的范围时，该位为 ON
SM1.5	LIFO 或 FIFO 指令试图从空表读取数据时，该位为 ON
SM1.6	试图将非 BCD 数值转换为二进制数值时，该位为 ON
SM1.7	不能将 ASCII 码转换为有效的十六进制数值时，该位为 ON

附录 C S7-200 指令表索引

表 C-1 指令表索引

指　令　种　类	表格编号	页数	指　令　种　类	表格编号	页数
标准触点指令	表 3-4	57	时钟指令	表 6-6	115
与堆栈有关的指令	表 3-5	58	数学运算指令	表 6-7	116
立即触点指令	表 3-6	61	递增与递减指令	表 6-8	117
输出类指令	表 3-7	61	浮点数函数运算指令	表 6-9	117
其他位逻辑指令	表 3-8	62	逻辑运算指令	表 6-10	119
定时器与计数器指令	表 3-10	64	程序控制指令	表 6-11	120
顺序控制继电器（SCR）指令	表 5-1	93	中断指令	表 6-13	130
比较指令	表 6-1	108	高速计数器指令与高速输出指令	表 6-15	136
传送指令	表 6-2	109	字符、字符串与数据的转换指令	表 6-16	140
移位与循环移位指令	表 6-3	110	字符串指令	表 6-17	140
数据转换指令	表 6-4	111	通信指令	表 7-2	150
表格指令	表 6-5	113			

附录 D　配套资源

读者扫描本书封底"IT"字样的二维码，输入本书书号中的 5 位数字（61896）后就可获取链接，下载本书配套资源，包括 31 个二维码视频、相关软件、用户手册、40 多个例程和电子课件。后缀名为 pdf 的用户手册可用 Adober reader 或兼容的阅读器阅读，可以在互联网下载该阅读器。本书配套的资源名细如下：

1．软件

\STEP 7-Micro_WIN V40+SP9：S7-200 的编程软件

\STEP 7-Micro WIN V32：S7-200 的指令库

\WinCC flexible SMART V3：Smart 700 IE V3 和 SMART 1000 IE V3 的组态软件

\WinCC flexible SMART V3 Upd3：WinCC flexible SMART V3 的更新包

\串口通信调试软件：作者编写的用于调试 PLC 与计算机通信程序的软件

2．手册与样本

S7-200 系统手册，S7-200CN 产品样本，Micro'n Power V1.9.chm，以太网模块 CP-243-1 操作说明，定位模板 EM253 快速入门，S7-200 的称重模块装置手册，Smart 700 IE V3 和 Smart 1000 IE V3 操作说明，SINAMICS V20 变频器操作说明，V20 变频器样本，TD 400C 用户手册，S7-200 SMART 系统手册，S7-200 SMART 产品样本。

3．教材中的例程

S7-200 的例程：入门例程，位逻辑指令，定时器应用，计数器应用，定时器计数器应用，小车自动往返控制，使用 SR 指令的运输带控制程序，使用 SR 指令的小车控制程序，使用 SR 指令的复杂的顺控程序，使用 SR 指令的液体混合控制程序，使用 SR 指令的交通灯控制程序，使用 SR 指令的 3 运输带控制程序，使用 SCR 指令的运输带控制程序，使用 SCR 指令的复杂的顺控程序，使用 SCR 指令的剪板机控制程序，机械手控制，比较指令与传送指令，移位指令与彩灯控制程序，使用 SR 指令的 10 位彩灯左移程序，数据转换指令，表格指令，实时时钟指令，数学运算指令，逻辑运算指令，跳转指令，程序控制指令，模拟量计算子程序调用，异或运算子程序调用，定时器控制子程序调用，电动机控制子程序调用、I/O 中断程序，定时中断程序，T32 中断程序，高速输入/高速输出，字符串指令，网络读/写指令通信主站，网络读/写指令通信从站，Modbus 从站协议通信，Modbus 主站协议通信，Modbus 主站协议通信 2，USS 通信，PID 闭环控制，PID 参数自整定，HMI 例程。

WinCC flexible SMART 的项目文件：\HMI 例程。

4．视频教程

安装编程软件，编程软件使用入门，帮助功能的使用，生成用户程序，程序编辑器的操作，组态通信与下载程序，符号表的操作，符号地址的使用，用程序状态监控程序，用状态表监控程序，用编程软件写入数据，用编程软件强制数据，设置输入/输出参数，定时器应用，计数器应用，顺序控制与顺序功能图，使用 SR 指令的顺控程序试，复杂的顺控程序的调试，使用 SCR 指令的顺控程序，机械手工作方式的演示，比较指令与传送指令，移位与循环移位指令，数据转换指令应用，数学运算指令应用，逻辑运算指令应用，跳转指令应用，循环程序的编写与调试，子程序的编写与调用，中断程序的编写与调试，PID 参数手动整定实验，PID 参数自整定实验。

附录 E　二维码列表

名　　称	对应的二维码	名　　称	对应的二维码
视频 2-1　安装编程软件		视频 2-9　用程序状态监控程序	
视频 2-2　编程软件使用入门		视频 2-10　用状态表监控程序	
视频 2-3　帮助功能的使用		视频 2-11　用编程软件写入数据	
视频 2-4　生成用户程序		视频 2-12　用编程软件强制数据	
视频 2-5　程序编辑器的操作		视频 2-13　设置输入/输出参数	
视频 2-6　组态通信与下载程序		视频 3-1　定时器应用	
视频 2-7　符号表的操作		视频 3-2　计数器应用	
视频 2-8　符号地址的使用		视频 4-1　顺序控制与顺序功能图	

名　称	对应的二维码	名　称	对应的二维码
视频 5-1　使用 SR 指令的顺控程序		视频 6-5　逻辑运算指令应用	
视频 5-2　复杂的顺控制程序的调试		视频 6-6　跳转指令应用	
视频 5-3　使用 SCR 指令的顺序控制程序		视频 6-7　循环程序的编写与调试	
视频 5-4　机械手工作方式的演示		视频 6-8　子程序的编写与调用	
视频 6-1　比较指令与传送指令		视频 6-9　中断程序的编写与调试	
视频 6-2　移位与循环移位指令		视频 8-1　PID 参数手动整定实验	
视频 6-3　数据转换指令应用		视频 8-2　PID 参数自整定实验	
视频 6-4　数学运算指令应用			

参 考 文 献

[1] SIEMENS AG. S7-200CN 可编程序控制器产品样本[Z]. 2013.

[2] SIEMENS AG. S7-200 可编程序控制器系统手册[Z]. 2008.

[3] SIEMENS AG. Micro'n Power S7-200 LOGO! SITOP 参考（V1.9）[Z]. 2017.

[4] SIEMENS AG. Smart 700 IE、Smart 1000 IE V3 操作说明[Z]. 2017.

[5] SIEMENS AG. Smart 700 IE、Smart 1000 IE V3 样本[Z]. 2017.

[6] SIEMENS AG. SINAMICS V20 变频器操作说明[Z]. 2013.

[7] 廖常初. PLC 编程及应用[M]. 5 版. 北京：机械工业出版社，2018.

[8] 廖常初. S7-200 PLC 编程及应用[M]. 3 版. 北京：机械工业出版社，2018.

[9] 廖常初. S7-200 SMART PLC 编程及应用 [M]. 3 版. 北京：机械工业出版社，2018.

[10] 廖常初. S7-200 SMART PLC 应用教程[M]. 2 版. 北京：机械工业出版社，2018.

[11] 廖常初. S7-300/400 PLC 应用技术[M]. 4 版. 北京：机械工业出版社，2016.

[12] 廖常初. 跟我动手学 S7-300/400 PLC[M] .2 版. 北京：机械工业出版社，2016.

[13] 廖常初. S7-1200/1500 PLC 应用技术[M]. 北京：机械工业出版社，2018.

[14] 廖常初. S7-1200 PLC 编程及应用[M]. 3 版. 北京：机械工业出版社，2017.

[15] 廖常初. S7-1200 PLC 应用教程[M]. 北京：机械工业出版社，2017.

[16] 廖常初，陈晓东. 西门子人机界面（触摸屏）组态与应用技术[M]. 3 版. 北京：机械工业出版社，2018.

[17] 廖常初，祖正容. 西门子工业网络的组态编程与故障诊断[M]. 北京：机械工业出版社，2009.

[18] 廖常初. PLC 基础及应用[M]. 4 版. 北京：机械工业出版社，2019.

[19] 廖常初. 跟我动手学 FX 系列 PLC[M]. 北京：机械工业出版社，2012.

[20] 廖常初. FX 系列 PLC 编程及应用[M]. 3 版. 北京：机械工业出版社，2020.

[21] 廖常初. PLC 应用技术问答 [M]. 北京：机械工业出版社，2006.

廖常初

重庆大学教授。我国知名的自动化专家，PLC 领域著名作者，西门子官方特邀培训专家。曾长期在企业从事机械、电气技术工作，长期从事工业控制和 PLC 应用的教学、科研和工程应用工作，具备丰富的实际经验和教学经验。多年来编写了多部 PLC 领域的国内销量超 10 万册的经典著作。

　　廖老师编写的图书以严谨、实用、细致著称，得到了学术界和企业界的一致认可。为了更好地服务于读者，廖老师充分利用网络社区平台开设个人博客，积极与网友交流。同时他还参与各项培训工作，多年来为众多从业者传道授业解惑，赢得了广大读者、网友们的好评和尊敬。

PLC 基础及应用　第 3 版

书号：978-7-111-46182-1　　**定价**：39.90 元
作者：廖常初

推荐简言：累计销售 18 万余册。本书介绍了三菱 FX 系列（包括 FX3G 和 FX3U）PLC 的工作原理、硬件结构、指令系统；编程软件、仿真软件的使用；一整套开关量控制系统的编程方法；提高系统可靠性的措施、PLC 的通信联网和 FX 的通信功能、模拟量模块的使用、PID 闭环控制、PID 参数的整定方法；以及用 PLC 控制变频器的方法。通过例子详细地介绍了常用的应用指令的使用方法。附录有 28 个实训的实验指导。本书免本书提供电子课件、习题答案和配套例程。

S7-300/400 PLC 应用教程　第 3 版

书号：978-7-111-54209-4　　**定价**：55.00 元
作者：廖常初

推荐简言：本书介绍了西门子 S7-300/400 PLC 的硬件结构和硬件组态、指令、程序结构、PID 闭环控制、编程软件和仿真软件的使用方法；一整套开关量控制系统的编程方法；西门子的各种通信网络和通信服务的组态和编程的方法、网络控制系统的故障诊断方法、用仿真软件在计算机上模拟运行和监控 PLC 用户程序的方法；以及通过仿真学习 PID 参数整定的方法。本书光盘提供相关软件、用户手册、例程和 30 多个多媒体视频。

S7-200 SMART PLC 应用教程

书号：978-7-111-48708-1　　**定价**：33.00 元
作者：廖常初

推荐简言：本书介绍了 S7-200 Smart 的工作原理、硬件结构、编程元件与指令系统；梯形图的经验设计法和顺序控制设计法；编程向导的使用方法；编程软件和以太网接口的使用方法；PLC 的通信和工业自动化通信网络，西门子 PLC 之间以太网通信的方法；模拟量模块的使用方法和 PID 指令在闭环控制中的应用，以及 PID 参数的整定方法；提高系统可靠性的方法、触摸屏的组态和实现 PLC 与触摸屏通信的方法。附录有 30 多个实验的实验指导。本书提供电子课件、习题答案、例程。

S7-1200 PLC 应用教程

书号：978-7-111-57703-4　　**定价**：39.90 元
作者：廖常初

推荐简言：本书介绍了 S7-1200 的硬件结构和硬件组态、指令、程序结构、PID 闭环控制、编程软件和仿真软件的使用方法；一整套易学易用的开关量控制系统的编程方法；多种通信网络和通信服务的组态和编程的方法；网络控制系统的故障诊断方法；精简系列面板的组态与仿真的方法；用仿真软件在计算机上模拟运行和监控 PLC 用户程序的方法；以及通过仿真学习 PID 参数整定的方法。附录有 20 多个实验的指导。本书提供电子课件。